"心理契约研究"丛书

工作场所助人决策过程机制研究

郭晓虹◎著

企业管理出版社
ENTERPRISE MANAGEMENT PUBLISHING HOUSE

图书在版编目（CIP）数据

工作场所助人决策过程机制研究 / 郭晓虹著 .

北京 : 企业管理出版社 , 2025. 7. -- ISBN 978-7-5164-3272-3

Ⅰ. B842.5

中国国家版本馆 CIP 数据核字第 2025KU4109 号

书　　名： 工作场所助人决策过程机制研究

书　　号： ISBN 978-7-5164-3272-3

作　　者： 郭晓虹

责任编辑： 陈　戈　蒋舒娟

出版发行： 企业管理出版社

经　　销： 新华书店

地　　址： 北京市海淀区紫竹院南路 17 号　　**邮编：** 100048

网　　址： http：//www.emph.cn　　**电子信箱：** 26814134@qq.com

电　　话： 编辑部（010）68701661　　发行部（010）68417763、（010）68414644

印　　刷： 北京亿友数字印刷有限公司

版　　次： 2025 年 7 月第 1 版

印　　次： 2025 年 7 月第 1 次印刷

开　　本： 700mm × 1000mm　1/16

印　　张： 17.5

字　　数： 274 千字

定　　价： 88.00 元

前　言

随着社会的发展和科技的进步，员工面对的工作任务越来越复杂，工作任务的相互依存性也越来越高。由于能力、精力、时间和创造力等个体资源的有限性，靠单个人的努力已经越来越难以完成组织的任务，员工需要与同事协作和互助才能更有效地工作。学者已经注意到工作中协作和互助的重要性。他们的研究表明，一方面，帮助他人不仅能让助人者感受到更多的快乐、更高的价值感和幸福感，还能使助人者在给同事提供工作相关帮助的过程中锻炼和提升自身的能力，获得受助者的尊重和信任，从而提升自身在组织中的地位，助力自身的职业成功；另一方面，帮助不仅能让受助者心情愉快，怀有对施助者的感恩，而且助其在工作中提升工作绩效，表现出更多的帮助行为和更少的偏差行为。对组织来说，一个组织的互助水平越高，越有助于组织保持高生产率、高工作效率和高顾客满意度，越有助于组织降低员工缺勤率和离职率，从而降低组织运营成本，提升组织整体绩效。因而，组织中的互帮互助具有重要的实践意义。

鉴于帮助行为对组织和个人的重要作用，学者对帮助主题进行了大量的研究。当前对助人领域的研究主要集中于人际帮助的前因、后果及其影响机制方面。但大多数研究把助人行为理解为一个瞬间行为，忽视了助人决策的过程性。事实上，助人行为只是助人决策过程的一个重要阶段。助人决策过程不仅包括助人行为，还包括助人行为发生前的准备过程，以及行为发生后的调整等过程。首先，目前仅有旁观者介入决策模型关注到了针对陌生人的帮助决策过程，但针对组织内部同事之间的助人决策过程理论上仍存在空白。针对陌生人的帮助，由于助人者很少有机会在实施助人行动之后进行反思调整，而工作场所中的助人决策过程存在多轮次、长期性和计划性的特点，在完成一次助人行为后，助人者应该观察实施助人后的效果及各方反应，并根据实际情况进行调整，因而，需要发展新的助人决策过程模型来解释工作场所中的助人决策过程。其次，尽管少数研究关注到施助受助双方的关联性，但对施助受助双方的互助决策过程及决策机制的研究远远不足。最后，尽管已有研究从领导风格、组织氛围、工作特征等情境因素进行了一定的研究，但针对中国情境下的助人领域的研究大多数聚焦于领导风格对员工助人行为的影响，而对人力资源管理实践在助人决策过程中的影响知之甚少，更无法从人力资源管理实践的角度设计相应管理措施发挥助人的好处和规避助人后的消极影响。

基于以上考虑，本书将进行两个方面的工作：第一，构建工作场所助人决策过程模型，发展相关理论；第二，从人力资源管理实践的角度探讨其对工作场所助人决策的影响机制，以对管理实践有所助益。具体来说，本书依据“构建理论（研究一）——实证检验理论（研究二）——工作场所运用理论（研究三和研究四）”的逻辑，首先，通过研究一构建包括发现困境、解释困境、确认责任、构思策略、实施助人、反思调整的助人决策过程模型，以期揭示助人决策过程的连续性、循环性和反思性；其次，通过研究二聚焦于助人决策过程模型与传统助人决策过程模型的关键差异——反思调整，深入展示施助者和受助者双方在互助中的“反思调整”子过程，并考察施助者和受助者之间的帮助和信任关系，呈现工作场所中帮助决策的心理契约动态调整过程；最后，鉴于人力资源管理实践可能在很大程度上影响员工进行作为社会性风险投资的助人决策过程，且激励员工高绩效工作是人力资源管理的重要目标，本书选取激发员工内在动机和外在动机的关键人力资源管理因素——工作特征和薪酬管理，通过研究三（工作特征）和研究四（薪酬管理）进一步探讨人力资源管理实践对工作场所助人决策的影响模式。

研究一基于动态心理契约和旁观者介入决策模型探究了工作场所助人决策过程。深度访谈 52 名企业员工，从访谈文本中抽取关键帮助事件 106 个，采用内容分析法分析 106 个关键事件，发现工作场所助人决策过程包括发现困境、解释困境、确认责任、构思策略、实施助人和反思调整六个阶段。这六个阶段分别对应着心理契约过程中的发现签约机会、分析签约机会、确认签约必要、构思签约策略、实施签约行为以及调整契约条款等阶段。同时，助人决策的这六个阶段正好对应着动态心理契约理论所关注的四个阶段：发现困境、解释困境和确认责任对应创建阶段，构思策略和实施助人对应保持阶段，反思调整则对应心理契约的重新协商和契约修复两个阶段。工作场所助人决策过程的反思调整阶段是该模型区别于旁观者介入决策模型最重要的阶段，也是本模型的创新之处。反思调整阶段很好地将工作场所助人决策的多轮次、计划性和利益权衡体现出来，这是旁观者介入决策模型不具备的特性，也是助人决策社会性风险投资性质的体现。因而，研究二将聚焦于反思调整阶段，实证检验施助者受助者双方帮助相关心理契约的动态调整过程。

研究二采用经验取样法对 231 对在校大学生工作伙伴进行了 8 次配对追踪调查，揭示工作场所施助者受助者双方心理契约的动态调整过程，深入探讨了工作场所助人决策的反思调整过程。具体来说，研究二的多水平回归分析表明四点。一是对同伴的能力信任促进了对同伴的自主性帮助和依赖性帮助，对同伴的善意信任强化了上述正向关系。二是当对同伴的善意信任评价较高时，对同伴的能力信任越高，越能提供更多的自主性帮助给同伴，而同伴也因此认为被试是一个高善意信任的人；相反，当对同伴的善意信任评价较低时，上述间接正向关系显著减弱。三是当对同伴的善意信任评价较高时，对同伴的能力信任越高，越能提供更多的依赖性帮助给同伴，而同伴也因此认为被试是一个高善意信任和高能力信任的人；相反，当对同伴的善意信任评价较低时，上述间接正向关系显著减弱。四是对同伴的自主性帮助与随后同伴对被试的能力信任无显著正向关系，因而对同伴的能力信任不能通过提升对同伴的自主性帮助而提升同伴对被试随后的能力信任。总体来说，信任有助于形成施助受助双方的互助，而互助又会促进双方的互信。

随着工作环境的不断复杂化，任务多样性的设计变得越发关键。研究三基于动态心理契约理论，聚焦于工作场所助人决策过程模型的起始阶段——困境发现，探讨任务多样性对工作场所助人决策的影响，并进一步揭示工作投入在任务多样性和困境发现中的中介作用，以及任务重要性的调节作用。研究三基于两阶段 350 位企业员工的问卷调查发现：任务多样性能够促进员工的工作投入；工作投入负向影响员工对同事的困境发现；工作投入在任务多样性与困境发现之间发挥着负向中介作用，也就是说，工作任务越多样化，越可能激发员工更多的工作投入，进而更不容易发现同事处在困境中；任务重要性通过工作投入加强了任务多样性与困境发现之间的负向关系。当任务重要性低时，会减弱任务多样性对困境发现的间接负向影响，而当任务重要性高时，会加强任务多样性对困境发现的间接负向影响。总之，研究三从困境发现的视角揭示了任务多样性对助人决策的影响机制，实证检验了工作场所助人决策的过程性。进一步发现作为重要的工作资源——任务多样性和任务重要性，可能由于激发员工更多的工作投入，而导致更少的困境发现。

研究四基于动态心理契约理论，突出工作场所助人决策过程模型中的助人责任和反思调整两个阶段，探索团队绩效薪酬政策对工作场所助人决策过程的影响机制。采用 2×2 被试间实验设计，通过见数平台招募自愿参与实验且经历过团队绩效薪酬的企业员工 388 位开展在线实验。实验结果表明，团队绩效薪酬政策能促进员工的团队内助人意愿，并抑制员工对竞争团队同事的助人意愿。进一步的实验结果揭示，团队绩效薪酬政策可能通过激发员工的团队助人责任、个人和团队利益导向两条路径，进而促进员工对团队内同事的助人意愿；团队绩效薪酬政策还可能通过抑制员工的组织助人责任和组织利益导向两条路径，进而抑制员工对竞争团队同事的助人意愿。

通过四项研究，本书完成了“构建理论——实证检验理论——工作场所运用理论”的研究逻辑，验证了书中提出的命题和假设，并取得如下理论创新。

弥补了工作场所助人决策过程的理论空白。本书整合动态心理契约理论和旁观者介入决策模型，提出并验证了工作场所助人决策过程模型。该模型不仅验证了旁观者介入决策模型，且聚焦于工作场所进一步发展了旁观者介入决策模型，指出工作场所助人决策过程不仅包含旁观者介入决策模型的五个阶段，还包含反思调整阶段。反思调整阶段是工作场所助人决策过程模型区别于旁观者介入决策模型的最大之处，反思调整阶段反映了帮助是多轮次的、会进行不断的利益权衡和行为调整，这也反映了施助受助双方的心理契约动态调整。工作场所助人决策过程模型的构建，极大拓展了助人过程模型的应用范围，并将助人领域的研究从聚焦于助人行为及其前因和后果扩展到助人的全过程，从较多地关注施助者或者受助者单方扩展到关注助人过程的双方互动。

为帮助领域引入新的理论视角，揭示了施受双方互助的心理契约动态变化。动态心理契约理论在组织行为和人力资源管理领域得到了很多应用，但这是首次用于分析助人决策，因而为帮助领域引入了新的理论视角。动态心理契约视角能很好地解释施助者和受助者的角色具有互换的可能性和必然性。只有不断的互换，双方的心理契约才能履行，双方的信任才能维持，双方的互助关系才能延续。

拓展了心理契约理论的使用场景，丰富了心理契约动态性的实证研究。一方面，以往的心理契约研究主要是指个人与组织之间的契约关系。本书将心理契约理论运用于解释组织中个人之间的人际帮助，拓展了心理契约理论使用的场景，从而丰富和深化了心理契约理论。另一方面，现有的心理契约研究主要聚焦于心理契约的形成、破裂和修复，而对心理契约动态性的实证研究不足，尤其是对契约双方互动演化的实证研究缺乏。本书研究二以动态心理契约为理论基础，实证检验了工作同伴之间“信任——帮助——信任”之间的动态迭代过程，丰富了心理契约动态性的实证研究。

将工作场所助人决策过程嵌入中国人力资源管理情境。本书从人力资源管理实践的视角，探索绩效薪酬和工作设计对工作场所助人决策的影响机制，弥补了现有研究主要关注中国情境下领导风格对工作场所助人行为的研究。通过将工作场所助人决策过程嵌入人力资源管理情境，有助于更深入、更细致地探寻人力资源实践对助人决策的影响机制，进而能让管理者更直观和便捷地利用本书研究成果来促进员工的助人决策。

基于以上理论发现，本书提出了相应的管理对策。第一，企业要重视助人决策过程中的马太效应，为员工得到更多帮助提供有效策略。第二，企业要从工作场所助人过程的六个阶段考虑，提升企业助人的环境和氛围。第三，企业要制定适宜的人力资源管理政策，用以提升员工助人行为。第四，重视组织认同在助人决策中的积极作用。最后，本书还提出了研究局限和未来研究展望。

目 录

1 绪论 …… 1
1.1 研究背景 …… 1
1.1.1 互相帮助是中华民族的传统美德 …… 1
1.1.2 互相帮助是构建和谐社会的基础 …… 1
1.1.3 员工互助是组织功能有效运行的关键 …… 2
1.1.4 互相帮助是员工之间重要的人际交往方式 …… 2
1.2 研究意义 …… 3
1.2.1 理论意义 …… 3
1.2.2 实践意义 …… 4
1.3 研究目标与研究内容 …… 5
1.3.1 研究目标 …… 5
1.3.2 研究思路 …… 6
1.3.3 研究内容 …… 8
1.4 研究方法与技术路线图 …… 9
1.4.1 研究方法 …… 9
1.4.2 技术路线 …… 11
1.5 创新点 …… 13
1.5.1 引入新的理论视角 …… 13
1.5.2 发展旁观者介入决策模型 …… 13
1.5.3 丰富心理契约相关研究 …… 14
1.5.4 丰富助人决策动态性的相关研究 …… 14

2 文献综述 ……16
2.1 工作场所助人行为的内涵 ……16
2.1.1 工作场所助人行为概念 ……16
2.1.2 工作场所助人行为相关概念辨析 ……18
2.1.3 工作场所助人行为的主要分类 ……19
2.1.4 工作场所助人领域的主要研究方法 ……21
2.2 助人决策的关键影响因素 ……30
2.2.1 个体层面 ……30
2.2.2 组织层面 ……33
2.2.3 情境因素 ……36
2.3 助人决策发生的作用机制 ……37
2.3.1 情感视角 ……37
2.3.2 责任视角 ……41
2.3.3 资源视角 ……43
2.3.4 进化视角 ……47
2.4 工作场所助人行为的后效 ……51
2.4.1 工作场所助人行为对施助者的后效 ……51
2.4.2 工作场所助人行为对受助者的后效 ……52
2.4.3 工作场所助人行为对组织的后效 ……53
2.5 以往的研究不足及文献评析 ……54
2.5.1 对工作场所助人决策互动过程的研究不足 ……54
2.5.2 缺乏解释助人决策过程黑箱的统一理论 ……55
2.5.3 对受助者特征的研究还有待加强 ……55
2.5.4 中国情境助人理论与实践结合有待加强 ……56
2.6 本章小结 ……56
3 理论基础与概念模型 ……57
3.1 动态心理契约理论 ……57
3.1.1 心理契约相关概念 ……57
3.1.2 心理契约动态性研究回顾 ……58

3.1.3 心理契约动态演化模型 ……59
3.2 心理契约动态演化的四个阶段 ……60
3.2.1 创建阶段 ……60
3.2.2 保持阶段 ……61
3.2.3 重新协商阶段 ……62
3.2.4 修复阶段 ……62
3.3 心理契约和助人过程的内在联系 ……63
3.3.1 心理契约与助人行为的内涵基础相似 ……63
3.3.2 心理契约与助人过程都强调互惠交换 ……63
3.3.3 动态心理契约与助人决策过程的交互调整都是基于情绪变动 ……64
3.4 研究框架与概念模型 ……65
3.4.1 工作场所助人决策过程构建概念模型 ……67
3.4.2 工作场所助人决策交互反思调整概念模型 ……68
3.4.3 工作设计对工作场所助人决策影响机制概念模型 ……70
3.4.4 绩效薪酬对工作场所助人决策影响机制概念模型 ……72
3.5 本章小结 ……74
4 研究一：工作场所助人决策过程模型构建 ……75
4.1 问题提出 ……75
4.2 理论基础与命题提出 ……76
4.2.1 助人决策过程的旁观者介入决策模型 ……76
4.2.2 工作场所助人决策中的动态心理契约 ……77
4.2.3 工作场所助人决策过程模型构建 ……78
4.3 研究方法 ……81
4.3.1 内容分析法介绍 ……81
4.3.2 样本与数据收集 ……83
4.3.3 编码簿的编制 ……84
4.3.4 编码过程 ……87

4.4 研究结果 ……87
4.4.1 假设检验 ……87
4.4.2 结果与讨论 ……91
4.5 本章小结 ……93
5 研究二：工作场所助人决策的交互反思调整机制 ……94
5.1 问题提出 ……94
5.2 理论与假设 ……95
5.2.1 信任对帮助的影响 ……95
5.2.2 帮助对信任的影响 ……98
5.2.3 信任——帮助反思调整过程 ……100
5.3 研究方法 ……102
5.3.1 研究设计 ……102
5.3.2 样本与程序 ……103
5.3.3 测量工具 ……103
5.3.4 数据清理和分析策略 ……105
5.4 数据分析和结果 ……106
5.4.1 描述性统计和相关分析 ……106
5.4.2 变量的信度检验 ……107
5.4.3 变量的效度检验 ……108
5.4.4 多水平验证性因子分析 ……109
5.4.5 共同方法偏差检验 ……110
5.4.6 假设检验 ……110
5.5 本章小结 ……118
6 研究三：工作设计对工作场所助人决策过程的影响机制 ……121
6.1 问题提出 ……121
6.2 理论与假设 ……123
6.2.1 任务多样性与工作投入 ……123
6.2.2 工作投入的中介作用 ……124
6.2.3 任务重要性的调节作用 ……125

6.3 研究方法 …… 126
6.3.1 研究样本和程序 …… 126
6.3.2 测量量表 …… 128
6.3.3 分析方法 …… 130
6.4 数据分析和结果 …… 131
6.4.1 变量的信度检验 …… 131
6.4.2 变量的效度检验 …… 131
6.4.3 验证性因子分析 …… 132
6.4.4 共同方法偏差 …… 133
6.4.5 描述性统计和相关分析 …… 133
6.4.6 假设检验 …… 134
6.5 本章小结 …… 138
7 研究四：团队绩效薪酬对工作场所助人决策的影响机制 …… 139
7.1 问题提出 …… 139
7.2 理论与假设 …… 140
7.2.1 团队绩效薪酬与工作场所助人决策 …… 140
7.2.2 助人责任在团队绩效薪酬与助人决策中的中介作用 …… 141
7.2.3 利益导向在团队绩效薪酬与助人决策中的中介作用 …… 142
7.2.4 组织认同的调节作用 …… 143
7.3 研究方法 …… 145
7.3.1 被试 …… 145
7.3.2 实验设计与程序 …… 146
7.3.3 变量测量 …… 150
7.4 实验结果 …… 152
7.4.1 四组实验被试在背景信息和基线水平上的对比 …… 152
7.4.2 操纵检验 …… 153
7.4.3 描述性统计和相关分析 …… 153
7.4.4 假设检验 …… 155

7.5 本章小结 …… 162
8 研究结论与展望 …… 164
8.1 研究总结及结论 …… 164
8.1.1 研究过程 …… 164
8.1.2 主要研究结论 …… 165
8.2 理论贡献 …… 168
8.2.1 构建了工作场所助人决策过程模型 …… 168
8.2.2 引入了新的理论视角 …… 169
8.2.3 拓展和丰富了心理契约领域的相关研究 …… 171
8.2.4 将助人决策过程模型嵌入中国企业管理情境 …… 172
8.3 管理启示 …… 173
8.4 研究局限与展望 …… 175
参考资料 …… 179
附录 …… 201
附录 1 "研究一"第一波访谈提纲 …… 201
附录 2 "研究一"第二波访谈提纲 …… 202
附录 3 "研究一"从访谈文本中抽取出的帮助事件 …… 203
附录 4 "研究二"配对追踪调查问卷样卷（1）（T0）…… 235
附录 5 "研究二"配对追踪调查问卷样卷（2）（T1–T7）…… 237
附录 6 "研究三"工作特征调查问卷（1）（T1）…… 239
附录 7 "研究三"工作特征调查问卷（2）（T2）…… 241
附录 8 "研究四"企业团队绩效薪酬与员工工作行为实验 1 …… 243
附录 9 "研究四"企业团队绩效薪酬与员工工作行为实验 2 …… 248
附录 10 "研究四"企业团队绩效薪酬与员工工作行为实验 3 …… 253
附录 11 "研究四"企业团队绩效薪酬与员工工作行为实验 4 …… 259
致谢 …… 265

1 绪论

1.1 研究背景

1.1.1 互相帮助是中华民族的传统美德

互相帮助是中华民族的传统美德。自古以来，中国人民一直注重互帮互助。《诗经·小雅·大田》的“彼有遗秉，此有滞穗，伊寡妇之利”描述了善良的农民怀着悲悯的情怀，在农忙收割时有意留下一些谷物，供孤儿寡母来捡拾。儒家典籍《礼记》记载了有关“大同”社会的理想——“故人不独亲其亲，不独子其子；使老有所终，壮有所用，幼有所长，鳏寡孤独废疾者皆有所养”，更是对互助精神的全面描述。在先秦诸子中，除老子的“损有余而补不足”、孔子的“仁学”、荀子的“能群”、墨子的“兼爱”等思想之外，谈及互助最多的，也是后人最为熟知的是孟子。《孟子·滕文公上》提倡的“死徙无出乡，乡田同井，出入相友，守望相助，疾病相扶持，则百姓亲睦”，给我们描述了在一个理想的社会里，人们相互关爱与互相帮助的和谐场景。此外，还有耳熟能详的“老吾老以及人之老，幼吾幼以及人之幼”，更是友善互助思想的有力体现。显然，在孟子的思想中，一个互帮互助的社会才是最为理想和谐的社会（杨建海，2022）。

1.1.2 互相帮助是构建和谐社会的基础

互相帮助是构建和谐社会的基础。从先秦的“出入相友，守望相助”，到当今的“一方有难，八方支援”，这种精神帮助中华民族渡过无数劫难。例如，2020 年新冠疫情突袭之初，志愿者组成的抗疫小分队踏实工作，无私奉献，为社区提供义务服务。互相关心、互相支持成为疫情时期最令人感动的画面。人们通过线上线下的各种方式，共同助力医疗物资的调配、生活必需品的采购，从社区的互帮互助发展成全社会的互帮互助。2022 年重庆部分地区发生山林火灾，牵动着全国人民的心。由于地势陡峭不便通行，救援物资难以运送上山。许多年轻人骑着摩托车赶来帮忙，他们不分昼夜往返奔波，将水、食物、药品、救援工具甚至工作人员运送到现场，为山火的成功扑灭立下汗马功劳。正因为有了这种互帮互助的情怀，中华民族的凝聚力和向心力得以不断增强，为构建社会主义和谐社会奠定了坚实的基础。

1.1.3 员工互助是组织功能有效运行的关键

随着社会的发展和科技的进步，员工面对的工作任务越来越复杂，工作任务的相互依存性也越来越高。由于个人能力、精力、时间和创造力等的有限性，个人单靠自己的努力已经越来越难完成组织的任务，他们需要与同事协作和互助才能更有效地工作。学者也已经注意到工作中协作和互助的重要性（Thompson & Bolino，2018）。研究表明：一方面，帮助他人不仅能让助人者感受到更多快乐（Dunn et al.，2008）、价值感（Brown et al.，2008）和幸福感（Weinstein & Ryan，2010），在给同事提供工作相关帮助时锻炼和提升自身的能力（Bolino & Grant，2016），并得到受助者的尊重和信任，提升自身在组织中的地位（Ouyang et al.，2018），助力自身的职业成功（Bolino & Grant，2016）；另一方面，帮助也能让受助者心情愉快，并对施助者感恩（Human et al.，2018），在工作中提升工作绩效（Podsakoff et al.，2014），表现出更多的帮助行为和更少的偏差行为（Zhong et al.，2022）。对组织来说，一个组织的互助水平越高，越有助于组织保持高生产率、高工作效率和高顾客满意度，越有助于组织降低员工缺勤率和离职率，从而降低组织运营成本，提升组织整体绩效（Podsakoff et al.，2009）。因而，组织中的互帮互助具有重要的实践意义。

1.1.4 互相帮助是员工之间重要的人际交往方式

帮助行为是一种人际行为和自愿帮助他人的角色外行为。在企业组织中，员工的角色并不要求他们互相帮助（Organ，1988），但工作场所中的人际互助非常普遍（Lee et al.，2019），员工往往通过互相帮助行为来维持和发展人际关系（张兰鸽等，2015）。根据社会交换理论，人们倾向于与他人建立关系，并通过交换资源、信息和帮助来维护这些关系。在工作场所，员工之间的互相帮助可以被视为一种社会交换形式。当某个员工在工作上遇到困难时，其他员工提供帮助，期望在未来自己遇到困难时也能得到同样的支持。这种交换不仅限于工作任务，还包括情感支持、信息分享和职业发展建议等方面。首先，在工作场所中，善于帮助他人的员工，不仅可以提升自己在团队中的地位（Ouyang et al.，2018）；而且在给予同事自主性帮助后，还会增强自身作为潜在领导的追随力（Chernyak-Hai et al.，2023）。其次，通过互相帮助，员工之间可以建立起深厚的信任关系（Vegt et al.，2006；Van der Vegt & Van de Vliert，2005）。当员工在工作中遇到困难时，他们知道可以依靠团队中的其他成员来获得帮助。这种信任有助于增强团队的凝聚力，使成员更加愿意为团队的成功而努力。同时，通过提供帮助，员工也可以展示自己的能力和价值，从而树立个人声望。最后，互相帮助促进员工之间的沟通和协作。在帮助他人的过程中，员工需要了解对方的需求、能力和限制，这有助于员工间的更加深入的沟通和理解。同时，通过协作解决问题，员工可以学习到不同的工作方法和思维方式，提高自己的能力和灵活性。

1.2 研究意义

1.2.1 理论意义

第一，帮助研究领域方面，构建了工作场所助人决策过程模型，拓展了助人决策过程方面的研究。结合动态心理契约理论和旁观者介入决策模型构建了工作场所助人决策过程模型。相较于旁观者介入决策模型，该模型充分体现了工作场所员工之间助人决策的多轮次互动和社会性风险投资属性，将助人领域的研究从单方面关注施助者或者受助者提升到关注施助受助双方的持续互动研究，从关注静态的前因和后效研究提升到动态的追踪研究。

第二，为帮助领域引入新的理论视角，拓展和丰富了帮助领域的理论研究。本书首次将动态心理契约理论运用于解释组织中成员双方互助行为过程，将工作场所员工的互助理解为员工之间签订、维持相互间心理契约的动态调整过程。动态心理契约理论不仅能够很好地刻画同事间互助的利益权衡、反思调整和互惠交换等核心过程和行动策略，将助人过程的亲社会投资性和计划性纳入考虑中，而且能够很好地从施助受助双方互动的角度解释从帮助发生到维持，甚至关系破裂修复等帮助黑箱的全过程，为帮助领域研究提供新的理论视角。

第三，进一步纵深拓展心理契约理论研究，探索该理论在工作场所员工互助决策过程的动态变化。现有心理契约方面的理论研究主要聚焦于心理契约的形成、破裂和违背等方面（Rousseau et al.，2018）。尽管研究者也承认心理契约是一个动态的概念，但目前心理契约领域的研究较少考虑时间因素，即心理契约随时间的动态变化。本书以同事双方心理契约动态交互调整作为研究焦点，弥补了心理契约动态方面研究的不足。另外，以往心理契约领域的研究主要考察员工与所在组织之间的心理契约，忽视了组织中个体之间心理契约的研究，本书弥补了组织中个体与个体之间心理契约研究的不足，从而能够丰富和深化心理契约理论。

1.2.2 实践意义

第一，提升组织绩效，促进团队合作。助人行为是组织公民行为的重要形式，是组织有效运作的关键。大量的研究证明，组织中员工的互助水平越高，越能提升组织绩效。助人行为也是团队凝聚力的体现。工作场所中的助人行为会增进员工之间的信任和友谊，从而加强团队的凝聚力。这种凝聚力能够使团队成员更加愿意为团队的目标付出努力，提高整体的工作效率和绩效。助人决策过程涉及员工之间的互助与合作。通过研究这一过程，企业可以深入了解员工在互助中的心理和行为模式，制定更有效的团队合作策略，促进员工之间的协作与交流。

第二，从工作场所助人决策过程的六个阶段考虑，为员工得到更多帮助提供有效策略。工作场所助人决策过程包括发现困境、解释困境、确认责任、构思策略、实施助人和反思调整等六个阶段。这六个阶段并不具有时间先后顺序，而是循环往复的。任何一个阶段受阻都可能导致助人行为发生率的降低，因而深入探讨工作场所助人决策过程各阶段的影响因素，能够为员工得到更多帮助提供依据。例如，研究一的深度访谈发现，工作场所中的帮助事件有些可能体现了上述六个过程，有些只体现了相关情境下的关键过程。帮助事件中反映了发现困境这个阶段的比例不高，仅约 18% 的帮助事件发生在发现困境阶段。在工作场所中发现他人困境需要耗费注意力资源，当员工将注意力和精力投入工作时，发现他人困境的能力减弱。研究三验证了上述观点。研究一和研究三的研究结果为员工获得更多帮助提供了指导，提醒员工身处困境时要主动求助。

第三，人力资源管理实践可以为组织员工的互助，构建和维持适当的亲社会投资环境，促使员工愿意、能够并敢于持续互助。以往研究虽然关注到很多心理变量对助人决策产生影响，却忽视了与人力资源管理相关的要素会如何影响员工的助人决策。因此，在一定程度上存在着研究结果难落地、管理者很难直接根据研究成果来调整自己管理实践的困境。本书在助人决策过程模型的基础上探索工作设计和薪酬管理两方面的相关因素对助人决策的影响机制，进而能让管理者更直观和便捷地利用本书研究成果来鼓励员工的助人决策。

第四，改善工作氛围和工作环境，促进组织文化建设。人际互助能够营造一种积极向上、互助合作的工作氛围，改善工作环境。当员工在工作场所中相互帮助、共同进步时，他们会感到更加愉快和满足，从而减少工作中的压力和冲突。这种良好的工作氛围和工作环境有助于提高员工的工作效率和创造力。互相帮助是组织文化的重要组成部分。通过鼓励和倡导助人行为，企业可以塑造一种积极向上、富有爱心的组织文化。这种文化能够激发员工的归属感和使命感，使他们更加愿意为组织的发展做出贡献。同时，这种文化也能够提升组织的品牌形象和声誉，吸引更多优秀人才加入组织。

1.3 研究目标与研究内容

1.3.1 研究目标

本书将整合动态心理契约理论和旁观者介入决策模型构建工作场所助人决

策过程模型。将工作场所助人决策过程理解成施助受助双方签订、维持心理契约的亲社会投资过程。考察工作场所中成员多轮次信任和帮助的动态关系，揭示施助受助双方心理契约的动态调整过程，从而为助人领域的研究提供新的理论视角和研究话题。立足于人力资源管理实践，选取管理实践中分别对员工内部激励和外部激励作用最大的两个因素——工作设计和绩效薪酬作为组织情境因素，深入探讨任务多样性和团队薪酬管理如何影响员工助人决策过程，期待对企业的管理实践有所助益，为促进企业营造互助的环境氛围提供有益指导。基于此，本书力图实现以下目标。

第一，在旁观者介入决策五阶段模型的基础上，结合动态心理契约理论发展出工作场所助人决策过程六阶段模型。

第二，聚焦工作场所助人决策过程模型的反思调整阶段（该阶段是旁观者介入决策模型与工作场所助人决策过程模型的最大不同），深入探讨工作场所施助者和受助者交互反思调整机制。

第三，将工作场所助人决策过程模型嵌入中国人力资源管理情境，探讨人力资源管理实践——工作设计和团队绩效薪酬如何影响工作场所助人决策过程，提出相应策略指导人力资源管理实践，进而促进员工互助。

1.3.2 研究思路

本书围绕“构建理论——实证检验理论——工作场所应用理论”的逻辑，从动态心理契约理论的视角将工作场所施助受助双方的互助过程看成心理契约签订、维持和调整过程，并基于旁观者介入决策模型，发展出工作场所助人决策过程模型。在此基础上，将工作场所助人决策过程模型运用于人力资源管理实践。为了达到以上目标，本书将开展两个部分共计四项研究（具体见图 1.1）。

第一部分包括研究一和研究二。从文献综述部分可以看出，助人领域的研究主要关注助人行为的前因、后效及影响因素。已有研究大都将助人当作一个瞬时的行为，忽视了助人的过程性和交互性。在现有的研究中，只有学者（Darley & Latané，1970）关注了助人的过程性，他们提出了针对陌生人助人决策的旁观者介入决策模型，而对工作场所中认识的人之间的助人决策过程还知

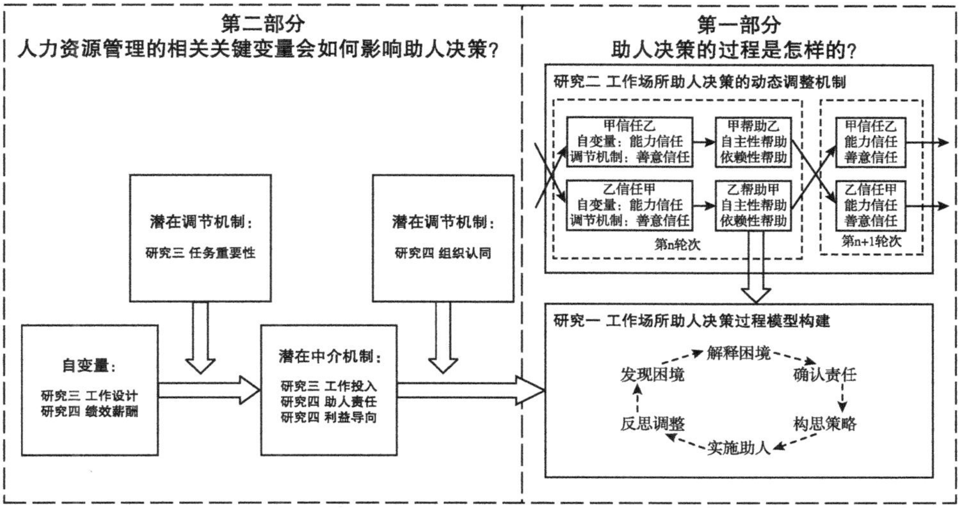

图 1.1 总体研究思路

之甚少。因而，第一部分主要目标是构建工作场所助人决策过程模型，回答“工作场所助人决策过程是怎样的？”。研究一整合动态心理契约理论和旁观者介入决策模型构建工作场所助人决策过程模型。旁观者介入决策模型认为对陌生人提供帮助要经历五个阶段，分别是觉察、理解、责任、判断和行动。由于该模型是刻画对陌生人提供帮助的过程，没有考虑现实中熟人之间的帮助往往是多轮次的、带有利益权衡的互动过程。因而，本书在构建工作场所助人决策过程模型时考虑了这种动态性，并将施助受助双方互助的过程看成双方之间签订帮助相关心理契约的过程，包括契约形成、契约保持、契约修复和重新协商等阶段。研究二实证检验工作场所助人决策过程模型的创新部分——助人决策的反思调整机制。研究二聚焦于助人决策模型与旁观者介入决策模型的关键差异，深刻揭示施助者和受助者双方在互助中的“反思调整”子过程，考察施助受助双方信任（能力信任和善意信任）和帮助（自主性帮助和依赖性帮助）之间的互动关系，揭示工作场所中帮助决策的心理契约动态调整过程。

第二部分包括研究三和研究四。鉴于人力资源管理实践可能在很大程度上影响员工进行作为社会性风险投资的助人决策过程。因而，第二部分的主要目标是将新构建的工作场所助人决策过程模型运用于人力资源管理实践，回答“人力资源管理的相关关键变量会如何影响助人决策过程的？”，以扩展理论的使用场景，并期望对管理实践有所助益。一直以来，激励员工高绩效工作是人力资源管理的重要任务。而工作设计和绩效薪酬分别是激励员工内在动机和外在动机最关键的人力资源管理政策，因而第二部分的研究三和研究四，分别聚焦于工作设计和绩效薪酬，探讨这两种人力资源管理措施对工作场所助人决策过程的影响机制。其中，研究三聚焦于工作设计对工作场所助人决策过程的影响机制，重点关注工作设计对困境发现阶段的影响机制。研究四聚焦于绩效薪酬对工作场所助人决策过程的影响机制，重点关注绩效薪酬通过助人责任（确认责任）、利益导向（反思调整）对助人意愿的影响。

1.3.3 研究内容

本书包括绪论、文献综述、理论基础与概念模型、研究一、研究二、研究三、研究四以及研究结论与展望，共八章。

一是绪论。其在明确研究背景和研究动因的基础上，提出研究问题，并阐述研究的理论意义和现实意义，简要介绍本书的研究目标、研究思路和内容、研究方法、研究技术路线图及可能的创新点。

二是文献综述，主要基于国内外助人领域的相关文献，梳理助人行为相关理论的研究现状及进展。通过对助人行为概念和分类、助人行为的主要影响因素、助人行为的作用机制和助人行为的后效等内容的梳理，指出已有研究的不足。进一步明确研究的理论意义和现实意义，挖掘出可能的理论缺口和空白点。

三是理论基础与概念模型，在文献综述的基础上，总结提出动态心理契约和旁观者介入决策模型作为本研究的理论基础。具体总结了心理契约及其动态性研究回顾、动态心理契约理论及其四个阶段、旁观者介入决策模型、心理契约与助人过程的内在逻辑关系，并在此基础上提出本研究的概念模型和研究框架。

四是研究一，即工作场所助人决策过程模型构建。研究一的目的是构建一个基于工作场所的助人决策过程模型。研究一整合动态心理契约理论和旁观者介入决策模型（该模型将对陌生人的助人过程分为觉察、理解、责任、判断、行动五个阶段），在考虑工作场所助人决策的过程性和亲社会投资属性的基础上，提出了工作场所助人决策过程模型及其关键影响机制，即工作场所助人决策过程是一个包括发现困境、解释困境、确认责任、构思策略、实施助人和反思调整共六个阶段的社会性风险投资过程。

五是研究二，即工作场所助人决策的交互反思调整机制。反思调整阶段是工作场所助人决策过程模型区别于旁观者介入决策模型的关键阶段，也是本研究的理论创新之一。因此，研究二对工作场所助人决策中的反思调整机制展开研究。具体来说，考查施助者和受助者双方“信任——帮助——信任”的动态关系，基于动态心理契约理论揭示助人决策的反思调整过程。

六是研究三，即工作设计对工作场所助人决策的影响机制。研究三考察人力资源实践中的情境因素——工作设计——对助人决策的影响机制。整合动态心理契约和资源分析框架，探讨工作设计影响困境发现阶段（工作场所助人决策过程的起始阶段）的中介机制和调节机制。

七是研究四，即团队绩效薪酬对工作场所助人决策的影响机制。研究四考察人力资源实践中的情境因素——绩效薪酬——对助人决策过程的影响机制。尤其突出探讨助人决策过程中的助人责任和反思调整过程。整合动态心理契约理论和工作场所助人决策过程模型，探讨团队绩效薪酬政策影响员工对团队内和团队外助人决策过程的中介机制和调节机制。

八是研究结论与展望，具体内容包括：本研究的总体研究结论、理论启示和实践启示，本研究的研究局限及对未来的研究展望。

1.4 研究方法与技术路线图

1.4.1 研究方法

基于上述研究思路，本研究拟综合利用深度访谈法、内容分析法、经验取样法、实验法、问卷法等开展四项子研究。项目整体研究内容和方法汇总情况如表 1.1 所示。

表 1.1　研究内容、目的、方法和统计技术汇总

研究内容	研究目的	研究方法	统计技术
研究一	构建工作场所助人决策过程模型	深度访谈法、关键事件法、内容分析法	计算编者间信度网站
研究二	探索人际互助过程中的动态交互调整过程	配对经验取样法	多水平验证性因子分析 多水平回归分析
研究三	工作设计对工作场所助人决策的影响机制	多时点问卷法	有调节的中介效应分析
研究四	绩效薪酬对工作场所助人决策的影响机制	实验法	有中介的调节效应分析

研究一拟将采用深度访谈法、关键事件法和内容分析法着力构建工作场所助人决策的过程模型。采用关键事件法访谈收集工作场所帮助事件文本，运用内容分析法分析文本。具体实施步骤为：第一步，在总结文献的基础上编制访谈提纲，然后对 60 名左右的企业员工进行半结构化访谈，请他们讲述关于助人决策过程及其影响因素作用模式的关键事件；第二步，在访谈文字的基础上，提炼出工作场所关键助人事件，并编号；第三步，结合动态心理契约理论和旁观者介入决策模型确定内容分析的编码簿；第四步，请两名熟悉助人决策研究的博士生根据编码簿对关键助人事件的文字稿进行编码，并计算他们编码的一致性系数，如严重不一致，则对不一致的内容进行讨论并重新编码，直到一致性系数达到相应标准；第五步，笔者对编码资料进行汇总、分析与提炼，并在此基础上形成本书所提出的助人决策过程模型。

研究二将聚焦于工作场所助人决策过程模型中的“反思调整”子过程，揭示施助者和受助者在互动过程中如何对各自的助人行为进行反思调整。鉴于人际互助是一种施助者和受助者之间的互动过程，适合采用行为者 – 伙伴相互依赖模型（Actor–Partner Interdependence Model，APIM）对偶分析框架。另外，该研究是以动态心理契约作为理论框架，旨在探索人际互助过程中的动态调整过程。该动态调整过程既包含对偶互动过程，又需要考虑时间因素。因此，研究二拟采用基于 APIM 模型的经验取样法收集数据。具体来说，笔者拟邀请 600 名左右的大一新生自愿参与。大一新生以工作小组为单位两两自由组合形

成对偶，共同参与研究。由于能力信任、善意信任等变量在日水平上的变化很微弱，因此笔者以 1 周为间隔单位，对被试者进行为期约 2.5 个月共 8 次追踪数据收集。最后，采用 MPLUS 8.1 进行多水平验证性因子分析和 STATA 15 软件进行多水平回归分析。

研究三和研究四把人力资源管理实践视为能够影响员工进行助人这种社会性风险投资的重要情景因素，着重考察人力资源管理实践中的工作设计和团队绩效薪酬两个关键因素对助人决策过程的影响。研究三聚焦于工作场所助人决策过程的起始阶段——困境发现，探讨任务多样性对困境发现的影响机制。研究三采用问卷法，拟在专业数据平台邀请 500 名左右的企业员工参与两个时间点的问卷调研。在第一个时间点收集人口统计信息、任务多样性、任务重要性等信息；在第二个时间点请参与者自评工作投入和困境发现。最后，采用 SPSS 软件的 PROCSS 插件模型 7 进行有调节的中介效应检验。

研究四聚焦于工作场所助人决策过程的另外两个关键阶段——确认责任和反思调整，探讨团队绩效薪酬对工作场所助人决策过程的影响机制。研究四采用 2×2 被试间实验法，拟在专业数据平台（见数）邀请 500 名左右已经实施了团队绩效薪酬政策的企业员工参与实验。运用见数平台的随机模块功能，随机显示实验材料请被试者阅读，并测量被试者在不同情境下的帮助意愿，之后测量其他变量。最后，采用 SPSS 软件中的 PROCSS 插件模型 14 进行有中介的调节效应检验。

1.4.2 技术路线

结合研究内容与研究方法，本书首先通过论述助人决策的研究背景和研究意义，指出该研究选题的理论意义和实践意义，从而提出研究问题，明确研究目标和研究内容，并确定研究思路、设计研究方案和确定研究方法。

梳理助人决策和动态心理契约理论相关文献后，整合动态心理契约理论和旁观者介入决策模型，构建本书的研究框架。之后，通过“工作场所助人决策过程模型构建（研究一）”“工作场所助人决策的交互反思调整机制（研究二）”“工作设计对工作场所助人决策过程的影响机制（研究三）”“团队绩效薪酬对工作场所助人决策过程的影响机制（研究四）”等四项研究，构建了工作场所助人决策过程模型，并将工作场所助人决策过程模型嵌入人力资源管理实践中，以检验和拓展理论模型的科学性和对实践的指导作用。最后提出本研究的理论贡献和管理启示。技术路线图示意如图 1.2 所示。

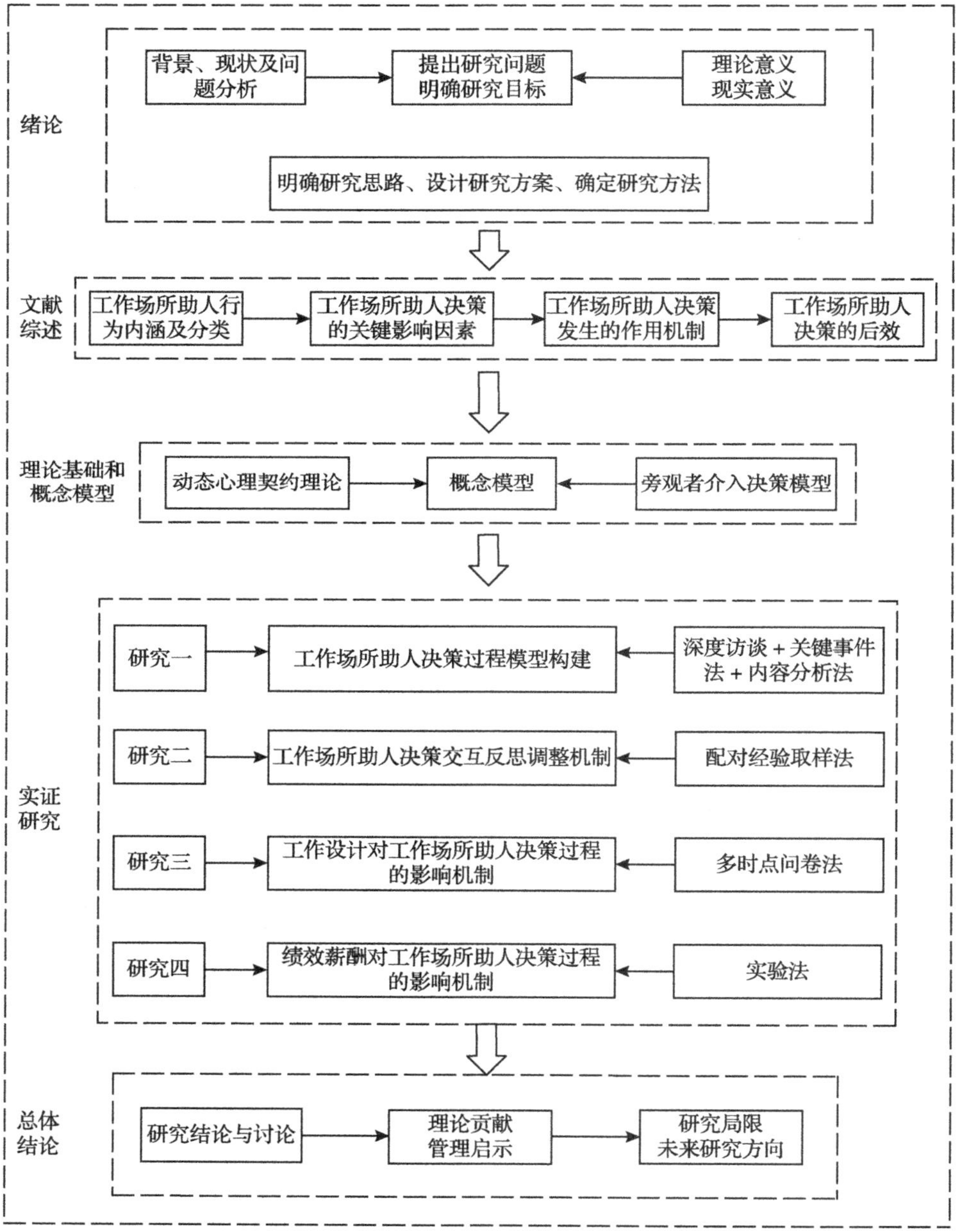

图 1.2　技术路线图示意

1.5 创新点

1.5.1 引入新的理论视角

本书应用动态心理契约理论分析工作场所助人决策过程，给助人领域的研究引入新的理论视角和研究话题，为更好地解释工作场所施助受助双方交互过程提供了新的理论基础。动态心理契约理论框架下的工作场所助人决策过程，不仅从理性决策的角度刻画了施助受助双方资源互惠交换的本质，还从直觉决策的角度预测了情绪在推动双方动态心理契约变动时的重要作用。根据动态心理契约理论，一旦施助受助双方达成了心理契约，契约内容就会成为双方的责任和义务。也就是说，不管是基于理性还是情感，施助受助双方都遵循“知恩图报”的互惠规范，当得到他人帮助后，受助者有责任回报施助者，如果没有做到“知恩图报”，受助者可能产生内疚、负债感等情绪。动态心理契约理论不仅能涵盖已有从资源视角（如社会交换理论、资源保存理论、资源损耗理论、资源分析框架等）研究助人行为的资源互惠交换框架，已有从情感视角（如情感事件理论、组织认同理论、自我决定理论等）发现的情绪和助人决策过程的交互影响，还能够解释责任视角（社会责任规范、旁观者责任扩散）下施助受助双方的行为规范。据此，本书扩展了动态心理契约理论的应用场景，为助人领域的研究引入新的理论视角。

1.5.2 发展旁观者介入决策模型

旁观者介入决策模型是基于向陌生人提供帮助的一个助人决策过程模型，该模型将助人决策过程分为觉察、理解、责任、判断和行动等五个阶段。本研究在旁观者介入决策模型的基础上，构建了基于工作场所的助人决策过程模型。两个助人决策模型最大的不同是，旁观者介入决策模型关注的是给陌生人提供帮助的过程，由于施受助双方往往在助人过程完成后没有机会再进行社会互动，因而很少存在助人行为发生后的调整过程。与对陌生人的助人过程不同，工作场所中的助人过程往往是同事等熟人之间的互动过程，包括施受助双方之间助人行为发生前的利益权衡、实施助人行为以及助人行为发生后的反思调整等过程。因而，工作场所助人决策过程模型不仅包括了助人前的准备阶段和实施助人阶段，还发展出了实施助人后的反思调整阶段。反思调整阶段是工作场所助人决策过程模型的核心阶段，也是该模型的创新点。反思调整不仅体现出工作场所助人决策的过程性和亲社会投资属性，还解释了施助受助双方互助的多轮次互动和计划性。据此，本书发展了助人过程领域的理论，一定程度上可以填补理论研究的空白。

1.5.3 丰富心理契约相关研究

本书从心理契约理论视角探讨工作场所助人决策，不仅能够开启助人领域新的研究视角，也能够丰富心理契约领域的相关研究。首先，已有的心理契约相关研究主要是探讨员工与组织之间的心理契约，而对个人与个人之间的心理契约研究不足。心理契约的古典学派将心理契约看成组织履行承诺和员工承担责任所达成的默契。Rousseau 学派则将组织当成员工心理契约的背景，认为心理契约就是员工与组织之间的责任与义务信念系统（Rousseau，1995）。这两个学派都将心理契约看成员工与组织之间的契约关系，尽管有些研究用企业管理者来指代组织（Coyle-Shapiro，2000），但仍然没有超出组织与员工的框架。本书把心理契约运用于个人与个人之间帮助相关的互惠回报过程，拓展了心理契约的使用场景。另外，鉴于将助人决策的施助受助双方看成签订心理契约的契约双方，本书也在心理契约的动态性方面做出了一定贡献。尽管学者认为心理契约是一种动态的调整过程，但关于心理契约动态性的研究远远不足。目前相关研究主要聚焦于心理契约的形成、破裂和修复上，已有的少量的关于心理契约动态性的研究也只关注了时间因素（Rousseau et al.，2018），忽视了契约双方随时间变化的心理契约的动态交互调整。本书采用基于 APIM 框架的经验取样法实证检验了工作场所施助受助双方反思调整过程，在关注时间因素的基础上探讨了契约双方的交互过程，深化了心理契约动态性的相关研究。

1.5.4 丰富助人决策动态性的相关研究

以往对助人领域的研究多数是基于多时点问卷法和实验法，也有一些研究采用了经验取样法，研究帮助事件及其对个体心理和行为的影响。例如，Chi

等（2022）通过经验取样法（每天两次，为期 10 天）收集了 199 名全职员工的 1483 次回复，发现日常主动帮助与自主性需求满意度呈正相关，而与胜任和关系需求满意度无关。尽管经验取样法能够很好地捕捉帮助事件的发生、密度与程度对个体情绪或行为的瞬时影响，揭示影响个体行为的心理过程（刁惠悦等，2019），却仍然无法观察到施助受助者对偶内的互动。本书结合经验取样法和行为者－伙伴相互依赖模型（APIM）考察了施助受助双方的交互助人决策及其反思调整过程，丰富了助人决策领域的研究方法，有助于深入研究施助受助者对偶内的互动。

2 文献综述

2.1 工作场所助人行为的内涵

2.1.1 工作场所助人行为概念

工作场所助人行为是一种重要的组织公民行为（Podsakoff et al.，2000），在过去的 20 年里，随着组织公民行为的提出和发展，与工作中帮助相关的概念大量涌现，如个体亲社会行为、人际公民行为、人际促进、帮助同事和社会参与等。学者从不同的角度界定了助人行为的概念。助人行为及其相关构念定义具体参见表 2.1。

表 2.1 助人行为及其相关构念定义

笔者（年）	帮助及其相关构念定义
Smith，Organ & Near（1983）	利他：在面对面的情况下，直接且有意地帮助特定的人的行为
Organ（1988，1990a，1990b）	利他：帮助他人解决工作问题的自愿行为
Graham（1989）	人际帮助：当需要帮助时，帮助同事的工作
Williams & Anderson（1991）	个人组织公民行为（OCB-I）：行为能够立即使特定的个人受益，并通过这种方式间接地对组织做出贡献
Van Dyne et al.（1994）	社会参与：基于人际关系或社会契约而参与活动
George & Brief（1992）；George & Jones（1997）	帮助同事：包括所有的自愿形式的帮助，组织成员互相提供便利以促进任务的完成和目标的实现
Borman & Motowidlo（1993，1997）	帮助并与他人合作：帮助同事，帮助客户和利他主义

续表

笔者（年）	帮助及其相关构念定义
Van Scotter & Motowidlo（1996）	人际促进：有助于实现组织目标的以人际为导向的行为
Philip M. Podsakoff et al.（2000）	助人行为：自愿帮助他人解决或预防工作相关问题发生的行为
Settoon & Mossholder（2002）	人际公民行为：为了自尊保持和处理更加个人化的问题而做出的行为
Weinstein & Ryan（2010）	帮助行为：从事帮助他人的活动或为某个好原因而做某事
周文娟，段锦云，朱月龙（2013）	助人行为：组织成员自愿地为同事提供工作相关信息和资源、分担其工作任务、协助解决或者预防其工作相关问题发生的行为

注：笔者根据相关文献整理。

目前广泛被采用的定义认为，工作场所助人行为是自愿帮助他人解决或预防工作相关问题发生的行为（Podsakoff et al.，2000）。例如，指导新员工如何使用设备，帮助同事赶工积压的工作，获取同事需要但无法自己获得的材料等（Organ，1988）。将工作场所助人行为分为利他、善意调解、喝彩和礼貌性举止等四个维度。具体来说，利他是帮助另一个有工作问题的人的自愿行动；善意调解是有助于预防、解决或减轻非建设性的人际冲突的行动；喝彩是鼓励同事的成就和专业发展的言语和姿态；礼貌性举止是在采取影响他们的行动之前与人接触，向需要知道安排工作的人提供提前通知（Organ，1988）。其中，自愿帮助他人解决问题包括利他、善意调解和喝彩维度，防止工作相关问题的发生包括礼貌性举止维度。

与西方文献中助人行为的内涵不同，中国情境下助人行为的内涵范畴则相对宽泛，同时涉及工作事务及非工作事务的帮助行为（Farh et al.，2004）。在北美，因为同事是工作伙伴，助人被界定为帮助同事解决工作相关问题（Podsakoff et al.，2000）；而在强调内群体文化的中国组织里，同事则被同时赋予了朋友、邻居、同志及同一社区成员的身份，中国组织里的帮助不仅限定在工作任务中的帮助，还包括个人层面非工作问题的帮助，如帮助解决家庭问题、修理管道、照顾生病的同事等（周文娟等，2013）。

2.1.2 工作场所助人行为相关概念辨析

（1）亲社会行为

亲社会行为（Prosocial Behavior）又叫利社会行为，泛指一切符合社会期望，对他人、群体及社会有益的行为（Eisenberg et al.，2006），如合作、分享、帮助、慈善捐赠和志愿服务等。亲社会行为不仅包括直接帮助他人的行为，还包括对社会的各种贡献，如遵守法律法规、尊重他人、保护环境、参与公益事业等。这些行为不一定是直接针对某个人的，但都是对社会秩序和发展的贡献，有益于整个社会。助人行为也是一种亲社会行为，但更侧重于对个人的帮助，如捐款、志愿服务、慰问、援助等，这些行为都是直接针对某个人或某个群体的，目的是帮助他们解决困难或缓解痛苦。

（2）利他行为

利他行为（Altruism）是在毫无回报的期待下表现出志愿帮助他人的行为（Bar–Tal，1982）。利他行为包括以下特征：自觉自愿的行为；以有益于他人为目的；不附有任何期望他人日后的报答；利他者可能有所损失（Bar–Tal，1982）。利他行为与助人行为有所不同，助人行为可以对受助者有回报期待，也可以是为了自己的利益而帮助他人。利他行为与亲社会行为也不同，亲社会行为是一种对他人和社会的有益行为，而不管其背后的动机；而利他行为需要关注行为之后的动机（Carlo，2014）。亲社会行为包括其他导向的动机（共情关注、内在化价值观）和自我导向的动机（机会主义、声誉提升、对自我的良好感受），而利他行为完全由其他导向的关注驱动，可能包括自我牺牲、冒险或自我威胁的因素（Carlo，2014）。因而，学者认为利他行为是一种最高层次的帮助行为（Bar–Tal，1982）。

（3）组织公民行为

Organ（1988）将组织公民行为定义为未被正常的报酬体系所明确和直接规定的、员工的一种自觉的个体行为，这种行为有助于提高组织功能的有效性。这些行为一般都超出了员工的工作描述，完全出于个人自愿，既与正式奖励制度无任何联系，又是非角色内所要求的行为（Organ，1988），包括帮助其他同事、尽责行为、谦恭有礼、公民道德、运动家精神等五个方面。Podsakoff

和 Mackezie 等（2000）在 Organ 的基础上总结了七个维度的组织公民行为，包括帮助他人、运动家精神、忠诚于组织、顺从于组织、自我驱动、公民道德、自我发展。由此可见，工作场所助人行为是组织公民行为的一种表现形式。助人行为与相似概念辨析具体见表 2.2。

表 2.2 助人行为与相似概念辨析

相似概念	定义	成分	与助人行为的联系
亲社会行为	泛指一切符合社会期望，对他人、群体及社会有益的行为	对他人和社会有益	助人行为是一种亲社会行为
利他行为	在毫无回报的期待下表现出志愿帮助他人的行为	无回报的志愿助人行为	利他行为是一种最高层次的帮助行为
组织公民行为	未被正常的报酬体系所明确和直接规定的、员工的一种自觉的个体行为，这种行为有助于提高组织功能的有效性	有利于提高组织功能的员工自觉行为	助人行为是组织公民行为的一种形式

注：笔者根据相关文献整理。

2.1.3 工作场所助人行为的主要分类

工作场所助人决策可以从不同角度进行多种不同的分类。以下主要介绍从帮助动机、帮助时机、帮助内容和帮助目标等角度对工作场所助人行为的分类。

（1）自主动机帮助和受控动机帮助

从动机的角度将帮助行为分为自主动机帮助（Autonomous Help）和受控动机帮助（Controlled Help）。自主动机指的是从自己身上产生或与自己一致的行为，或在归因方面，有内在的因果关系（Ryan & Connell，1989）；受控动机来自自我施加的压力，如羞耻感或自豪感，或者来自外部的意外事件和控制（Ryan & Connell，1989）。当员工由于更高的自主（受控）动机而帮助同事时，他们体验到更高的（较低的）积极情绪，有更强的（较弱的）帮助意图，随后帮助同事更多（较少）。当员工出于自主动机并真正愿意提供帮助时，帮助对员工和组织都是最有益的（Lin et al.，2019）。Weinstein 和 Ryan（2010）通过四个研究也证明了自主动机帮助通过满足帮助者基本心理需求而更能让帮助者获得幸福感。目前，对自主动机帮助的研究给管理者提出了建议，即在鼓励员工想要帮助或合作的同时，管理者应该给予员工一定的自主权，决定是否、向谁、何时以及如何提供帮助，培养一种文化，在这种文化中，员工可以在他们不想提供帮助的时候自由地拒绝提供帮助（Lin et al.，2019）。

（2）主动式帮助和响应式帮助

根据帮助是否在受助者表示需要帮助时提供，帮助可以分为主动式帮助（Proactive/Unsolicited Help）和响应式帮助（Reactive/Solicited Help）。在受助者并没有表示需要帮助时就提供的帮助称为“主动式帮助”，在受助者表示需要帮助时提供的帮助称为“响应式帮助”（Lee et al.，2019）。主动提供帮助对施助者来说是一种微妙的技能（N et al.，2000），由于很难感知他人的需求，在最初的互动或新的关系中更加难以提供主动式帮助（Human et al.，2018）。而响应式帮助比主动式帮助能获得受助者更多的感恩，究其原因，也许是响应式帮助是依据求助者的要求而提供的，这种帮助更能满足求助者的需求；响应式帮助不仅令受助者更具感激之情，而且也能提升助人者对自身亲社会行为的感知和工作投入（Lee et al.，2019）。在互联网信息环境下也发现了相似的情形，互联网用户很少寻求帮助，而且对系统提供的主动帮助呈负面态度，就算这些帮助对他们来说是有益的（Bar-Or & Meyer，2018）。

（3）工具性帮助和情感性帮助

根据帮助内容的差异可以将帮助分为工具性帮助（Instrumental Helping）和情感性帮助（Emotional Helping）。工具性帮助是以问题为中心提供具体的、有形的或目标导向的援助，是为了帮助接受者完成一项任务或达到一个目标而进行的帮助行为（Bamberger et al.，2017）；情感性帮助是以人的情感为中心，包括分享感受或表示同情、关心、同理心、情感、理解、友谊和群体归属感（Bamberger et al.，2017）。

（4）自主性帮助和依赖性帮助

根据帮助目标提升受助者能力的不同，助人行为可以分为自主性帮助（Autonomy Help）和依赖性帮助（Dependency Help）（Maki et al.，2017）。自主性帮助是提供给受助者独立解决问题所需的技能、工具或方法，通过帮助受助者提升能力和获取更多知识来解决受助者的问题（Bamberger & Levi，2009）；

依赖性帮助是为受助者提供解决问题的全部答案，直接帮助受助者解决相关问题（Maki et al.，2017）。长期来看，自主性帮助能够减少施助者和受助者之间的差距，依赖性帮助则会保持甚至扩大这一差距（Nadler，2020）。自主性帮助不仅能帮助受助者解决当前问题，还能促进受助者提升自我能力，从而尽快脱离对他人的依赖，具有自行解决相关问题的能力（Bamberger & Levi，2009）；依赖性帮助则只能帮助受助者解决当前问题，而不能促进受助者独立发展或者提高其以后自行解决相关问题的能力（Nadler，2020）。

2.1.4 工作场所助人领域的主要研究方法

梳理工作场所助人决策相关研究，发现目前的研究主要采用了定量研究方法中的问卷、实验、经验取样和生理神经等方法，或者这些方法的有机结合，以交叉验证研究结果，提升研究的严密性。也有一些研究采用定性研究中的关键事件法、内容分析法等构建研究框架，并采用定量研究方法验证研究框架以开展研究。下面将结合相关研究详细阐述上述方法在工作场所助人决策研究中的具体应用。

（1）问卷法及其在工作场所助人领域的应用

①问卷法的测量形式：自评、他评和轮询

问卷法从测量形式看，有被试自评、他人评价和轮询（Round-Robin）评价等测量形式。被试自评是指被调查者评价自己在助人行为中的表现，这种方法通常通过提供一系列陈述或问题，要求被调查者根据自身的认知和行为进行评分或选择。被试自评可以提供被调查者主观的看法和感受，了解被调查者的个体差异和独特经验，从而了解其内心体验和个人认知。自我评价也是一种相对简便和快速的方法，可以在较短的时间内获得大量的反馈。如 Chi 等（2022）采用“在没有收到求助的情况下，我今天帮助了有工作相关问题的同事”“在没有收到求助的情况下，我今天帮助同事在工作上取得进展”“在没有收到求助的情况下，我帮助同事避免他们工作中的潜在问题”等三个条目测量了被试自我报告的主动式帮助行为。又如 Lee 等（2019）采用“当我的同事来找我寻求帮助，我帮助他们解决他们的工作问题”“当我的同事来找我寻求帮助，我帮助他们取得进展”“当我的同事来找我寻求帮助，我帮助他们避免工作中的潜在问题”等三个条目测量了被试自我报告的响应式帮助行为。

但自我评价也存在一些不足，如由于自我评价受到被调查者主观认知的限制，结果可能不够准确和可靠，存在记忆偏差或社会期许的干扰。自我评价容易受到被调查者的主观偏见和自我理想化的影响，可能与实际情况存在差异。有些被调查者可能倾向于回答社会期望或提供符合社会期望的答案，从而影响数据的真实性。为了克服自我评价带来的诸如社会赞许、记忆偏差和主观偏见等问题，研究者在被试自评时会将社会赞许性作为控制变量纳入问卷调查中以减小社会赞许带来的共同方法偏差。

他人评价是指通过询问他人对被调查者特定特征、态度或行为的看法和评估来获取信息。与自我评价不同，他人评价是从其他人的角度和观察中获取反馈，以了解被调查者在他人眼中的表现和特征。他人评价可以提供一种客观的视角，以补充被调查者的主观自我评价。他人评价的方法不仅能够克服社会赞许性的影响，还能够避免自我评价的主观偏见和自我理想化的影响。

轮询（Round-Robin）评价是一种特殊的他人评价方法，主要用于刻画工作场所中的人际互动。轮询评价要求同一团队中的成员之间相互评价，以四名成员（成员甲、成员乙、成员丙和成员丁）组成的团队为例具体说明问卷设计。在该团队中测量同事帮助，要求成员甲汇报自己分别对成员乙、成员丙和成员丁的帮助。同时，要求成员乙汇报自己分别对成员甲、成员丙和成员丁的帮助。以此类推。所有参与调研的成员都被要求报告对其他每位成员的帮助（汤一鹏等，2022）。例如，Ouyang等（2018）采用轮询评价的方式测量了小组成员之间的帮助行为对员工团队地位的影响。

②工作场所助人行为的测量

一方面，目前帮助行为的测量多采用单维度量表，既有专门的帮助（利他）行为量表，也有从组织公民行为中选取的个体导向公民行为条目代表助人行为的量表（Farh et al.，1997）。另一方面，从帮助行为的分类出发产生的多维度测量量表，如主动帮助和受控帮助量表（Ryan & Connell，1989）；还有直接测量捐助行为和志愿行为作为帮助行为的测量指标。基于自我决定理论，也有从帮助动机的角度将主动动机和受控动机分为四个维度的帮助动机量表，分别是内部动机（如“因为我喜欢帮助别人”）、融合动机（如“如果我不帮助他，我会感到内疚”)、确定动机（如“因为我认为帮助他人是重要的”）和外部动机（如“因为他人要求我帮助他”)(Kindt et al.，2016)。有些通过社会价值取向和人格量表（如诚实 – 谦逊量表和宜人性量表）对被试的帮助倾向进行测量。在帮助类型上，学者还发展了自主性帮助量表和依赖性帮助量表（Maki et al.，2017)，主动式帮助量表和被动式帮助量表（Lee et al.，2019)。根据已发表在国际和国内权威期刊上的研究成果，工作场所助人领域的主要测量条目整理如表 2.3 所示。

表 2.3　工作场所助人领域的主要测量条目整理

变量	测量条目
助人行为 / 意愿（Farh et al.，1997）	1. 我（愿意）协助新同事适应工作环境 2. 我（愿意）帮助同事解决工作上的问题 3. 我（愿意）在必要时为同事承担工作任务 4. 我（愿意）与同事协调沟通
以任务为中心的帮助行为（Settoon & Mossholder，2002）	1. 承担额外的责任，以便在工作中帮助遇到困难的同事 2. 帮助同事完成困难的任务，即使他没有直接请求帮助 3. 帮助同事完成繁重的工作，即使这不是我工作的一部分 4. 帮助那些在工作中落后的同事 5. 在同事不在的时候帮助他们完成工作 6. 帮助同事解决工作上的问题
受控动机的帮助（Weinstein & Ryan，2010）	1. 只有这样做我才会被大家喜欢 2. 如果不这么做，我会觉得自己是个坏人 3. 如果不这样做，别人会生我的气 4. 我觉得我不得不这么做 5. 我觉得我应该这么做
自主动机的帮助（Weinstein & Ryan，2010）	1. 我认为这样做很重要 2. 我心甘情愿这么做 3. 我这样做是值得的 4. 我关心其他和我一起帮助他人的人 5. 我享受帮助他人 6. 我很欣慰我的帮助对他人是有用的

续表

变量	测量条目
主动式帮助（Lee et al.，2019）	1. 在没有收到求助的情况下，我今天帮助了有工作相关问题的同事 2. 在没有收到求助的情况下，我今天帮助同事在工作上取得进展 3. 在没有收到求助的情况下，我帮助同事避免他们工作中的潜在问题
被动式帮助（Lee et al.，2019）	1. 当我的同事来找我寻求帮助，我帮助他们解决他们的工作问题 2. 当我的同事来找我寻求帮助，我帮助他们取得进展 3. 当我的同事来找我寻求帮助，我帮助他们避免工作中的潜在问题
自主性帮助（Maki et al.，2017）	1. 教人们自己照顾自己，对社会是有好处的，因为这样能使他们独立 2. 助人的目的应该就是确保人们最终能够自己满足自己的需求 3. 现在帮助他人，就应该使他们能够在将来更好地自己解决自己的问题 4. 我帮助他人的目的，是帮助他们学会自己去解决自己的问题 5. 帮助就是让人们能够更好地去自己解决自己的问题 6. 我喜欢帮助他人去发展他们自己的技能和知识，从而让他们能够自己帮助自己 7. 帮助别人就是帮助他们能够更好地自己解决自己的问题 8. 在帮助别人的时候，让他们拥有相应的知识和技能才是最重要的
依赖性帮助（Maki et al.，2017）	1. 我帮助别人，是因为我喜欢解决别人的问题 2. 帮助的目标应该是确保人们的即时需求得到满足 3. 总的来说，为他人解决问题对社会是有好处，因为它有助于满足当前的需求 4. 我喜欢去帮助别人，即使他们的问题可能再次出现 5. 我帮助别人是因为他们自己无法帮助自己 6. 所有人都应该得到平等的帮助，不管他们的个性和生活环境如何 7. 我帮助别人，是因为我喜欢关心别人的问题 8. 帮助别人就是为别人解决问题
反应式帮助（Harari et al.，2021）	1. 当我的同事明确表示他们需要我的帮助时，我就会帮助他们 2. 当我的同事求助时，我就帮助他们 3. 当我被要求做一些事情时，我同意为我的同事做事 4. 当我的同事寻求帮助时，我就会帮助他们 5. 当我的同事要求我这样做时，我就会帮助他们

续表

变量	测量条目
预期式帮助（Harari et al.，2021）	1. 在被问及之前，我就会主动帮助我的同事 2. 我预料到同事的需求，并在被要求之前提出帮助他们 3. 我帮助我的同事完成他们的工作，而无须他们寻求帮助 4. 我预料到我同事的需要，并主动提供帮助 5. 我在我的同事请求我的帮助之前帮助他

注：笔者依据相关文献整理。

（2）实验法及其在帮助领域中的应用

实验法基于严谨的数据收集过程、严格的条件控制和科学的操纵成为“因果关系推断的黄金法则”，可以更好地寻找组织现象的内在机制，优化管理决策，因而，越来越多组织行为学领域的学者开始采用实验法进行组织行为研究（葛林洁等，2021）。

①实验法的定义及分类

实验法通过操纵（即改变）自变量来观察其对因变量的影响。为了准确地观察自变量对因变量的影响，实验法需要控制其他可能干扰结果的条件，这些条件被称为“控制变量”。通过控制变量，研究人员可以排除其他因素对结果的影响，从而更准确地确定自变量与因变量之间的因果关系。为了消除实验中可能存在的偏见和系统误差，实验法通常采用随机分配的方法将参与者分配到不同的实验条件中。随机分配可以确保实验组和对照组之间的差异是由自变量引起的，而不是其他因素导致的。Blom-Hansen 等（2015）根据不同的实验设计将实验法划分为实验室实验、现场实验、问卷实验、自然 / 准自然实验。下面介绍组织行为领域用得最多的三种实验方法，包括实验室实验、现场实验和问卷实验。

实验室实验是在受控的实验室环境中进行的实验。实验室实验通过人为控制的场景设计，只改变研究者希望改变的自变量以监测因变量的变化，同时对其他实验因素进行严格控制以降低其对结果的显著影响（葛林洁等，2021）。由于研究人员可以精确控制变量，并排除干扰因素，因而实验室实验能够获得高度内部有效性的结果，但外部效度比较差。

现场实验又称为“田野实验”“实地实验”，是在真实的组织或现实环境中进行的实验。Hauser 等（2017）将现场实验定义为在自然组织环境下引起随机选择的个体（或团队或单位）集群变化的研究，并将结果与未引入变化的随机选择群组进行比较（葛林洁等，2021）。这种实验方法能更好地反映实际情况，因而外部效度高；但由于无法完全控制环境，可能受到外部干扰因素的影响，因而内部效度比起实验室实验要低。最早的现场实验是哈佛大学心理学教授梅奥开展的霍桑实验，霍桑实验以研究工厂工人的行为和生产效率为目的，其被视为组织行为学和工业心理学领域的里程碑之一。

问卷实验是通过向受访者群体询问不同版本的调查问题来进行的。研究人员在一个实验组中控制外源性干预，并将受访者随机分配到实验组和对照组。干预是调查问题的措辞方式的不同，由于随机化，任何答案上的差异都可以被解释为实验的效果（Blom-Hansen et al.，2015）。问卷实验最吸引人的特点之一是它相对便宜和易于实现。这些成本通常与普通调查的成本相当，而且单个调查可以很容易地容纳多个实验。另一个优势是，问卷实验允许有大量的受访者参与调查。问卷实验的一个局限性是，它们通常不能被激励，而且干预是低强度的，与实验室实验和现场实验相比，其内部效度较低。三种实验类型的比较见表 2.4。

表 2.4　实验室实验、现场实验和问卷实验的比较

实验类型	实验特点	实验成本	内部效度	外部效度
实验室实验	人为控制场景设计，只改变自变量以监测因变量的变化，严格控制其他实验因素	高	高	低
现场实验	在真实环境下检验自变量的变化对因变量造成的影响，以此推断变量之间的因果关系	最高	中等	高
问卷实验	通过情景文本措辞方式的不同控制和改变实验组中的外源性干预，并将受访者随机分配到实验组和对照组	最低	一般	一般

注：笔者依据相关文献整理。

②实验法在工作场所助人领域中的应用

由于实验法能够更精确地检验因果关系，越来越多的组织行为领域学者开始在研究中引入实验法检验因果关系。工作场所助人领域的研究也越来越多地采用实验法和问卷法相结合的方式进行研究。整理近年来发表在国际权威期刊上关于助人领域的实验研究，发现助人领域采用最多的是问卷实验，其次是实验室实验，较少采用现场实验，具体见表 2.5。葛林洁等在总结实验室实验和现场实验在组织行为领域中的应用时也发现，人际导向的组织公民行为（助人行为）主要采用实验室实验，较少采用现场实验（葛林洁等，2021）。

表 2.5　工作场所助人领域典型实验整理

操纵变量名 / 实验类型	实验操作文本
主动帮助 / 问卷实验（Weinstein & Ryan，2010）	嘿！很抱歉打扰你，但我听说你在休息。我有个困难，一个小时后我就要进行一项研究，但我还没有找好所有的参与者，我的一个助教会来帮忙，但另一个没有，我想她不能及时做好准备。你能帮她吗？我不能给你额外的学分，所以你完全可以选择是否帮忙
受控帮助 / 问卷实验（Weinstein & Ryan，2010）	嘿！很抱歉打扰你，但我听说你在休息。我有个困难，一个小时后我就要进行一项研究，但我还没有找好所有的参与者，我的一个助教会来帮忙，但另一个没有，我想她不能及时做好准备。你能帮她吗？我不能给你额外的学分，但是，我是说，你在休息，所以我真的认为你应该帮忙
任务相关帮助 / 问卷实验（Tai et al.，2023）	请想象一下，你在一家媒体机构工作，而你刚刚完成了与一个客户的会议。回到办公室后，你遇到一个同事。你请求这位同事帮助你完成报告。这位同事说："好吧，我会帮助你为这个客户整理报告，以确保我们的建议是循证的。我们应该保持报告的精简，易于执行。"
人际相关帮助 / 问卷实验（Tai et al.，2023）	请想象一下，你在一家媒体机构工作，而你刚刚完成了与一个客户的会议。回到办公室后，你遇到一个同事。然后你请这个同事听听你的意见，分享一下你对客户的不满。这位同事说："听到这个消息，我很难过。这个客户之前给我一些困难，我好几天都很沮丧，所以我完全理解你的感受。如果你需要倾听，我总是在这里陪伴你。让我知道。"

续表

操纵变量名 / 实验类型	实验操作文本
助人行为 / 实验室实验（He et al.，2020）	被试在 40 分钟内完成一个猜字谜和写作的任务，在完成任务过程中允许被试在解决自己的字谜时寻求团队成员的帮助，并在撰写论文时借用其他人的已解决单词。参与者被禁止建立联盟，而是要求参与者通过将帮助内容（要么解决其他人的字谜，要么向其他人提供自己解决的单词）写在“帮助卡”上向其他人提供帮助，每个参与者只有 10 张帮助卡，每张卡只能用来传递一个单词。通过统计帮助卡的数量作为帮助行为衡量的客观标准

注：笔者依据相关文献整理。

实验法在组织行为领域的应用可以帮助研究人员更精确地探索因果关系、验证理论假设，并提供实证基础来支持组织管理制度和决策的制定。然而，实验方法也有其局限性，如实验环境与实际组织环境的差异、样本的代表性以及对参与者行为的人工操控等。因此，在设计和执行实验时，研究人员需要仔细考虑实验的可行性和适用性，并结合其他研究方法的支持来获得全面而准确的研究结果。

（3）经验取样法及其在帮助领域中的应用

①经验取样法的概念及分类

经验取样法（Experience Sampling Method，ESM）是一种旨在即时捕获日常生活或工作状态下人们真实行为、感受和思想的数据收集方法。ESM 是在个体的自然环境中收集实时数据，使研究人员能够捕捉到日常生活中的瞬时经验、行为和心理状态。它为人类行为和主观体验的动态提供了有价值的洞察。这种随机取样的方法能够获取不同时间、地点、事件中人们参与体验时的所作所为、所思所想，既可以系统、全面地反映同一体验的不同状态，又可以真实、准确地展示同一情况下的不同体验，有助于解决更加错综复杂的研究问题。

②经验取样法的优势和应用领域

近年来，基于经验取样法的高生态效度、短时高频观测和有效捕捉即时反应等优势，经验取样法为以往传统研究方法中所难以进行定量验证的动态变化和个体内部变化的相关主题和理论假设提供了实证检验的可能性，因而，该方法在组织行为学和人力资源管理研究中得到了越发广泛的关注与应用（刁惠悦等，2019）。基于经验取样法上述优势和特点，该方法主要应用于以下几种情境。

第一，个体状态的波动状态。例如，运用经验取样法关注个体在不同时间的情绪情感波动状态，包括积极或消极情绪、睡眠质量、压力水平、正念、动机和工作投入等主题（刁惠悦等，2019）。

第二，事件的作用。利用经验取样法能够捕捉事件的发生、密度与程度对个体情绪或行为的瞬时影响，揭示影响个体行为的心理过程，包括休息、压力源、干扰事件、帮助行为和无礼行为等。

第三，个体间差异对个体内波动的跨层调节作用。考察个体间差异影响因素对个体内差异形成过程的调节作用，同时回答诸如“哪一类人会比另一类人更多地进行某种行为”，以及“同一个体会在什么情况下更多地进行某种行为”的问题。

③经验取样法在工作场所助人领域的应用

帮助行为是经常发生的一类事件，且事件发生与否与人们的瞬时感受和情绪有较大的关联。而经验取样法能够在真实而复杂的情境下研究变量的真实存在和动态关系，还原事物的本来面貌，降低回忆偏差。因此，经验取样法非常适合于帮助领域中的研究。表 2.6 列举了近三年部分权威期刊采用经验取样法进行的帮助领域的研究。例如，Chi 等通过经验取样方法（每天两次，为期 10 天）收集了 199 名全职员工的 1483 次回复，发现日常主动帮助与自主性需求满意度呈正相关，而与胜任和关系需求满意度无关。此外，当员工的人际感知能力高时，他们的主动帮助增加他们的自主性、胜任感和关系需要满意度。当员工有很好的人际关系能力时，员工的日常主动帮助通过增强自主感 / 胜任感和内在动机（第二天的工作投入度）来积极预测后续的主动帮助（Chi et al.，2022）。也有学者将神经实验法和经验取样法结合，通过为期 4 周的受试者内现场实验，请 81 名员工在睡眠时间佩戴了头带，头带采用主动模式（闭环声学刺激）或关闭音量的假模式（对照条件），实验发现闭环声学刺激通过提高被试的睡眠质量而与第二天更高的助人行为相关（Barnes et al.，2023）。

表 2.6　工作场所助人领域经验取样法整理

笔者 / 年份	经验取样法应用及主要研究结论
（Barnes et al.，2023）	为期 4 周的受试者内现场实验中，81 名员工在睡眠时间佩戴了头带，头带采用主动模式（闭环声学刺激）或关闭音量的假模式（对照条件）。我们发现，闭环声学刺激与第二天更高的工作投入度、任务绩效和 OCB 相关（但与工作场所的消极行为无关）。此外，我们还发现头带对年轻员工更有效。在这个实验中 OCB（助人行为）是因变量，采用量表测量
（Chi et al.，2022）	经验取样方法（每天两次，为期 10 天）收集了 199 名全职员工的 1483 次回复发现，日常主动帮助与自主性需求满意度呈正相关，而与胜任和关系需求满意度无关。此外，当员工的人际感知能力高时，他们的主动帮助增加他们的自主性、胜任感和关系需要满意度。当员工有很好的人际关系能力时，员工的日常主动帮助通过增强自主感 / 胜任感和内在动机（第二天的工作投入度）来积极预测后续的主动帮助
（Ouyang et al.，2022）	使用经验取样法收集 66 名员工的 582 份日记调查样本，研究结果表明，自我投资可以中介反应性帮助和主动性帮助之间的正相关关系。此外，任务难度在促进反应性帮助所提出的过程中起着重要的作用。进一步的研究表明，该模型中调节中介效应也显著
（Landis et al.，2022）	采用经验抽样设计，我们每天向参与者在工作日结束时（大约下午 4 点）发送调查，连续 10 个工作日，可以完成到当天晚上 10 点，每天的调查都包含两个初始问题，随机呈现。关于他们当天在工作中收到的建议："我们希望你考虑今天在工作中给你建议的人，即使你没有要求。在下面的空格中，请写下那些在你不要求时提供建议的人的名字（即主动提出的建议）。你最多可以列出三个人。"征求意见的问题是相同的，只是我们要求他们说出在他们提出意见时给他们提供建议的人的名字（即征求建议）

2.2　助人决策的关键影响因素

2.2.1　个体层面

（1）个人特质

个人特质是影响助人行为的重要因素。一般来说，积极人格特质更能预测个体的助人行为。研究发现尽责性和亲和性高的员工更愿意帮助他人（Podsakoff et al.，2000），高亲社会特质的人也更容易或更具有内在动机去帮助他人，而对那些低亲社会特质的人来说，在实施助人行为时则需要更多的努力调节（Ruci et al.，2018）。消极的人格特质则与更少的助人行为相关。例如，嫉妒水平高的人更不愿意帮助那些比自己强的人（李振莹等，2016）；黑暗人格特质通常会抑制助人行为，但这种负面影响可以通过激发个体的积极情绪得到缓解（Al-Abrrow et al.，2020）。基于自恋双元理论和特质激活理论，学者发现欣赏型自恋对员工亲社会行为具有显著的正向影响，敌对型自恋对员工亲社会行为具有显著的负向影响（刘文兴等，2022）。

（2）个人情绪

个体在工作和生活中会经历各种事件，从而表现出不同的情绪状态，这些情绪状态又会影响个体的助人行为。首先道德情绪可能引发助人决策。一般来说，目睹他人的痛苦会引发两种情绪：关注自我的痛苦和关注他人的同理心。实验发现成人的同情可以正向预测其助人行为（吴鹏等，2017）；内疚感一直是一种令人痛苦的情绪，人们想要用帮助行为来避免内疚感的产生。实验证明内疚情绪可以显著激发个体的网络助人行为（吴鹏等，2017）。一项对46篇文献的元分析也发现特质内疚与亲社会行为之间存在中等程度的正相关，二者之间的关系受到亲社会行为类型的调节，相比较捐赠、助人、环保行为等，特质内疚与补偿之间的相关更强（汤明等，2019）。另外，负性情绪既可能引发助人行为，也可能抑制助人行为。例如，同为负性情绪的愤怒和悲伤在助人决策上有相反的作用，悲伤个体比愤怒个体做出更多的助人决策（杨昭宁等，2017）；又如，在接受帮助后，员工通常会通过帮助原来的帮助者来进行回报。然而，当员工从被认为比他们能力更强而不是更弱的帮助者那里得到与任务相关的帮助时，他们会经历更大的地位威胁和嫉妒，即当接受帮助者认为帮助是一种地位威胁并体验到嫉妒时，他们可能做出消极的反应并伤害帮助者（Tai et al.，2023）。最后，好心情可以诱发更多的日常帮助行为（Maki et al.，2017）。

（3）认知资源

帮助他人会损耗个人的认知资源，认知资源损耗过多，就可能影响个体的助人行为（Ruci et al.，2018），我们在不同的研究中稳定地观察到了这种结果。例如，一般来说，高亲社会特质者有更多的助人行为，但由于高亲社会特质者在助人过程中耗费了比低亲社会特质者更多的认知资源，从而表现出更低的助人持久性（Ruci et al.，2018）。另外，由于焦虑情绪导致的个体认知资源的消耗，使得高工作焦虑员工的助人行为受到抑制（Calderwood et al.，2018）。研究发现社会网络规模较大者具有更多的机会去帮助他人，但是当这种数量大到一定程度后，人们的认知成本会过高，进而难以识别他人需要从而减少助人行为，因此个体的社会网络规模与助人数量呈倒 U 形关系（Stea et al.，2017）。

（4）社会阶层

一种观点认为，相对于高社会阶层来说，低社会阶层的人有更多的亲社会行为（Kraus et al.，2012）。研究证明较低阶层的人被证明比他们的同龄人更慷慨、更仁慈、更信任和更乐于助人（研究 4）（Piff et al.，2001）。这是由于低社会阶层的个人倾向于他人的福利，以此来适应他们更敌对的环境（较少的资源、更大的威胁敞口和个人控制感降低），这种倾向会导致更亲社会的行为。由于对平等价值观和同情心的更大承诺，较低阶层的人以更亲社会的方式行事（Piff et al.，2001）。一个可能的解释是低社会阶层的人通过重视亲社会投资，增加个人的社会资本（Guinote et al.，2015）。低阶层的人更容易从事其他有益的亲社会行为，而高阶层的人更容易从事自我有益的行为。另一种观点认为，相对于低社会阶层来说，高社会阶层的人有更多的亲社会行为。例如，一项具有大量代表性的国际样本的研究发现社会阶层对亲社会性的积极影响：高阶层的个人更有可能进行慈善捐赠，并为慈善事业贡献更高比例的家庭收入，更有可能成为志愿者，比社会地位较低的人更有帮助，在经济游戏中与陌生人互动时更值得信任和信赖（Korndorfer et al.，2015）。另外，考虑情境因素与社会阶层的交互影响，发现较富有的参与者（使用收入和净值编制指数）对强调机构和个人目标的慈善请求（如，每个人可以单独做些什么来减少贫困）反应更为慷慨，而较不富裕的参与者则更慷慨地回应了一个强调交流和共同目标的请求（如，我们大家可以一起做些什么来减少贫困）（Whillans et al.，2017）。

（5）受助者特征

受助者的人口统计学特征会影响其是否接受帮助的决策。考虑到自尊心和公共形象的原因，男性在寻求帮助时往往有更高的“社会成本”，特别在男性主导的职业中表现更明显，这就导致男性更不愿意接受帮助（Lee，2002）。基于配偶获得的动机，女性可能拒绝低性价比男性的帮助，而男人拒绝女人的帮助是因为这威胁到了他们的阳刚之气（Ackerman & Kenrick，2008）。

（6）帮助者和受助者的互动

工作中的相互依赖会影响员工的助人行为。工作中的相互依赖是指员工在多大程度上依靠团队中的其他成员有效地开展工作。在相互依赖程度高的工作中，员工的帮助行为更能促进群体绩效（Group Performance）的提升；而在相互依赖程度低的工作环境中，员工的帮助行为会降低群体绩效（Bachrach et al.，2006）。在相互依赖低的任务情境中，自我感知的技能差异会降低帮助行为；而在相互依赖高的任务情境中，自我感知的技能差异则会增加帮助行为（Van der Vegt & Van de Vliert，2005）。另外，帮助受助双方之间的情感关系越积极，他们之间的帮助行为也越多，双方自愿互动的频率越高，他们之间的帮助行为也越多（Venkataramani & Dalal，2007）。双方与共同的第三方情感关系越积极，双方之间的帮助行为就越多。这是由于，具有积极情感关系的人社会网络的中心性越高，越对他人具有更多的帮助行为，对他人的伤害行为越少；具有消极情感关系的人社会网络的中心性越高，对他人的伤害行为越多，帮助行为越少（Venkataramani & Dalal，2007）。双方之间的相似性也会影响双方的互助行为。当人们完成以自我为中心的任务时，更愿意向与自己相似性低的帮助者求助（Nadler，1987）；当接受与自己相似性高的帮助者的帮助时，高自尊受助者的负面情绪就越高（Nadler et al.，1976）。领导－成员交换水平越接近的同事，越增加了一方对另一方的鄙视感，并降低了一方对另一方给予帮助的感知（Tse et al.，2013）。

2.2.2 组织层面

（1）领导风格

领导者往往处于组织内部的独特位置，控制着员工所需的高质量资源

（Farh et al.，2017），因而对员工助人行为存在重要影响力。例如，施跃东和段锦云（2016）在对 295 名企事业单位的职工及其同事配对取样的研究中发现，参与式领导通过提升员工工作幸福感而促进组织助人行为，角色清晰度越高，参与式领导越能通过提升员工工作幸福感促进组织助人行为。罗文豪和陈佳颖（2020）的研究证明谦逊型领导通过激发员工对领导的信任促进员工的助人行为，员工的组织支持感强化了上述过程。瞿皎姣等（2020）从能力动机交互的视角，研究 2596 份配对样本，发现印象管理动机中介了一般性政治行为知觉与助人行为的负向关系、保持沉默静待好处知觉与助人行为的正向关系，政治技能减弱了印象管理动机的中介效应。陈晓等人（2023）对服务型企业员工的研究表明，愿景型领导能够通过影响员工的组织心理所有权促进员工的助人行为，员工的高促进性焦点强化了愿景型领导对下属组织心理所有权的积极影响。幽默型领导风格对员工的助人决策有很大的影响，研究发现亲和型幽默领导风格通过加强员工的心理授权提升员工的助人行为，而攻击型幽默领导风格则会通过抑制员工的心理授权损害员工的助人行为（胡丽丽等，2022）。总而言之，积极的领导风格更有利于形成员工的助人行为。

（2）组织文化氛围

良好的组织文化氛围也有助于员工助人。研究发现，当组织营造出人际公平氛围让员工感知到领导对他的公平对待，会促进员工的助人行为（刘蕴等，2016）；员工与员工之间反复的互帮互助也会逐步形成组织互助惯例，从而有利于组织助人氛围的形成，并进而激发更多的员工互助行为（Grodal et al.，2015）。社会凝聚力高的组织会让员工感觉到更大的助人责任，因而也会促使员工做出更多的助人行为（Koopman et al.，2016）。此外，团队凝聚力和组织支持感与利他行为显著正相关，团队归属感（Belonging）会促进成员帮助（Den Hartog & De Hoogh，2007）。是否提供帮助也会受到组织文化氛围的影响，对美国和印度从事相同类型工作的软件工程师的研究发现，由于文化差异，美国软件工程师将帮助他人视为不必要的干扰，而印度软件工程师则把帮助行为看成技能发展的理想机会（Perlow & Weeks，2002）。另外，集体主义导向的组织有更多的助人行为（Choi，2009）。员工的高组织认同能够促进助人行为的发生。研究发现员工的高工作参与、高组织认同能够促进助人行为的发生（McDonald et al.，

2018）；基于相似的原因，人们更愿意帮助自己所属群体的成员，当将个体对原本分离的两个群体的认知表征改变为一个包摄水平更高的上位群体时，对内群体成员的积极情感也能够延伸至先前的外群体成员，从而提升对先前外群体成员的帮助意向（周天爽等，2018）。当共同内群体认同被激活，施助者会更注重受助者的长远发展，从而愿意提供更多的自主性帮助（张兰鸽等，2015）。最后，研究发现，职场排斥对员工的助人行为具有双刃剑效应。一方面职场排斥可能导致员工产生心理困扰，从而抑制员工的助人行为；另一方面也可能触发员工的工作重塑，从而促进员工的助人行为（张兰霞等，2022）。

（3）人力资源管理政策

工作特征会影响组织中助人行为的产生。当员工从事以任务重要性、任务同一性、技能多样性、自主性和反馈为特征的丰富工作时，他们更有可能表现出助人行为（Grant，2008）。工作自主性和技能多样性，有助于提高员工工作投入水平，进而提高生产率以及员工的助人行为（Macey & Schneider，2008）。任务相依性对助人行为也有积极影响，可能由于某个任务引起合作的社会规范、使团队成员产生合作的社会责任从而增强团队内聚力（黄奇栋和钟健安，2010）。相反，当任务常规化，员工面临角色冲突和威胁时，助人行为就不那么常见了（Podsakoff et al.，2000）。叶龙和史静怡（2023）对入职 18 个月以内的 90 后、00 后新员工的研究发现，不合规任务会通过阻碍新员工的工作目标进展而抑制新员工的助人行为，主管支持能缓解上述负面影响。

绩效薪酬政策也会影响组织中助人行为的产生。一般来说，个人绩效薪酬会奖励与个体相关的工作结果，而对角色外的助人行为不太有激励作用（Gerhart，2017），甚至存在负向关系（He et al.，2020）。但当员工的工作结果是主观评价时，个体绩效薪酬也可能促进助人行为（He et al.，2020）。具体的组织情境也可能影响两者的关系。一项对中国企业的研究发现，当组织具有员工所感知的高水平的公正氛围和/或绩效考核满意度时，个体绩效薪酬和助人行为之间存在有条件的正关系（Du & Choi，2010）。另外，团队绩效薪酬政策也可能影响员工的助人行为。团队绩效薪酬与团队的工作成果相联系，当团队工作成果显著时，团队成员有更高的概率获得好的绩效薪酬。因而，团队绩效薪酬有可能鼓励员工对团队内成员的帮助行为（Nyberg et al.，2018）。

2.2.3 情境因素

（1）情境的公开性

从帮助者的角度看，由于在公共场合接受帮助可能意味着受助者缺乏能力或者缺乏资源持有潜力，加剧受助者身份威胁（Ackerman & Kenrick，2008），因而情境的公开性可能影响施助者帮助他人的意愿。在公开情境或者私下情境的调节作用下，高社会阶层和低社会阶层对亲社会行为有不同的表现。实验证明，在公开情境下，高社会阶层比低社会阶层有更多亲社会行为。在私下情境下，低社会阶层比高社会阶层有更多亲社会行为。具体来说，高社会阶层个体报告说，与低社会阶层个体相比，骄傲更能激发他们的亲社会行为，这种关联部分地解释了公开和私人情境中亲社会性的阶层差异（Kraus & Callaghan，2016）。

（2）旁观者人数和受助者人数

在紧急情况下，由于旁观者在场而导致的责任分散会减少个体助人行为的发生（Hortensius et al.，2016），当旁观者人数增加时，任何一个旁观者都会更少地注意到事件的发生，更少地把它解释为一种困境，也更少地认为自己有采取行动的责任（Latane & Darley，1968）。受助者人数也可能影响助人决策的涌现，一个可识别的受助者比一群有相同需求的人（无论是否被识别）能够唤起更多帮助意愿（Kogut et al.，2015）。

（3）社会网络

员工的帮助行为还受到他所处社会网络的影响。如果员工与大量的人接触，他将提供更多的帮助（Settoon & Mossholder，2002）；而且对那些和他们有高质量网络关系的同事帮助更多（Settoon & Mossholder，2002）。但帮助行为也受到了网络规模的影响，两者存在倒 U 形的曲线关系。刚开始员工的网络规模越大，提供的帮助也越多；但当员工的网络规模达到一定程度后，员工的认知成本上升，提供帮助的可能性开始降低（Stea et al.，2017）。

（4）帮助事件特征

从受助者的角度看，帮助事件特征会影响受助者接受帮助的意愿。当他人提供不需要的帮助时，受助者会体验到负面影响和更大的紧张（DePaulo et al.，1983）。很多员工害怕提供帮助的质量会低于自己的期望，而不愿意表现出求助行为甚至拒绝接受施助者的帮助（Newark et al.，2017），意想不到的低质量帮助甚至会让求助者后悔接受了帮助（Newark et al.，2017）。帮助数量和时机也是受助者考虑的方面，太多或太少的帮助，或在不恰当的时候提供了帮助，都有可能导致受助者的负面反应（Newsom & Schulz，1998）。帮助的方式不同也会影响受助者对帮助行为的评价。Lee 等（2019）发现被动帮助由于能够促使施助者更加明确求助者的需要，而可能更好地满足求助者的需要并且得到求助者的感恩。因此，提供主动帮助时，帮助者需要注意提供帮助的方式，例如，帮助同事发现达成解决方案的方法，而不是给他们解决方案，可能减轻主动帮助的感知威胁（Lee et al.，2019）。

2.3 助人决策发生的作用机制

2.3.1 情感视角

（1）自我决定理论

自我决定理论（Self-Decide Theory）是一个研究人类动机和人格的宏观理论。该理论认为人有三种基本的心理需要，分别是自主需要、胜任需要和关系需要。当一个人的行为和互动满足了对胜任、关系和自主性的基本心理需求时，幸福感就会增强（Deci & Ryan，2000）。自主需要是指个体需要体验在自己的行为上拥有选择和控制的感觉。胜任需要是指感到能够有效地应对挑战、掌握技能并实现期望结果的需求。关系需要是指社交关系和与他人建立积极关系的需求（张春虎，2019）。其中自主性非常关键，因为自主性动机有利于个体积极情感、认知和行为的发展（如积极性适应、学习改善、心理健康和幸福感、行为坚持、努力投入等）（Deci & Ryan，2000）。根据自我决定理论，当这三种基本心理需求得到满足时，个体更可能出于内在动机而从事活动，即因为内在的乐趣和个人满足感而参与其中。相反，当这些需求受到阻碍或未被满足时，个体可能更多地受到外部因素（如奖励或社会压力）的驱动，导致外在动机（张春虎，2019）。

自我决定理论还强调了社会环境在促进或阻碍这些心理需求满足方面的重要性。工作特征（工作资源，工作自主性、工作重要性、技能多样性、任务完整性和工作反馈性)、积极的领导风格(如变革型领导、公仆型领导、真诚型领导)、上级和同事的自主性支持,以及组织支持感等支持性的环境(张春虎,2019),提供选择的机会,促进胜任感,并培养有意义的人际关系,有助于增强个体的动机、幸福感和整体功能。相反,上级的负面行为、工作场所的欺辱、工作负面特征和员工组织政治知觉等控制或限制性的环境(张春虎,2019)会削弱个体的自主性、胜任感或归属感,对个体的动机和心理幸福产生不利影响。

助人行为通常源于一种真诚的愿望,希望产生积极影响并帮助他人,自主动机的帮助行为通过满足施助者的基本心理需求,使施助者体验到积极的情绪、意义、幸福感受(Weinstein & Ryan,2010)。当个体感知到他们的帮助行为在社会环境中受到重视、认可和鼓励时,会增强他们的关系感和内在动机;反之,则可能阻碍助人行为(张春虎,2019)。从受助者的角度看,接受主动帮助的员工更容易体验积极的情绪,从而引导他们进行更多的公民行为(Chi et al.,2022)。胜任感使个体相信自己能够有效地帮助他人,并对自己的能力充满信心,当个体感到自己能力强时,他们更有可能参与助人行为(Chi et al.,2022)。此外,关系需求在培养同情心和与他人的联系感方面起着重要作用,当个体与他人建立更愉快的关系时,他们更有可能参与亲社会行为(杨莹和寇彧,2015)。综上所述,自主性动机的帮助是自我决定理论解释助人决策的核心机制,图 2.1 总结了帮助决策的自我决定机制,通过自主性帮助,施助者满足了自身的自主、胜任和关系需求,从而提升了自己的主观幸福感、自身的能力,获得了愉快的心情,这也有助于施助者提升随后的助人决策。

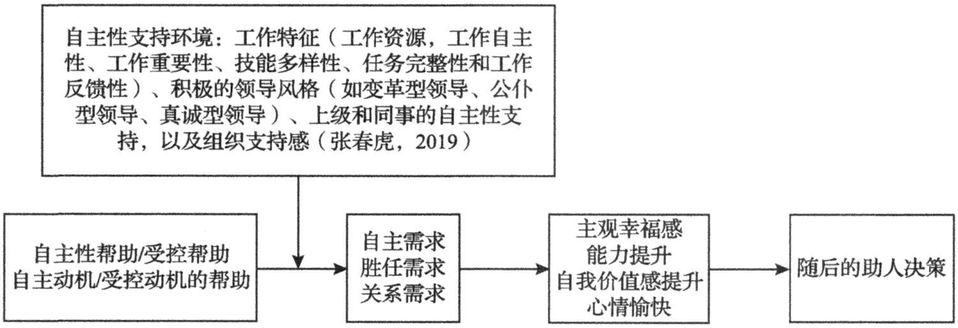

图 2.1　帮助决策的自我决定机制

（2）社会 / 组织认同理论

社会认同理论（Social Identity Theory）是社会心理学中的一个重要概念，它由英国社会心理学家亨利·塔菲尔（Henry Tajfel）和约翰·特纳（John Turner）在 20 世纪 70 年代提出。社会认同理论主要涉及人们如何对自己的身份和个体与群体之间的关系进行认知和评估。根据社会认同理论，个体希望被自己所属的群体接受和认可，这个群体可以是基于种族、宗教、国籍、性别、职业、兴趣爱好等各种因素形成的（Tajfel & Turner，1986）。个体不仅认识到自己属于特定的社会群体，还在情感和心理上与这些群体产生认同。他们将这些群体视为自我概念的重要组成部分。个体倾向于偏爱他们所属的内群体（自己所在的群体）而不是外群体（其他群体）。这种偏见可能增强归属感、自尊和对内群体的积极态度。组织认同的概念是建立在社会认同的基础上（Tajfel & Turner，1986），是指组织成员根据其在组织中的成员身份及其定义属性来看待自己的程度（Ashforth et al.，2008）。组织认同理论强调，人们部分地根据他们所属的不同类型的社会群体中的成员来定义自己，包括工作组织。当人们以积极的态度看待组织时，他们会对组织产生更强烈的认同感，认同某一特定组织更有利于创造和维持积极的自我看法，只要该组织被视为良好的。相比之下，如果组织成员对他们的组织不太满意，他们对组织的认同就会减弱，因为这样做对积极自我观的形成和保持没有什么帮助。

社会 / 组织认同理论能够部分地解释组织中的帮助决策。根据组织认同理论，对自己组织认同的员工会提供较多的帮助给组织成员，部分原因是他们对其他员工的人际吸引力会增加。研究表明，人们表现出更大的意愿去帮助别人，只要他们发现别人对自己有吸引力（McDonald et al.，2018）。随着人们对某个特定社会群体的认同感越来越强，他们与群体其他成员的相似感也越来越高（如在态度和行为方面），这种现象被称为“群体内同质效应”。更大的相似感反过来通过“相似 – 吸引效应”增强了对群体其他成员的人际吸引力。这一讨论表明，组织认同感提升的员工，与其他员工的相似感会提升，因此对他们的人际吸引力也会增加，进而更愿意向他们的同事提供与工作相关的帮助（McDonald et al.，2018）。另外，对组织认同度较高的人员也可能因为他人对同事的同理心较高，而给他们的同事提供较多的帮助。同理心是提供帮助的重要动力，同理心与给予帮助正相关，因为同理心与增强对他人帮助需求的认可和欣赏相关（McDonald et al.，2018）。当人们对他人有某种程度的社会认同感时，人们对他人的共情感更强。更强的同理心可以看成自我分类理论称为的“去个性化”现象的副产品（Hogg & Terry，2000）。人们越来越强烈地认同一个社会群体，他们就越来越多地在某种程度上认为自己在认知上可以与群体其他成员互换。因此，去个性化有助于从他人的角度理解情况，这增强了感同身受的感觉。另外，组织认同感强的员工也更有可能捕捉到同事的困境，更强烈地认为自己有责任帮助同事。图 2.2 总结了帮助决策的社会认同机制，对组织更多的认同感，可以通过增强对同事的人际吸引力和同理心，而提升对同事的助人数量。

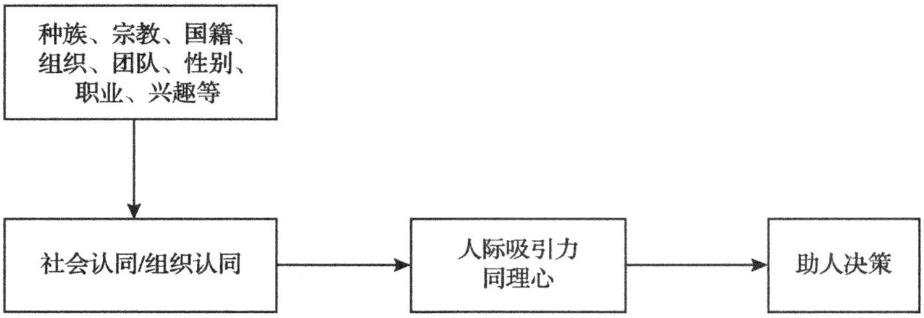

图 2.2　帮助决策的社会认同机制

（3）情感事件理论

情感事件理论（Affective Events Theory，AET）是由霍华德·韦斯（Howard Weiss）和罗素·克朗潘泽诺（Russell Cropanzano）在 1996 年提出的关于工作场所情感和情感体验的理论，它试图解释员工在工作环境中产生情感反应的原因和影响。这一理论强调了工作事件、个体评价和情感体验之间的关系，以及情感在工作绩效、员工健康和组织行为方面的作用（Weiss & Cropanzano，1996）。AET 认为工作环境特征（Work Environment Features）会导致积极或者消极工作事件（Work Events）的发生，而对这些工作事件的体验会引发个体的情感反应（这个过程受到个体特质的影响），情感反应又进一步影响个体的态度与行为。

情感反应影响行为存在两条路径：一是直接影响员工的行为，二是通过影响员工的工作态度（如工作满意度、组织承诺等）间接影响行为。情感事件理论进一步区分了两类不同性质的行为。一类是直接由情感反应驱动的行为，即情感驱动行为（Affect–Driven Behaviors），如与上司工作关系相对较差的员工比与同一上司工作关系相对较近的员工更有可能表现出较高程度的嫉妒。最终，较高程度的嫉妒会减少员工对同事的自愿帮助行为（Kim et al.，2010）。另一类是间接由情感反应驱动的行为，即情感反应先影响员工的工作态度，再进一步由这种态度驱动行为，称为“判断驱动行为”（Judgment–Driven Behaviors），又称“态度驱动行为”。例如，员工在工作中遭遇不公平对待，可能产生愤怒的情感反应，进而影响员工的工作态度和工作行为。

已有的研究发现情绪会影响员工的助人决策。一般来说，积极事件容易引发积极情感和助人行为，消极事件容易引发消极情感和抑制助人行为（王静等，2019），如图 2.3 所示。如内疚情绪会引发更多的助人行为（汤明等，2019），好心情会增加员工的助人行为（Maki et al.，2017），而嫉妒情绪则会抑制员工的自愿帮助行为（Kim et al.，2010）。

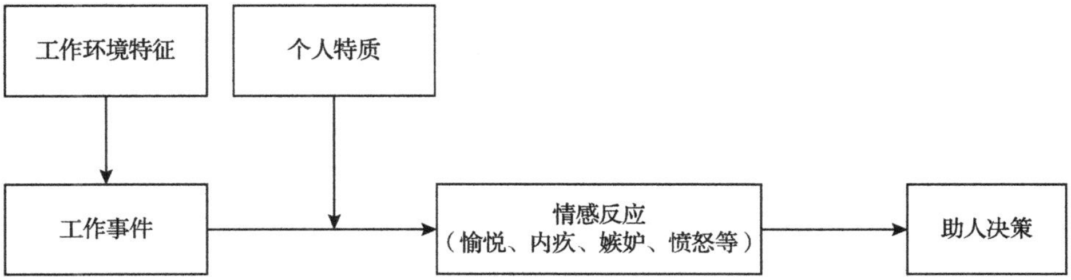

图 2.3　帮助决策的情感反应机制

2.3.2　责任视角

（1）社会责任规范

对于一些依赖性很强又无力回报的人——孩子、非常贫困的人、残疾人以及一些被认为不能够全部回报其所受恩惠的人，社会责任规范引发了人们的帮助行为。社会责任规范是指人们应该帮助那些需要帮助的人，而不考虑以后的交换（Schwartz，1975）。即使帮助者是匿名给予帮助，或不能期待任何回报，他们仍会经常帮助那些有需要的人。因此，弱者往往被施助者认为是需要帮助的人，因为他们往往无法依靠自身顺利摆脱困境。例如，女性相比男性会得到更多的帮助（Lee & Allen，2002）。在日常情境中，老人和孩子会得到比年轻人更多的帮助，穷人比富人会得到更多的帮助，病人比健康的人会得到更多的帮助（Thompson & Fitzgerald，2017；Burnstein et al.，1994）。然而，社会规范使他们有选择地只帮助那些有需要的人，但这些需要不是因其自身的疏忽所导致的。如果他们是环境的受害者，如遇到自然灾害等，他们就会得到全力帮助（Goetz et al.，2010），如果他们的困境是自找的，如懒惰、不道德等，那么，社会规范就建议让他们自食其果。具体见图 2.4 帮助决策的责任机制。

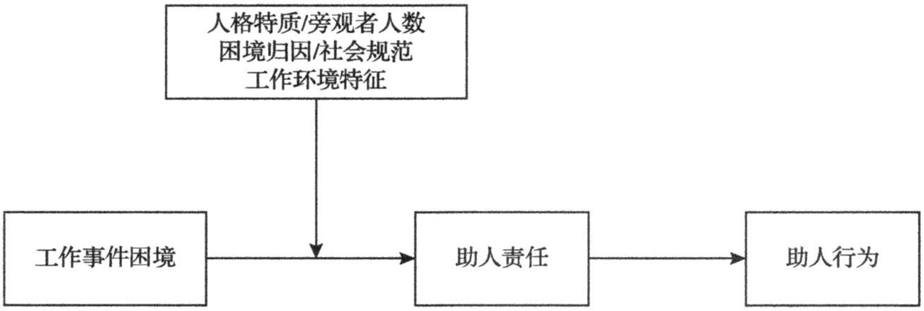

图 2.4　帮助决策的责任机制

（2）旁观者责任扩散效应

旁观者责任扩散是一种社会心理现象，指的是在紧急情况下，当有很多人在场时，每个人都可能倾向于认为其他人会采取行动，从而降低了个体采取帮助行动的可能性。当紧急情况下只有一个旁观者在场时，如果要提供帮助，那就必须来自他，尽管他可能选择忽略它（出于个人安全的考虑，或希望“不参与”）。然而，当有几名旁观者在场时，要求进行干预的压力并不集中在任何一名旁观者身上；相反，干预的责任是由所有旁观者分担的，而不是任何一个人所独有的。当旁观者的人数增加时，任何一名旁观者都会更少地注意到事件的发生，更少的人把它解释为一个重大问题或紧急情况，更少的人认为自己有采取行动的责任（Latane & Darley，1968）。具体见图 2.4 帮助决策的责任机制。

2.3.3 资源视角

（1）社会交换理论

社会交换理论（Social Exchange Theory）是理解工作场所行为的最具影响力的概念范式之一。大多数组织公民行为研究都将社会交换理论作为思考帮助的理论基础（M.Blau，1964）。社会交换理论的基本原则是互惠规范，即双方关系随着时间发展产生信任、忠诚和承诺，双方遵守交换规则（Cropanzano & Mitchell，2005）。根据社会交换理论，人们相互之间不仅交换物质性的商品和金钱，而且交换社会性的商品——爱、服务、信息、地位等（Foa & Foa，1975）。这两类交换资源一般可以用资源的特殊性（与普遍性相对应）和资源的具体性来划分。资源的特殊性意味着资源的价值因其来源的不同而不同，如金钱的特殊性比较低，无论是谁提供的金钱，它的价值都是恒定的，而爱的特殊性就比较高，它的重要性取决于它的来源。资源的具体性是指资源的有形程度或具体程度，大多数的服务和商品都是比较具体的。一般来说，收益越不特殊越具体，就越有可能以一种短期的、交换条件的方式交换。相比之下，那些高度特殊化和有象征性的利益会以一种更开放的方式交换。对特定的利益期望金钱支付并不罕见，但对爱情或地位不太可能如此。

社会交换理论认为，个体在社会互动中期望得到回报或利益，同时尽量减少成本，它认为人们通过比较从关系中获得的回报与所付出的成本来评估他们的关系（Cropanzano & Mitchell，2005）。在社会交换中，回报可以采取各种形式，如情感支持、陪伴、资源或地位，而成本可能包括时间、精力、情感压力或机会损失等。社会交换理论还强调在关系中期望相互交换和公平，人们更愿意在回报和成本的交换中感到公平，在平等的关系中继续投入和建立关系。社会交换理论可以解释助人行为的出现和助人动机。根据社会交换理论，人们决定是否提供帮助时，会权衡所获得的回报和承担的成本（Balliet & Ferris，2013）。当一个人需要帮助时，他人可能选择提供帮助，以期待在将来的互动中得到回报。这种回报可以是感谢、赞扬、情感支持或将来可能得到的帮助等。社会交换理论还强调人们对公平和平等的追求，如果一个人觉得自己处于互惠的关系中，他可能感到有义务提供帮助，以保持关系的平衡和公平。这种助人行为是出于对互惠关系的维护和对公平原则的遵循。此外，该理论还考虑到成本的影响。如果提供帮助只需要较低的成本，或者提供帮助的回报值得所付出的成本，那么个体更有可能展示助人行为。相反，如果成本过高或回报不足以弥补成本，那么个体可能选择不提供帮助。总而言之，社会交换理论认为助人行为可以被解释为基于回报和成本的权衡。人们在助人决策中考虑到互惠关系、公平原则以及提供帮助的成本和回报，从而决定是否提供帮助。

（2）资源保存理论

资源保存理论，也被称为“资源保护理论”（Conservation of Resources Theory，COR），是解释人类行为和幸福感与资源保护和获取有关的心理学理论框架。由斯蒂文・E. 霍夫尔（Stevan E. Hobfoll）开发，COR 理论认为个体努力保护和积累资源，包括有形资产（如金钱、财物）和无形资源（如社会支持、自尊）。该理论认为，个体努力保存资源是由于资源对他们的幸福感具有内在价值和必要性。资源被视为应对压力、适应挑战和实现期望目标的关键。根据 COR 理论，资源的损失或资源损失的威胁可能导致心理困扰和负面结果，而资源的获得或对资源可用性的感知则促进积极的幸福感和适应力。COR 理论还强调了资源投资的概念。个体在工作、人际关系和个人发展等领域投入资源，期望未来得到资源回报。该理论认识到资源投资可能受个人特征、社会支持和环境机遇等因素的影响。此外，资源之间具有相互关联性，一个资源领域的获得或损失可能波及其他资源领域。例如，失业（资源损失）可能导致关系紧张（波及效应），因为增加了经济压力。

资源保存理论可以提供一种解释助人行为的视角。根据资源保存理论，个体在助人决策中考虑到资源的重要性和保护自身资源的需求。资源保存理论认为个体努力保护和积累资源是为了满足自身的需求和提升自己的幸福感。助人行为可能涉及个体投入时间、精力、金钱或其他资源。在决定是否提供帮助时，个体会考虑到这些资源的投入和可能的回报。助人行为可以被视为一种资源交换的过程，资源保存理论强调人们从助人行为中进行四种资源的交换，包括想得到的目标或对象（如交通工具、居所），个体特征（社会能力、自尊、掌握感），条件（任期、资历、婚姻状况良好等），或能量（金钱、信用、保险等）（Hobfoll & Lilly，1993）。这些资源产生两个螺旋效应：丧失螺旋和增益螺旋。当丧失螺旋产生时，资源损耗事件构成威胁和紧张，引发个体的压力感、倦怠和情绪衰竭，降低个体幸福感和行为绩效；当增益螺旋产生时，引发资源补给和增益，缓解资源损耗压力，有助于形成积极的心理资源，提高个体幸福感（Hobfoll，1989）。

助人行为既可能是资源增益的过程，也可能是资源损耗的过程。帮助他人，能够体现帮助者的自身价值（王静等，2019）；既有利于个体自尊和自我评价的提高，也有利于与他人建立信任、合作，增加个体的心理资源和社会资源（Koopman et al.，2016）。同时帮助他人有时间、精力等资源的消耗（Gabriel et al.，2018），还需要施助者“转换观念、观点采择、情绪管理和支持、解决问题和行为灵活”（Dudley & Cortina，2008），进一步导致他们的工作负担和工作要求增加（王静等，2019）。助人行为在给施助者带来积极情感的同时，也阻碍了核心工作进程，因此增加了其心理负担（Koopman et al.，2016）。助人行为对施助者的最终影响，取决于资源增益和资源损耗之间的平衡。当资源增益大于资源损耗时，就可能带来积极的结果（王静等，2019）。当资源损耗大于资源增益时，就可能导致情绪衰竭、公民疲劳，从而导致幸福感的降低和任务绩效下降（Eissa & Lester，2018；Koopman et al.，2016）。

（3）自我损耗理论

自我损耗理论（Ego Depletion Theory），也被称为“资源损耗理论”，指出自我损耗是“个体进行意志活动的能力或意愿暂时下降的现象，包括控制环境、控制自我、做出选择和发起行为等能力或意愿的下降”（Baumeister et al.，1998）。根据这一理论，参与自我控制的行为会消耗一定的心理资源，导致随后的自我控制能力受损。该理论认为，自我控制任务，如抵制诱惑或做出困难决策，需要付出努力的认知过程。当个体施加自我控制时，用于自我调节的心理资源变得有限，导致自我耗竭状态。因此，个体的自我控制能力减弱，并且更容易在随后的任务中表现出自我调节能力下降的个体对随后行为的自我控制能力受限，越来越难以抗拒未来不符合其目标和利益的工作行为（王静等，2019）。自我损耗可能以多种方式表现，包括持久性降低、冲动性增加、决策能力受损以及在随后的自我控制任务中表现出弱化。例如，如果某人施加自我控制以抵制不健康食物的诱惑，随后可能发现其更难集中注意力进行需要大量认知资源的任务或抵制进一步的诱惑。自我损耗受到动机、对意志力的信念以及认知资源的可用性等因素的影响。例如，相较于持有其他信念的人，那些认为意志力是有限资源的人更容易经历自我损耗效应。

自我损耗理论解释了自我控制资源如何影响助人行为以及对帮助者的后果。根据该理论，参与自我控制的行为可能消耗个体有限的自我调控资源，这可能降低他们发现是否有人需要帮助的概率，也可能影响他们随后助人行为的意愿和能力。当个体在某一领域施加自我控制，如完成困难任务、抵制诱惑或调节情绪时，可能导致自我损耗。他们的自我调控能力减弱，可能影响他们在其他领域参与助人行为的意愿。这意味着已经损耗了自我控制资源的个体与那些自我控制资源完好的个体相比，可能不太愿意提供帮助或参与助人行为（Ruci et al.，2018）。

助人行为的社会性本质（Social Nature）决定了帮助者需要进行大量自我控制，因此可能引发施助者的自我损耗（Lanaj et al.，2016）。同时帮助行为要求个体使用认知抑制、行为灵活、情绪调节以及调动注意力和调节焦点（Lanaj et al.，2016），所有这些都消耗个体资源。而且，随着帮助数量的增加，个体分配剩余资源的能力下降，损耗速率会越来越快（Lanaj et al.，2016）。自我损耗对助人者可能有两方面的影响。首先，自我损耗可能降低帮助他人的动机。自我控制资源的减少可能导致共情关怀的减少，以及为助人行为投入所需努力的意愿降低。这可能导致个体不太愿意提供帮助或为有需要的人提供支持。其次，自我损耗还可能影响所提供帮助的质量或效果。当个体处于自我损耗状态时，他们的认知功能和决策能力可能受损。这可能导致问题解决或决策过程的准确性和有效性降低，而这些过程与助人行为有关。因此，自我损耗个体提供的帮助可能较少成功或无法达到预期目标。需要注意的是，自我损耗对助人行为的影响并非总是简单明了的。一些研究显示出混合或细致的结果，表明情境因素和个体差异可能调节自我损耗对助人行为的影响。总之，自我损耗理论表明，自我控制资源的损耗可能影响个体参与助人行为的意愿和能力，降低帮助的动机，并影响所提供帮助的质量或效果。了解自我控制资源的作用有助于更好地理解助人行为的复杂性以及对助人者的后果。

（4）资源分配框架

资源分配框架（Resource Allocation Framework）指出，个人以时间形式存在的资源是固定的，因为在一个特定的时间间隔内增加更多的时间是不可能的。在一个特定的时间间隔内（例如，一天、一周或一年），个人就如何分配时间做出了特定的资源分配决策（Bergeron，2007）。在分配给工作的时间内，个体面临许多活动，他们可以在这些活动中分配时间，其中一些活动对应着员工的任务绩效，而助人行为一般对应着周边绩效。因此，虽然个人可以将他们的时间分配到许多活动中，这里使用的框架工作适用于专门用于任务绩效和组织公民行为（Organizational Citizenship Behavior，OCB）的工作时间量（Bergeron，2007）。先前关于 OCB 的工作没有考虑到个人受到资源的约束，其中之一就是时间（Bergeron，2007）。如果不考虑资源约束，我们就不能完全理解人类的行为，而以时间形式表示的资源概念是资源分配过程的核心（Bergeron，2007）。资源分配框架从时间资源的角度解释了部分帮助行为，该理论认为适度的帮助可以提高任务绩效，但是过多的帮助行为占用了本该投入任务绩效中的时间资源，使得帮助行为对任务绩效产生抑制作用（Bergeron，2007；Bergeron et al.，2013），进而对员工的职业发展产生不利影响（Bergeron et al.，2013）。

2.3.4 进化视角

（1）亲缘选择理论

亲缘选择理论（Kin Selection Theory）是汉密尔顿（Hamilton）在广义适合度概念的基础上发展起来的理论。广义适合度（Inclusive Fitness）是指个体在后代中（不一定是自己繁殖的后代）成功传播自己的基因或者与自身基因相同的基因的能力（Hamilton，1964）。亲缘选择理论认为利他行为一般出现在亲族之间并且与亲缘程度成正比，个体之间的亲缘关系越近彼此之间的利他倾向就越强，关系越近相同基因就越多，亲缘选择就是选择广义适合度最大的个体。例如，Thompson 和 Fitzgerald（2017）的研究证明两组求助者人数相同时被试倾向于帮助血缘较近者，放弃血缘较远者。又如，Burnstein 等（1994）发现个体会为了最大限度地维护自我的基因延续，倾向于在遇到多个面临死亡威胁的亲缘求助者时，优先帮助年轻或健康而非年老或病残的求助者；而面对日常困境的亲缘求助者时，则倾向于优先帮助年老或病残而非年轻或健康的求助者。此外，学者还发现个体更愿意为他们在情感上更亲近的人（如配偶、关系要好的朋友等）做出无生命威胁的帮助行为（如，给予情感支持、做家务、跑腿）(Fitzgerald et al.，2010；Stewart-Williams，2008；Stewart-Williams，2007)，但是当帮助的成本变得危及生命时，无论情感上的亲密程度如何，个体都会更愿意拯救他们的近亲而不是远亲和非亲属（Fitzgerald et al.，2010；Stewart-Williams，2008）。

尽管亲缘选择理论能够很好地解释亲缘利他的现象，但对非亲缘个体间的利他行为却无法做出合理的解释（龚天平和李昭亮，2017）。按照亲缘选择理论的逻辑，非亲缘个体间的利他行为无法提升个体的广义适合度，则非亲缘个体间就不应该存在利他行为，这与现实广泛存在的利他行为矛盾。

（2）互惠利他理论

为了解释非血缘个体之间的利他行为，罗伯特·特里弗斯（Robert Trivers）提出了互惠利他（Reciprocal Altruism）理论。该理论指出非亲缘个体间的利他行为是互惠性的，即一个个体冒着降低自身适合度的风险帮助另一个与自己无血缘关系的个体，是期待在日后与受助者再次相遇时得到回报，这才是互惠利他者的真正目的（Trivers，1971）。艾克斯罗德和汉密尔顿也指出当两个个体再次相遇的机会足够大时，即使在没有亲缘关系的个体或群体中，基于回报的互助同样具有进化上的稳定性（Axelrood & Hamilton，1981）。

互惠利他理论虽然部分解释了非亲缘个体间的利他行为，却仍然解释不了人类社会各种纯粹利他行为的客观存在。如互惠利他无法解释那些牺牲自己生命拯救其他无血缘关系个体生命的利他行为，也解释不了那些不求回报帮助弱小和人类社会普遍存在的一次性利他行为。这是因为互惠利他是建立在“行为理性”的基础上，奉行的是自身适合度最大化的原则，却忽视了广泛存在于人类中的诸如同情、怜悯、内疚、羞愧等美德，而正是这些美德造就了人类同情帮助弱小、牺牲自己生命拯救其他人生命等诸多纯粹利他行为。

（3）群体选择理论

群体选择观认为自然选择的单位是群体，个体行为的最终目标也是促进所属群体的生存和延续（张秋芝，2019）。只有那些能顺利通过战争、灾害、政治斗争等自然和社会选择的群体才能生存，群体中的帮助行为就是一种旨在通过牺牲个别成员利益来促进群体整体利益的行为（Willer et al.，2012）。

群体选择理论（Group Selection Theory）认为有益于群体利益的行为会在进化中得到保留并演变为群体规范（Smith，2020）。第一，互惠利他能够提高互惠双方的适合度，如果群体中的个体都以互惠利他作为行动策略，显然群体中所有互惠利他的个体都能够提升适合度，则群体总的适合度也相应提升，互惠利他策略会在群体中得到进化。这也恰恰说明互惠利他策略有利于群体的延续和发展，即群体选择理论可以解释无血缘个体间的互惠利他行为。第二，纯粹利他虽然降低了个体自身的适合度，却提高了他人的适合度。研究者发现，同情使人类拥有了利他行为的本能（Waal，2008），这一本能是由情感支配的，并不是“理性决策”的结果（Haidt，2001）。对个人来说，同情对提高其自身的适合度并没有多大的好处，因为它会促使人们产生怜悯他人的情感，进而产生帮助他人的行为；在降低自身适合度的同时，提高他人的适合度。群体选择理论认为，对个体不利的行为和性状之所以得以保留，是因为它提高了该个体所在的群体的竞争力。同情具有感受他人痛苦的特性，是纯粹利他行为的动力源泉（Waal，2008），有利于群体的长期生存和发展。第三，随着人类生活经验和学习能力的提升，群体还会发展出有利于利他行为的文化和规则，从文化层面鼓励利他行为的不断发生，以更好地保证群体的延续和发展（Smith，2020）。文化层面的群体选择既包含了互惠利他的文化，如鼓励人们互帮互助，赞扬人类知恩图报、惩恶扬善等行为，也包含了纯粹利他的文化，如鼓励人们帮助弱小，赞扬人类见义勇为、舍生取义等行为。

（4）多层选择理论

多层选择理论（Multilevel Selection Theory）是对乔治·威廉姆斯（George Williams）等（1966）研究者推广的个人选择和戴维·斯隆·威尔逊（David Sloan Wilson）等（1975）研究者倡导的群体选择的综合，解释了自然选择在多个生物或社会组织层面上的作用过程。群体选择认为演化可以通过作用于不同层面的选择来发生，包括个体层面和群体或种群层面。在个体层面，自然选择作用于增强个体生存和繁殖成功的特征。这被称为“群内”或“个体内”的选择。那些为个体提供优势的特征，如增加适应性或适应性行为，更有可能传递给后代。多层选择理论也承认在更高层次上选择的重要性，如群体或种群层面。这被称为“群间”或“群体层次”的选择。在这种情况下，促进群体凝聚力、合作或利他行为的特征可能更受青睐，即使它们给个体适应度带来一定的代价。这是因为表现出合作行为的群体可能比其他群体竞争更强，并具有更高的生存和繁殖机会。在群内选择和群间选择之间的相对强度可能因具体的环境条件和个体与群间的相互作用而有所不同。在某些情况下，群内选择可能占主导地位，导致最大化个体适应度的特征，但可能破坏群体凝聚力。在其他情况下，群间选择可能更强，有利于增强群体内的合作和社会凝聚力的特征。该理论对于理解各种现象具有重要的意义，包括社会行为的进化、合作的维持、利他主义的出现以及社会规范和制度的形成。它为研究不同层次上的选择压力如何塑造生物和社会系统的特征和动态提供了一个框架。

多层选择理论从个体和群体两个层面探讨利他行为的产生和演化，每个选择层次的相对贡献决定了进化的演变（Smith，2020）。由于自然选择是基于相对适应度的，因此 Wilson（2015）等学者将增加个体自身在群内适应度的行为称为“自私的行为”，把增加群体适应度但削弱自身群内适应度的行为称为“利他的行为”。从多层选择的角度来看，利他主义是一种在群体内被选择的行为（因为利他主义者比群体内的自私个体的适应性更低），但在群体间的竞争中更受青睐（因为利他主义者较多的群体比利他主义者较少的群体具有更大的适应性）（Smith，2020）。Wilson（2015）等指出多层选择理论的核心要义是：群体内自私者的演化力量大于利他者，群体间利他者的演化力量大于自私者。因此，当群体之间的自然选择能够胜过群体内部自然选择的时候，利他主义就得以进化。这里的利他主义主要是指行为上的利他主义，而不关注其心理上的想法。如果群体始终是隔离的，由于利己主义者在群体内的适应性高于利他主义者，经过足够多的世代演化后，利他主义者最终会被灭绝。幸而，群体通常不会在很长的时间内始终保持隔离，他们会以很多种方式逐渐混杂，最终由于利他主义者在群体间具有更大的适应度，因而利他行为最终被保留下来（Wilson，2015）。

2.4 工作场所助人行为的后效

2.4.1 工作场所助人行为对施助者的后效

（1）积极结果

帮助他人可以提升自我价值感（Brown et al.，2008）、增加快乐（Dunn et al.，2008）和幸福感（Weinstein & Ryan，2010），消除自身的内疚感等（Basil et al.，2008）。当员工采取有益于他人的行为时，他们可能觉得自己很重要，并体验到一种更强的意义和目的感，这使他们更努力、更聪明或更长时间地工作（Grant & Campbell，2007）。只要帮助是自愿和有效的，帮助他人就会让员工心情愉快（Weinstein & Ryan，2010），同时提升帮助方和受助方的相互喜欢、信任和认同，增加双方的关系社会资本（Bolino et al.，2002）。从学习的角度来看，员工帮助他人解决问题的同时也可以提高他们自己解决问题的能力（Bolino & Grant，2016）。类似的观点也出现在志愿者文献中，研究人员发现，技能发展是投入时间服务他人最常见的好处之一（Booth et al.，2009）。在提供建议的时候，员工会从他人的角度出发，产生新的想法（Bolino & Grant，2016）。在帮助他人时个体能够获得他人更多的尊重，同时提升助人者在团队中的地位（Ouyang et al.，2018）。被动帮助比主动帮助能获得受助者更多的感恩，而且也能提升助人者对自身亲社会行为的感知和工作投入（Lee et al.，2019）。亲社会行为降低了能力对他人的威胁，因此，当有才能的员工表现出对他人的关心，而不是被视为竞争对手，他们会成为有价值的盟友（Bolino & Grant，2016）。帮助行为也可以获得他人对自己的忠诚，保持良好的自我形象和声誉，更容易取得事业成功（Bolino & Grant，2016）。

（2）消极结果

帮助他人有时间、精力等资源的消耗（Gabriel et al.，2018），帮助他人也可能给施助者带来个人成本，因为它消耗了宝贵的注意力和监管资源，否则这些资源将被用于更个人的工具性工作行为中（Lanaj et al.，2016）。Bergeron等（2007）基于资源分配框架指出，个体分配到组织公民行为的时间可能以任务绩效为代价，因为大多数奖励制度都倾向于任务绩效，个人可能通过帮助组织而无意中损害自己的职业生涯。因此助人者可能遭遇更慢的薪水提升，更低的职业发展速度（Bergeron et al.，2013），助人之后的认知损耗等（Ruci et al.，2018）。对于社会网络规模大的员工来说，助人不仅需要识别同事的帮助需要，还要实施帮助行为，这些都会提高施助者的认知成本（Stea et al.，2017）。当资源消耗超过施助者能承受的点时，可能产生过犹不及效应（王静等，2019），如出现角色过载、心理压力、工作－家庭冲突（Bolino & Turnley，2005），也可能导致情绪衰竭（Eissa & Lester，2018）、公民疲劳，和助人之后的认知损耗等（Ruci et al.，2018）。助人行为和自我损耗之间成曲线关系，当助人行为的量超过一定限度后就会加速施助者的自我损耗（Lanaj et al.，2016）。

另外，帮助行为可能在道德许可的作用下引发不道德行为。道德上值得赞扬的助人行为容易“授予”施助者做坏事的资格，施助者在道德许可的掩护下，可能从事诸如偷懒等反生产行为（Klotz & Bolino，2013）和越轨行为等（Yam et al.，2016）。例如，对来自不同组织和行业的全职员工进行的两项多波调查研究表明，员工志愿服务预测了员工随后的工作场所偏差，两者关系受道德许可和心理权利的连续中介，组织公正调节了心理权利对工作场所偏差的影响；当组织公正感较低时，员工志愿服务与工作场所偏差之间的间接关系会加强（Loi et al.，2020）。

2.4.2 工作场所助人行为对受助者的后效

（1）积极结果

在接受陌生人帮助的情况下，催产素的使用通过激发信任、慷慨等促进了受助者更大的快乐和感恩（Human et al.，2018）；接受帮助可以获得高任务绩效和更多的组织公民行为（Podsakoff et al.，2014）。接受帮助后员工也可能表现出亲社会的反应，如从事帮助行为、更少的人际越轨行为（Zhong et al.，2012）。

（2）消极结果

当人们接受了帮助之后，会产生一种负债感，接受的帮助越大，产生的负债感也越重（Thompson & Bolino，2018）。基于互惠原则的考虑，员工可能因为不想陷入人情债而不愿意接受他人的帮助（Thompson & Bolino，2018），或之前接受了对方很多帮助而不愿意再进一步接受同事的帮助（Ackerman & Kenrick，2008），以避免由于无法回报对方而给自己造成负债感。

当帮助威胁到执行当前或未来行动的自由时，就会引起受助者的抗拒（Fisher et al.，1982），受助者改变认知，如减损帮助者来恢复自由感。Gergen等人（1973）的研究表明，附带条件的帮助可能导致对帮助者和帮助的负面评价。当帮助限制重要的自由时，这种情况尤其可能发生（Worchel & Andreoli，1974）。有时主动帮助行为有可能被受助人视为干扰或威胁（Lee & Duffy，2019）。此外，自由受限和帮助的负面反应两者呈倒U形曲线关系，附带等价回报的帮助（中等程度自由限制）比不要任何回报的帮助（低等程度自由限制）或者附带高回报的帮助（高等程度自由限制）更好（Gergen et al.，1973）。

当受助者认为是自身的能力不足而需要帮助时，会使受助者产生更不利的自我感觉，也不太想寻求帮助（Fisher et al.，1982）。例如，患有疾病的老年人受助压力可以预测一年后的抑郁，这意味着受助的负面反应可能产生长期的后果（Newsom & Schulz，1998）。在公共场合接受帮助可能意味着受助者缺乏能力或者缺乏资源持有潜力，加剧受助者身份威胁（Ackerman & Kenrick，2008）。

帮助的情境可以分为正面和负面两种情境（Fisher et al.，1982）。当处于负面情境时帮助可能具有威胁性，因为它意味着受助者和施助者之间存在着一种“自卑－优越”的关系；而且与社会认可的“自食其力和独立的价值观”相冲突（Fisher et al.，1982）。当受助者体验到的是威胁时，他会表现出负面/防御的反应（例如，自我概念下降，对帮助者和帮助的消极评价，接受帮助的程度低）；当受助者感受到的是支持时，他的反应是积极/非防御性的（例如，提高自我概念，对施助者和帮助的评价更积极，接受帮助的程度高）（Fisher et al.，1982）。

2.4.3 工作场所助人行为对组织的后效

（1）积极结果

亲社会行为在团队和组织的有效性中起着核心作用。在对38项研究和3611个工作单位进行的元分析中，一个单位中互助水平越高，其生产率、效率和客户满意度就越高，成本、员工流失率和员工缺勤率也越低（Podsakoff et al.，2009）。人际帮助被认为是通过促进问题解决和效率，提高凝聚力和协调，转移专业知识，最小化由于超负荷和分心造成的绩效变化，以及优先考虑客户和供应商的需求来提高团队的有效性（Bolino & Grant，2016）。人际帮助还可以保持人际关系，增强团队精神和凝聚力，从而改善沟通和协调，并提高整体表现（Stea et al.，2017）和组织绩效（Bolino & Grant，2016）。同事助人行为还可以减少职场不文明行为的发生（占小军等，2019）。

（2）消极结果

已有研究只是基于施助者的角度，当施助者从事了助人行为后，会由于道德许可而引发后续的反生产行为和职场偏差行为（Loi et al.，2020），而职场偏差行为和反生产行为可能导致组织绩效下降。目前的研究还欠缺人际帮助对组织负面影响的直接研究。

2.5 以往的研究不足及文献评析

2.5.1 对工作场所助人决策互动过程的研究不足

尽管学者对工作场所帮助行为的前因和后果等进行了大量的研究。然而，这些研究较多地考虑了施助者或者受助者单方面的前因变量或结果变量的研究，往往把助人过程理解为一个瞬间行为，忽视了助人其实是一个社会性风险投资决策过程（Nadler，2020）。事实上，助人行为只是助人决策过程中的一个重要阶段而已，助人决策过程不仅包含了助人行为这一特定阶段（Darley & Latané，1970），还包括助人行为发生前的发现困境、识别困境、确认责任、选择帮助方式等阶段（Darley & Latané，1970），针对同事间的助人可能还包括助人行为发生后的反馈过程（杨建锋等，2022）。其次，忽视了施受双方的多轮次互动。以往研究普遍只捕捉到特定施受双方的一次互动，很少捕捉到施助者在收到特定受助者反馈后，如何据此调整自己后续的助人决策；受助者在收到施助者调整的助人决策后如何决定自己的反应等。尽管有些研究意识到了帮助事件发生的持续性，采用了日记法或者经验取样法进行追踪研究。例如，Uy 等学者（2017）通过为期五天的日记研究，发现给予帮助可以缓解日常表面行为带给员工的情绪耗竭，而接受帮助却没有这种效果。另一项研究则采用经验取样法追踪研究员工日常主动帮助如何通过增强自主性需求而提升后续的主动帮助（Chi et al.，2022）。这些研究从员工社会互动（给予或接受帮助）和帮助方式的视角考察了帮助在工作场所中的作用，但并没有对帮助互动本身的发生发展进行研究，也仅仅研究了帮助者或者受助者一方的持续助人过程。未来的研究可以将帮助受助双方纳入研究，追踪两者的互动帮助过程，以丰富帮助领域的研究。

2.5.2 缺乏解释助人决策过程黑箱的统一理论

鉴于大部分助人领域的研究都在很大程度上将助人行为看成一种瞬时行为，这就导致目前大部分用于解释帮助行为的理论只是对助人决策过程的部分解释或局部情节的描述。例如，情感事件理论、自我决定理论和组织认同理论等从情感视角（Weinstein & Ryan，2010；Chi et al.，2022；杨莹和寇彧，2015；McDonald et al.，2018；汤明等，2019）解释了助人行为产生的原因和助人之后的积极影响。资源保存理论、自我损耗理论、资源分析框架、社会交换理论从资源视角解释了帮助者助人后的积极或者消极结果。社会责任规范和责任扩散理论从责任视角解释了帮助者为什么会帮助弱小，以及在旁观者众多的情境下，个人提供的帮助行为下降（Goetz et al.，2010；Latane & Darley，1968；Darley & Latané，1970）。群体选择理论、互惠利他理论和亲缘选择理论则从宏观的进化视角阐述了人类利他行为存在的原因（Hamilton，1964；Trivers，1971；Smith，2020；Wilson，2015）。此外，公平理论、归因理论、反抗理论和自尊威胁等理论只解释了受助者拒绝帮助或者接受帮助后的负面结果（Fisher et al.，1982）。目前，还没有解释助人决策过程黑箱的统一理论，未来需要学者寻找或者构建能够解释工作场所助人决策过程的统一理论。

2.5.3 对受助者特征的研究还有待加强

从前面的综述中我们可以看到，学者往往聚焦于帮助者特征的研究，忽视了受助者特征的研究。目前仅有少量针对受助者特征的研究，如研究发现女性相比男性更容易得到帮助（Burnstein et al.，1994）；也有少量研究探讨了受助者的自尊对接受帮助后的反应（Thompson & Bolino，2018）。事实上，根据互惠规范，当帮助了他人之后，他人有义务回报帮助者，帮助者也期待从回报中获得其感兴趣的资源（M.Blau，1964）。这就隐含着这样的考虑，人们在帮助他人时会选择特定的受助者，而目前的研究较少回答“员工更倾向于帮助具有什么特征的受助者”，对这一重要问题的忽视，使得“给什么样的人提供帮助”成为人们普遍考虑但尚未被充分研究的领域，未来可以将受助者特征纳入考虑。

2.5.4 中国情境助人理论与实践结合有待加强

当前，我国学者对助人领域的研究主要集中于领导风格对员工助人行为的影响。已有研究证明，伦理型领导通过给予员工更多的尊重（郑晓明和王倩倩，2016）、参与式领导通过激发员工的自主性（施跃东和段锦云，2016），提升了员工工作幸福感，从而促进了员工的助人行为。高质量的多层次领导－部属交换也预测了员工和团队更多的助人行为（刘蕴等，2016）。谦逊型领导能够得到员工更多的信任，从而促进员工的助人行为（罗文豪和陈佳颖，2020）。诚然，领导风格对员工行为的影响深远，但组织中的管理政策对员工的影响也是不言而喻的。以往研究忽视了人力资源管理措施对助人决策过程的影响，不利于研究结论直接服务于管理实践。因此，深化对助人决策完整过程的认识，能让我们更加深刻地理解员工互助这一现象，并且设计相应的人力资源管理措施，促进员工互助的良性循环。

2.6 本章小结

本章详细回顾了工作场所助人行为的内涵、关键影响因素、助人决策发生的作用机制和工作场所助人行为的后效，并评析了助人领域的研究不足。

3 理论基础与概念模型

3.1 动态心理契约理论

3.1.1 心理契约相关概念

心理契约由 Argyris 引入企业管理。他用心理工作契约来描述员工和工头之间的关系。他认为如果工头保证并尊重员工非正式文化的规范，员工将保持高产量、低不满等（Argyris & Ditz，1960），但 Argyris 并未对心理契约进行明确的定义。Levinson 等于 1962 年正式提出“心理契约”的概念，并将心理契约描述为一系列不成文的契约，是组织和员工之间相互期望的总和，这个定义强调心理契约是一系列“隐含的，未说出口”的期望。

心理契约的定义可以分为广义和狭义两类。广义的定义强调心理契约是建立在组织和雇员双方交换关系基础之上的（Kotter，1973；Anderson & Schalk，1998）。因此，广义的心理契约包括雇员和组织对契约内容的各自理解。然而，组织作为契约当中的重要一方，无法像人一样去理解契约的内容。于是，这就给后续心理契约的概念化和测量带来诸多困难。鉴于此，Rousseau（Rousseau 学派）将组织当作员工形成心理契约的背景和环境，进而提出了心理契约的狭义定义。认为心理契约就是员工在与组织互动过程中，所形成的关于自己与组织之间的责任与义务信念系统（Rousseau，1995）。这种定义非常明确，并容易被操作，因此被后续研究者广泛采用，特别是大多数实证研究往往都是建立在这个定义之上的。

古典学派承认心理契约是两个主体双方的，但他们的认知局限在雇员和组织这两个特定主体上。而在 Rousseau 学派看来，组织是无法“感知”的，心理契约只存在雇员这一单方主体。由于受两个学派现行心理契约定义的束缚，目前，不但心理契约的研究视野都局限于上述主体，而且就雇员这一主体来说，究竟是个体意义上的雇员还是群体意义上的雇员，在实际的研究过程中也很模糊（曹威麟等，2007）。

曹威麟等（2007）认为心理契约在组织中通常有六种基本类型：个体与组织的心理契约、个体与群体的心理契约、个体与个体的心理契约、群体与群体的心理契约、群体与组织的心理契约、组织与组织的心理契约等（曹威麟和陈文江，2007；曹威麟等，2007）。Rousseau 学派的创始人也认为心理契约不仅可以用于理解个人和组织之间的关系，也可用于理解个人与个人之间的关系（Rousseau et al.，2018），如团队成员及其同事的心理契约（Laulié & Tekleab，2016）。Rousseau 和曹威麟等学者的观点为本研究将心理契约用于工作场所互助决策过程提供了理论依据。

3.1.2 心理契约动态性研究回顾

在过去的三十年里，心理契约的研究主要集中在心理契约的破裂、违背和履行、契约的类型、契约的内容以及过程机制（如违背的归因）等内容上（Rousseau et al.，2018）。学者主要争论两方面的内容：第一，心理契约是否反映了承诺、期望、义务或这些要素的组合；第二，心理契约是否代表两方或更多方之间的协议（Turnley et al.，2003）。尽管心理契约被认为是一个动态构建过程，对心理契约的大部分研究却只反映了雇员 - 雇主关系的快照，忽略了实际交换关系和心理契约本身随时间变化的趋势。组织研究中的许多领域都存在这种局限性，这促使人们广泛呼吁采用时间视角。

已经有研究开始采用经验取样法对工作场所心理契约的动态性进行研究（Rousseau et al.，2018）。例如，在一项针对新招聘的中国大学毕业生的纵向研究中，研究者考察了新进员工的合同履行情况、员工对公司支持和工作奖励的报告以及主管对个人贡献的报告对新员工心理契约变化的影响。从应聘者接受工作邀请开始，每隔一年调查一次。研究证明随着时间的推移员工贡献在改变心理契约义务的认知方面起着重要的作用（Rousseau，1995）。在另一项研究中，Conway 和 Coyle-Shapiro（2012）发现了心理契约的履行与个人绩效之间的相互关系可以随着时间的推移而加强。这些发现表明，心理契约进程会随着时间的流逝而发展，并且比最初公认得更为复杂。以往研究只能反映心理契约的某个瞬间状态，而没能捕捉到心理契约形成和发展的过程。Rousseau 等（2018）提出了心理契约的动态演化模型。该模型认为心理契约会由于主动或被动的原因，在形成和发展的过程中表现出创建、保持、重新协商、修复四个不同的阶段。

3.1.3 心理契约动态演化模型

当新员工进入组织后，就开始了心理契约的创建过程，新员工根据观察到的与组织及其成员互动的环境提示，调整关于他们自己和雇主义务的既有信念。当新信息开始减少并且调整变慢时，心理契约就会稳定下来，个人开始进入心理契约的保持阶段（Rousseau et al.，2018）。当员工感知到雇主义务与其提供的激励不匹配时，就会产生契约破裂（Rousseau，1995）。契约的破裂是一个情感事件，与员工的积极情感或者消极情感相关，引发强烈积极情感的破裂将使心理契约进入重新协商阶段，而引起强烈消极情感的破裂将使心理契约进入修复阶段。在这两种情况下，个人都在进行认知努力以减少或管理差异，以促进心理契约的恢复；但是如果无法重新建立可接受的心理契约，员工可能辞职，从而终止关系（Rousseau et al.，2018）。与 Morrison 和 Robinson（1997）的理论不同，Rousseau 等（2018）的模型（见图 3.1）同时考虑破坏心理契约

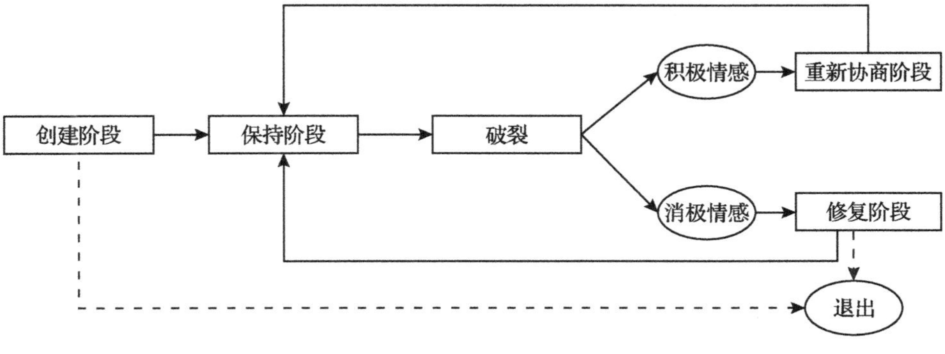

图 3.1 心理契约动态演化过程

图片来源：Rousseau D M，Hansen S D，Tomprou M. A dynamic phase model of psychological contract processes［J］. Journal of Organizational Behavior，2018，39（9）：1081-1098.

事件的积极反应和消极反应，这一点与 Schalk 和 Roe（2007）的观点是一致的。比 Schalk 和 Roe（2007）更进一步的是，模型不仅考虑了大的心理契约差异所造成的契约破裂，也将微小的契约差异纳入了契约破裂或调整的框架。

3.2 心理契约动态演化的四个阶段

3.2.1 创建阶段

从新员工上班的第一天到后续的几周时间，都是心理契约创建的关键期（Tomprou & Nikolaou，2011）。心理契约的创建可能受到多方面因素的影响，如入职前期望、先前的工作经验和当前组织的信息、个体差异、情绪以及入职后所接受到的社会影响等（Tomprou & Nikolaou，2011）。创建阶段的主要功能是通过增加目标达成概率的方式来调节个人的思想和行为，开发可用来追求个人目标的心理契约（Rousseau et al.，2018）。创建阶段一直持续到有关义务的新信息或新颖信息的识别下降，认知努力逐渐减弱并形成相对稳定的心理契约为止。这时，如果员工感知到这是一个与自己不太匹配的组织，他就会选择离开。需要注意的是，选择留在组织中的那些新进员工并不意味着他拥有非常理想的心理契约。不同的心理契约满足员工目标的能力是不同的，一些心理契约可能具有满足很多目标的潜力，而另一些可能仅限于满足一个目标（Rousseau et al.，2018）。事实上，员工选择留在一个组织有可能仅是出于可替代的工作难找，或者只是为了满足基本的需求。

在心理契约的创建阶段，当员工感知到与其目标一致的雇主承诺暗示时，就会产生积极情感，这种积极情感可能促进接受被暗示的承诺，从而将其视为雇员义务。例如，当雇主传达升迁机会时，以职业目标为导向的新员工很可能受到积极的影响，而这种情感体验有望增加他们对这种机会的接受，作为产生可感知义务的承诺（Rousseau et al.，2018）。而与员工目标无关的雇主承诺暗示甚至有可能产生负面的情感（Lord et al.，2010）。如上面的例子所示，当员工并不把晋升当作自己的目标时，雇主传达的升迁机会暗示就可能产生负面情感，员工也不会发展出为提供这种资源而做出贡献的义务感。

产生积极情感的速度越快，心理契约越可能稳定下来过渡到保持阶段。两个关键因素产生了积极情感。首先，符合规范期望的雇主承诺通常会向员工发出信号，表明他们正在朝着实现目标，产生或维持积极情感的方向前进。其次，雇主兑现承诺的速度也促进了积极的情感和向契约保持的转变。如果新来者认为承诺的速度太慢，他们可能感到沮丧，积极情绪的发展受阻（可能产生消极情绪），迅速而成功地过渡到保持阶段的进程受阻。相反，当新来者相信雇主会及时做出承诺时，不确定性会减少，正面影响会发展，因此可以迅速转向心理契约保持阶段。

3.2.2 保持阶段

个人心理契约可能不会一次全部过渡到保持阶段。一些契约条款可能很早就稳定下来，而另一些条款会继续发展，从而在创建和保持阶段之间有些重叠。而心理契约评估和感知义务的被动更改是契约保持阶段的两个关键过程。当员工认为雇主正在履行其义务时，他们就有动力继续履行其对雇主的义务。根据对心理契约评估的研究，员工会监控他与雇主的交换关系以获取差异反馈，这种差异主要是指相对于义务的承诺兑现（Inducement Delivery）水平。

高激活的积极和消极影响比低激活的影响更能激发目标导向的思想和行动。因而，在低到中等激活水平下的积极影响释放出无须进一步评估或采取任何行动，目标正在持续实现的信号。在契约保持阶段，心理契约是稳定但并不是静态的。当增加目标一致的激励时，可能增加雇主的感知义务。由于互惠性规范，额外的激励也可能使员工感知义务增加（Gouldner，1960），因为它们会激发员工对提供相应回报的责任感（Lee et al.，2011）。此外，人们有保持行为一致性的倾向，对雇主的额外贡献可能增加员工自身的义务感。同样，这些额外贡献的定期性往往扩大雇员的义务。随着契约保持阶段的持续，在个人如何评估交换方面，最初的承诺可能没有实际经验那么重要。由于激励和贡献的交换，员工将发生被动形式的心理契约变化。

3.2.3 重新协商阶段

契约破裂是一种强烈的情感事件（Weiss & Cropanzano，1996），会导致心理契约从保持阶段过渡到其他阶段。当员工感知到义务与承诺之间存在差异，或者感知到的承诺兑现速度与预期速度之间的差异，并且这些差异大到足以产生高激活效应时，就会发生心理契约的破裂。与目标保持一致的破坏会产生积极情感，并促使人们转向重新协商。超出现有义务的目标一致的激励可能产生高度激活的积极情感，这会促使契约向重新协商阶段转变。当承诺兑现的速度比预期的速度更快时，将导致高激活的积极情感，以及向重新协商阶段的转变。重新协商阶段反映了雇佣关系中的一段时期，在该时期中，员工修改了旧的或协商了新的义务。重新协商可以通过与雇主的讨论进行人际交往，也可以在员工修改心理契约模式以反映对新条件的理解时进行个别协商。重新协商期间的修订范围可以从单一方面（如特定职责）到整个雇佣安排不等（Rousseau et al.，2018）。员工可能遇到积极的干扰，并出于各种原因进入重新协商阶段。

3.2.4 修复阶段

当员工遇到超出其个人目标，超出其能力或意愿融入现有心理契约的情况时，负面破坏就会产生，从而使员工进入契约修复阶段。这一阶段的特点是需要高度的认知努力，包括对雇主义务和诱因之间的差异以及人际关系待遇的质量保持警惕（Rousseau，1995）。警惕性会削弱员工对现有心理契约的依赖，并且会延迟或阻止契约向保持阶段转变。员工在修复阶段的动机是双重的：减少负面情感并重建功能正常或目标一致的心理契约。这可以通过补救措施或心理契约的修订（员工和 / 或雇主义务）以减少感知到的差异和负面情感来实现（Tomprou et al.，2015）。

我们从关系修复研究和最近的心理契约研究中得出两种促进减少负面影响以成功修订已感知义务的机制：承诺制定和提供目标一致的诱因（Rousseau et al.，2018）。首先，做出承诺，特别是由雇主做出承诺，是减少负面影响，使义务得以成功修订的重要机制。承诺可以作为被破坏的心理契约的补救或替代，并表明雇主的善意。只有与员工目标相符的雇主承诺才可能被接受，并通过减少负面情感为义务的修改做出贡献。其次，契约修复阶段提供的目标一致的承诺传达了雇主解决负面破坏的意愿，这些承诺还通过纠正雇主义务与早期激励之间的差异来减少消极情感，这是通过其对员工的内在价值观和释放组织对员工的关系来实现的。因此，目标一致的承诺将减少负面情感并促进义务的修订。

3.3 心理契约和助人过程的内在联系

3.3.1 心理契约与助人行为的内涵基础相似

心理契约是一种未说出口的、隐性的、非正式的契约（林澜和莫长炜，2008），体现了员工认为自己对雇主的贡献以及组织对员工贡献的回报，形成了员工与组织（以管理人员为代理人）的“心理账”。这种心理账虽然没有像正式契约那样有明确的书面文件，对双方而言，却是心照不宣、不言而喻的，是影响双方行为态度的强有力的决定因素。工作场所助人行为是一种员工自愿表现出来的，不被组织报酬系统奖励，但又能从总体上提高组织效能的个人行为（Organ，1988）。工作场所助人行为没有正式的书面文件规定员工必须这么做，员工一般将工作场所助人行为当成一种与其他员工交往和互动的有效方式（张兰鸽等，2015）。在与其他同事互助的过程中，双方也不可能签订书面契约规定双方的行为范式，在互助过程中没有明确的契约条款，双方是基于社会规范和互惠规范行动，因而超越了书面和正式契约的规定（林澜和莫长炜，2008）。综上所述，心理契约与助人行为的内涵基础相似，两者都强调非正式契约且契约条款是隐性的。

3.3.2 心理契约与助人过程都强调互惠交换

心理契约和助人过程都强调互惠交换。首先，互惠交换是心理契约强调的核心（Dabos & Rousseau，2004）。员工与组织之间的心理契约是资源交换的互惠过程。当员工认为自己对组织的贡献与组织给予的利益相匹配时，员工就会维持与组织的心理契约；当员工感觉到自己对组织的贡献大于组织给予自己的回报时，员工的心理契约就会调整，员工根据组织给予自己的回报调整相应的契约条款；尤其是当员工贡献远远大于组织回报时，会产生心理契约破裂。其次，员工与组织之间的心理契约也是一个组织给予员工承诺、员工承担组织责任的交换过程。员工一旦对组织形成了稳定的心理契约，就会将心理契约的条款当成自己必须完成的责任。再次，工作场所助人过程也是一种员工之间互惠交换的过程（Halbesleben & Wheeler，2015）。资源视角下的助人领域研究就是将助人过程当成是一种资源交换的过程（Balliet & Ferris，2013）。当助人过程给员工带来价值感（Brown et al.，2008）和幸福感（Weinstein & Ryan，2010），提升员工团队地位（Ouyang et al.，2018），助力员工职业成功时（Bolino & Grant，2016），助人过程就是一种资源增益过程（王静等，2019）；当助人过程导致员工自身任务绩效下降、公民疲劳和职业发展受阻等负面效应时，助人过程就是一种资源损耗过程（Eissa & Lester，2018；Koopman et al.，2016）。最后，基于互惠规范，员工会认为自己有责任帮助曾经帮助过自己的人（Lepine et al.，2008）。

3.3.3 动态心理契约与助人决策过程的交互调整都是基于情绪变动

动态心理契约与助人决策过程的交互调整都表现出了情绪变动。一方面，动态心理契约理论认为心理契约动态调整是由员工情感变动推动的（Rousseau et al.，2018）。当激活了员工的高强度积极情感，员工与组织的心理契约会进入重新协商阶段；当激活了员工的高强度消极情感时，会导致员工的心理契约破裂，心理契约进入修复阶段，或者导致员工退出。当激活的积极情感或消极情感是中到低强度时，员工会通过小范围的契约条款调整而维持在契约保持阶段。另一方面，助人决策过程包含着情感的变化，情感的变化也可能影响助人决策（王静等，2019）。例如，当受助者对帮助者感恩时，帮助者会感到更快乐和幸福（Lee et al.，2019）。而快乐、内疚、嫉妒、愤怒等情绪也会影响员工的助人决策。例如，好心情会引发更多的助人行为（Maki et al.，2017），而个体也会因为想要消除内疚感而帮助弱小（汤明等，2019），嫉妒和愤怒都会抑制员工的助人行为（Kim et al.，2010）。总之，积极情感有助于动态心理契约的保持和修复，消极情感则可能导致心理契约破裂和员工离职。同样的，积极情感有助于员工助人决策过程的保持，消极情感则可能导致员工助人决策过程的中断，从而抑制助人行为。

心理契约和助人决策过程具有非常大的相似性。而动态心理契约又能够很好地刻画工作场所的助人决策过程模型，因而本书以动态心理契约理论作为揭示助人决策过程的理论基础。

3.4 研究框架与概念模型

鉴于帮助行为对组织和个人的重要作用，组织学者对帮助主题进行了大量的研究（Lepine & Dyne，2001）。当前对助人领域的研究主要集中于以下三个方面。第一，从施助者、受助者、双方关系、情境因素等四个方面考察了助人行为的发生原因（Kogut et al.，2015；Kraus & Callaghan，2016；Tse et al.，2013）。第二，从受助者的角度研究受助者接受帮助后的反应（Thompson & Bolino，2018），以及拒绝他人帮助的原因（Gray et al.，2019）。第三，从施助者、受助者、组织的角度考察了助人行为产生的后效（Human et al.，2018；Ouyang et al.，2018；Stea et al.，2017）。

首先，尽管学者对人际帮助的前因和后果有很多了解，但大多数研究往往把助人行为理解为一个瞬间行为，忽视了助人决策的过程性（Nadler，2020）。事实上，助人行为只是助人决策过程的一个重要阶段（Darley & Latané，1970）。助人决策过程不仅包括助人行为，还包括助人行为发生前的准备过程，以及行为发生后的调整等过程。目前仅有旁观者介入决策模型关注到了针对陌生人的帮助决策过程（Darley & Latané，1970），但针对组织内部同事之间的助人决策过程目前理论上存在空白。针对陌生人的帮助往往很少有机会在实施助人行动之后进行反思调整，而工作场所中的助人决策过程存在着多轮次、长期性和计划性的特点，在完成一次助人行为后，可以观察实施助人后的效果及各方反应，从而根据实际情况进行调整。因而，需要发展新的助人决策过程模型来解释工作场所中的助人决策过程。其次，尽管少数研究关注到了施助受助双方的关联性，但对施助受助双方的互助决策过程及决策机制的研究还远远不足。最后，尽管已有研究从领导风格、组织氛围、工作特征等情境因素对助人领域进行了充分的研究，但针对中国情境下的助人领域研究大多数聚焦于领导风格对员工助人行为的影响，而对人力资源管理实践在助人决策过程中的影响知之甚少，更无法从人力资源管理实践的角度设计相应管理措施发挥助人的好处，规避助人后的消极影响。

基于以上考虑，本书将进行两个方面的工作：第一，构建工作场所助人决策过程模型，从而发展相关理论；第二，从人力资源管理实践的角度探讨其对工作场所助人决策过程的影响机制，以对管理实践有所助益。本书将通过四项研究实现以上目标。具体来说，通过研究一，构建工作场所助人决策过程模型；研究二进一步检验工作场所助人决策过程模型与传统助人决策模型的关键差异——反思调整阶段，揭示工作场所帮助受助双方的交互反思调整机制。通过研究一和研究二，本书构建了工作场所助人决策过程模型，并实证检验了关键创新部分。人力资源管理实践能够为员工构建一个适合于互助这种亲社会投资的环境，以使员工愿意、能够并敢于进行持续的互助。研究三和研究四将工作场所助人决策过程模型嵌入人力资源管理情境中，探讨人力资源管理政策对工作场所助人决策过程的影响机制。激励员工高绩效的工作是人力资源管理的重要目标。因而，本书选取激发员工内在动机和外在动机的关键人力资源管理因素——工作设计和绩效薪酬，探讨人力资源管理实践对工作场所助人决策过程的影响机制。具体见图 3.2 研究框架。

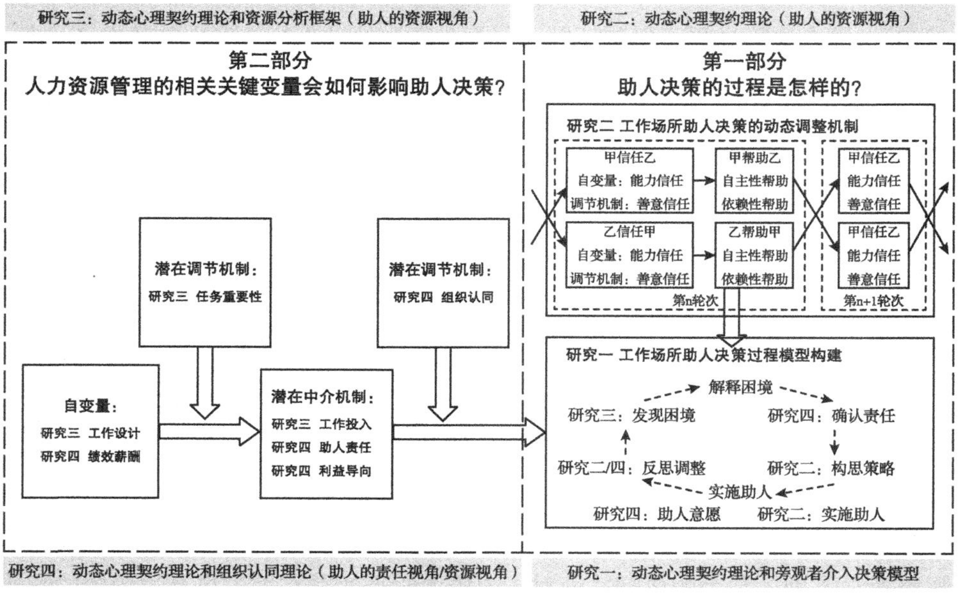

图 3.2　研究框架

3.4.1 工作场所助人决策过程构建概念模型

助人决策是一个社会性风险投资过程（Halbesleben & Wheeler，2015）。以往只有 Darley 和 Latané 针对旁观者见义勇为而提出的旁观者介入决策模型体现了助人决策的过程性。旁观者介入决策模型将对陌生人的帮助过程分为觉察（注意到有问题）、理解（将事件定义为紧急情况）、责任（决定个人责任的程度）、判断（确定具体的帮助方式）和行动（实施助人行为）五个阶段，每个阶段都描述了人们在目击紧急情况时可能经历的心理过程（Darley & Latané，1970）。但该模型没有体现出助人决策过程中的利益权衡和反思调整（Dovidio et al.，2006）。工作场所的助人决策与对陌生人的帮助不同，员工往往将帮助他人当成人际交往的一种方式，存在着多轮次和计划性。鉴于助人行为对组织的重要作用，亟需弥补工作场所助人决策过程方面存在的理论空白。

本书将工作场所助人决策这种社会性风险投资决策过程（Halbesleben & Wheeler，2015），理解为是施受双方之间的动态心理契约，认为助人决策过程包括与心理契约相对应的签订前准备工作、签订中策略构思以及签订后跟踪调整等一系列步骤。因而，本书整合动态心理契约理论和旁观者介入决策模型，提出了工作场所助人决策过程模型。工作场所助人决策过程共包括发现困境、解释困境、确认责任、构思策略、实施助人和反思调整六个阶段。其中，发现困境、解释困境、确认责任、构思策略、实施助人是以旁观者介入决策模型为基础提出的。反思调整阶段则是区别于旁观者介入决策模型的关键阶段，体现了助人过程中的利益权衡和多轮次互动的特点，也与先前认为助人决策是一种亲社会风险投资决策的观点契合。这六个阶段都会影响最后的助人行为的实现，只要有一个阶段受阻都有可能抑制助人行为的发生。而且，这六个阶段并没有时间的先后顺序，是一个循环往复的过程。具体见图 3.3 工作场所助人决策过程概念模型。研究一拟通过对企业员工的深度访谈，在访谈文本的基础上采用关键事件法收集整理工作场所帮助事件，运用内容分析法分析帮助事件文本，构建工作场所助人决策过程模型。

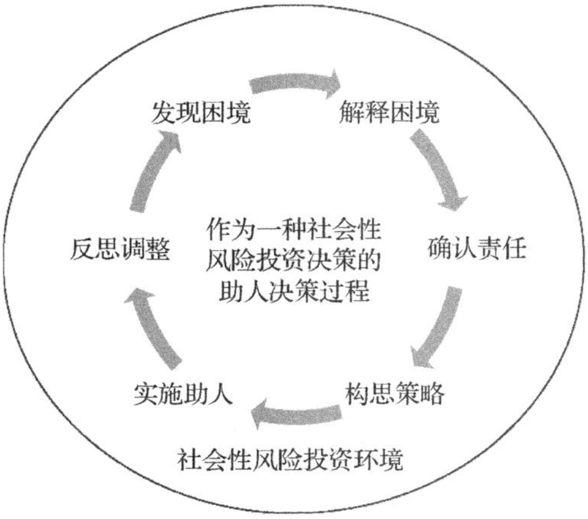

图 3.3　工作场所助人决策过程概念模型

3.4.2　工作场所助人决策交互反思调整概念模型

研究一构建的工作场所助人决策过程模型是在旁观者介入决策模型的基础上提出来的。这两个模型的关键区别就是，旁观者介入决策模型是针对陌生人的助人过程，不存在反思调整阶段。而本书的工作场所助人决策过程模型是针对同事等熟人之间的助人模型，存在反思调整阶段。正是这个阶段的加入，使得助人决策过程模型突破了旁观者介入决策模型所体现的线性助人决策过程，进而能够更准确地表征工作场所中助人决策的多轮次属性，强调了工作场所中的施助者会根据助人行为的结果来调整自己后续的帮助决策。工作场所中的员工之间拥有大量持续互动的机会，因此员工往往做出的是长期且有计划的助人决策（Dovidio et al., 2006）。员工在组织中做出助人决策的时候通常不会仅关注此时此刻助人决策的前因和后果，还会同时思考当前的助人决策会对施受双方以及旁观者造成的影响，并且有足够的机会和时间根据自己的助人结果，调整自己今后针对当前受助者乃至其他人的助人决策。

心理契约能否得以创建和维系的关键就在于契约双方之间的信任（Robinson et al., 1994）。因此，信任是助人决策过程中反思调整阶段的核心机制。施助者通常会出于对求助者的信任去帮助求助者（Vegt et al., 2006）；

受助者也常会出于对施助者的信任才愿意向潜在施助者求助；并且求助者在接受施助者的帮助之后就会越发信任施助者（Greenberg，1980）。这种相互信任进一步使得施助者和受助者的角色互换具有了可能性和必然性。同时，只有施受双方的角色能够不断地顺利互换，他们之间关于帮助的心理契约才能得以履行，双方的相互信任才能得以维持和加强，最终双方的互助关系才能得到延续和巩固。否则，施受双方的互助心理契约就会逐渐弱化甚至破裂。

一些学者将信任分为能力信任、善意信任和正直信任（Rousseau，1995）。另一些学者的因子分析发现信任仅包含能力信任和善意信任（Farrell et al.，2005）。另外，笔者对研究二的预研究也发现，善意信任和正直信任的相关系数大于 0.7，这与 Schoorman 等（2007）的研究结果一致。预研究还证明善意信任和正直信任的相关系数大于两个变量的 AVE 开根号值，这表明善意信任和正直信任区分效度低。汉语中，“正直善良”多作为一个词连在一起用，这从侧面验证了善意信任和正直信任的区分效度不高。因此本书采用两个维度的信任分类，将信任分为能力信任和善意信任。

能力信任和善意信任在施助者和受助者的反思调整阶段中扮演着不同的角色。鉴于本书将助人决策过程看成一个社会性风险投资过程。因而，对潜在受助者的能力信任成为施助者优先考虑的因素，员工更愿意与有足够能力的同事创建和维系帮助心理契约，这样才可能在自己需要帮助的时候，得到高能力信任同事的高质量回报，以维护自己的亲社会风险投资收益。善意信任则会加强能力信任对助人决策的正向影响。一般来说，员工会给同事提供自主性帮助或者依赖性帮助。自主性帮助给受助者提供解决问题的方法，有助于受助者提升能力，进而提升施助者对受助者能力信任的评价。同时，施助者给受助者提供自主性帮助也会提升受助者对施助者善意信任的评价。当受助者的能力信任高时，给受助者提供依赖性帮助可以节约受助者的时间；当受助者的能力信任低时，给受助者提供依赖性帮助也有助于双方之间的契约维护，尽管依赖性帮助不会帮助受助者提升未来解决问题的能力，但仍然是一种善意的体现，也仍然可能增加受助者对施助者的感恩和信任（Greenberg，1980）。

完成自主性或者依赖性帮助后，施助者会判断助人之后的收益。首先，自主性帮助是否帮助了受助者能力提升，依赖性帮助是否帮助受助者节约了时间等。其次，受助者接受帮助后是否有恰当的回报，且这个回报是否是自己想要的。如果回报与预期差异过大，甚至是没有回报，受助者的能力信任或善意信任评价就可能下降，可能降低施助者未来对该受助者的帮助，严重的甚至是拒绝帮助该受助者，进而造成双方心理契约的破裂。相反，如果受助者的回报大大高于预期，激活了施助者的积极情绪，施助者对受助者的信任评价会进一步上升，使施助受助双方进入契约协商阶段，并最终形成更高层次互助的心理契约阶段。研究二的概念模型见图 3.4。研究二拟采用经验取样法进行配对追踪调查，探讨信任和帮助的动态关系，进而基于动态心理契约理论揭示助人决策的反思调整过程。

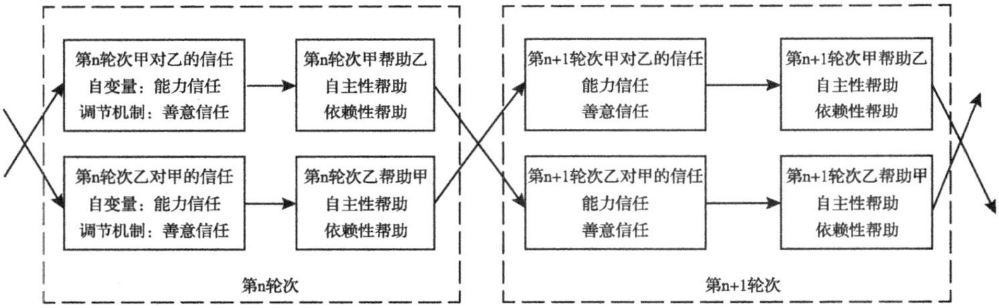

图 3.4　工作场所助人决策交互反思调整概念模型

3.4.3　工作设计对工作场所助人决策影响机制概念模型

弗雷德里克·赫兹伯格（Fredrick Herzberg）的双因素理论将工作本身的特征看成一种激励因素。这种因素能够激发员工因为对工作本身的热爱而达到高绩效，是相比薪酬激励更经济且效果更好的一种内在激励方式。企业通过恰当的工作设计就能够发挥工作本身对员工的激励效果。以往关于工作设计的研究多聚焦于工作特征中的工作资源对组织的正面影响。例如，作为工作资源的任务重要性、工作反馈都会促进员工的工作投入（杨红明和廖建桥，2011）。对新进科研人员历时 3 年的纵向追踪研究也发现，任务完整性和任务自主性会提升工作投入（孙灵希和滕飞，2013）。任务重要性、技能多样性以及任务完整性，能共同促使员工感到工作的意义，进而给员工带来积极情绪（Elsbach &

Hargadon，2006）。工作资源还可以增强员工的工作旺盛感（王文增和刘晓明，2019）。以往的研究也发现任务多样性和任务重要性等工作资源与组织公民行为存在正向的关系（Marić et al.，2019）。总之，已有研究忽视了作为工作资源的工作特征，如任务多样性和任务重要性等，不仅能够给员工带来有趣的工作体验和更高的工作满意度，还可能存在负面影响。另外，已有研究也未从过程视角对工作设计与助人决策的关系进行研究。

随着工作环境的不断复杂化，任务多样性的设计变得愈发关键。任务多样性涉及员工需要履行各种任务或具备多项技能的程度（Morgeson & Humphrey，2006）。单调和重复的任务容易导致员工的不满和厌倦。通过引入任务多样性，员工能够在工作中找到更多的挑战和乐趣（Morgeson & Humphrey，2006），从而提高员工的工作投入。同时，不同类型的任务通常需要不同的技能和专业知识，在此过程中，员工需要把更多的特长投入工作。因而，任务多样性可以促进员工的工作投入。尤其当该工作任务能对他人命运和幸福产生重要影响时，更能激发员工更投入地工作。工作投入是一种积极的情绪状态，包括对工作的活力、专注和奉献（Schaufeli et al.，2006）。当处在高工作投入状态时，员工会将自己的注意力投入工作中，有可能忽视周边同事的困境。因而，高工作投入有可能抑制员工的困境发现。

综上所述，研究三基于动态心理契约理论，聚焦于工作场所助人决策过程模型的起始阶段——困境发现，探讨工作设计对工作场所助人决策可能的负面影响，并进一步揭示工作投入在任务多样性和困境发现中的中介作用，以及任务重要性的调节作用。研究三的概念模型如图 3.5 所示。

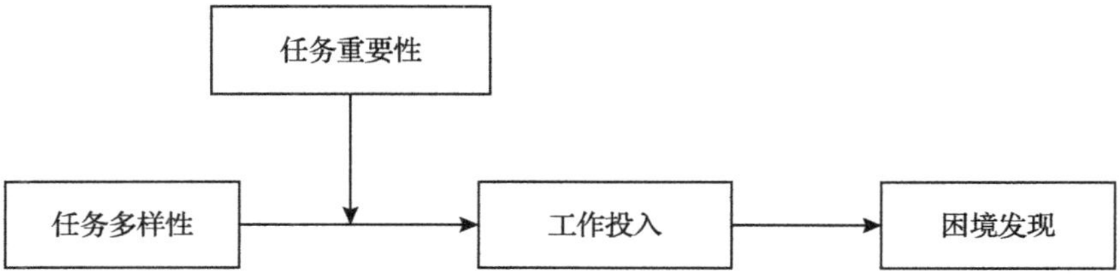

图 3.5　任务多样性影响助人决策过程的概念模型

3.4.4 绩效薪酬对工作场所助人决策影响机制概念模型

一般来说，组织最大的运营成本是员工薪酬，一个组织的成功不仅取决于这种成本的大小，还取决于它的投资回报（Gerhart et al.，2009）。绩效薪酬政策不同，其投资回报也不同，因而合适的绩效薪酬战略对组织至关重要（Gerhart et al.，2009）。尽管有证据表明个体绩效薪酬能够促进个人的任务绩效（Gerhart，2017），然而个体绩效薪酬只奖励角色内的行为，而对角色外的帮助行为很少有激励作用。根据期望理论（Vroom，1964），员工可能丧失参与期望结果无关的帮助行为的动力。已有研究也发现，个体绩效薪酬可能抑制员工之间的帮助行为（He et al.，2020）。鉴于帮助行为被认为在组织成功中扮演着非常重要的角色，最终抑制这种帮助行为的个体薪酬体系可能对组织效率产生极大的负面影响（He et al.，2020）。

团队绩效薪酬就是为了克服个人绩效薪酬只关注自身结果的薪酬模式。团队绩效薪酬将团队结果与个人绩效联系起来，研究也证实团队绩效薪酬鼓励员工互助（Nyberg et al.，2018）。但已有研究主要关注的是团队绩效薪酬对团队内部绩效，如团队的生产率、财务指标、团队内员工协助等的促进作用，忽略了团队绩效薪酬对团队以外结果的关注。且以往对团队绩效薪酬与助人决策的研究是将助人视为一种瞬时行为，没有从过程视角审视团队绩效薪酬与助人决策之间的关系。因而，研究四基于动态心理契约理论，将工作场所助人决策过程模型嵌入团队绩效管理情境，探讨团队绩效薪酬对团队内和团队外助人决策的影响机制。

一方面，团队绩效薪酬能提升团队内部的凝聚力（Nyberg et al.，2018），因而更能增强团队成员的归属感。归属感使团队成员与团队的联系紧密，促使团队成员与团队之间形成特定的心理契约。该心理契约是关于团队成员责任和团队薪酬承诺的交换过程，该过程使团队成员将帮助团队内成员当成自己的责任，而认为对团队外成员的帮助责任不大。总之，团队绩效薪酬政策能通过增强员工对团队成员的助人责任而最终增加对团队内成员的帮助。团队绩效薪酬也能通过降低员工对团队外成员的助人责任而最终减少对团队外成员的帮助。

另一方面，团队绩效薪酬与团队内员工个人的薪酬高度相关。团队获得的绩效薪酬越高，分配给团队内个人的薪酬越高。因而，帮助团队内其他成员提升绩效，也就相当于帮助团队提升绩效，并最终使自己受益。相反，帮助团队外成员提升绩效，就可能增强其他团队的竞争力，而使自己所在的团队利益受损，并最终使自己的利益受损。因而，团队绩效薪酬能够通过激发更多的团队利益导向而帮助团队内成员，也能通过抑制更多的组织利益导向而减少对团队外成员的帮助。

组织认同是指员工将自己视为组织成员的程度，以及他们在多大程度上体验到与组织的一体感，包括对其价值观、文化、目标等的认同。组织认同对员工和组织都非常重要。研究显示，当员工认同其组织时，他们往往表现出更高水平的工作绩效，更有可能帮助同事（McDonald et al.，2018）。一方面，组织认同可能通过增强员工对组织成员的帮助责任而提升对团队内成员的帮助，或者缓解员工对团队外成员帮助减少的行为。另一方面，组织认同也可能通过增加员工对组织利益的关注而提升对团队内成员的帮助，或者缓解员工对团队外成员帮助减少的行为。

综上所述，研究四基于动态心理契约理论，从助人决策过程的视角，探讨团队绩效薪酬对团队内和团队外助人决策过程的影响机制。揭示助人责任和利益导向在团队绩效薪酬和团队内和团队外助人决策中的中介机制，并进一步验证组织认同在其中的调节作用。研究四的概念模型见图 3.6。该模型通过探讨助人责任和利益导向的中介作用，揭示了工作场所助人决策过程模型的确认责任和反思调整过程是如何在团队绩效薪酬与助人决策过程中发挥作用的。

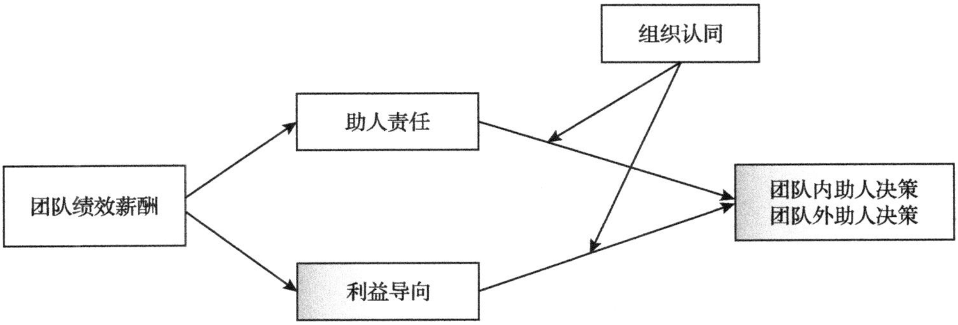

图 3.6 团队绩效薪酬影响助人决策过程的概念模型

3.5 本章小结

本章从心理契约相关概念、心理契约动态性研究回顾、动态心理契约理论，以及心理契约和助人过程的内在逻辑关系等四个方面回顾了本书的相关理论基础。心理契约和助人决策过程具有很大的相似性，且动态心理契约又能够很好地刻画工作场所助人决策过程模型，因而本书将以动态心理契约理论作为揭示助人决策过程的理论基础。在此基础上，提出了本书的概念模型和研究框架。第四章到第七章，将分别从构建工作场所助人决策过程模型（研究一）、工作场所助人决策交互反思调整过程（研究二）、人力资源管理政策对工作场所助人决策过程的影响机制（研究三和研究四）展开四项研究。

4 研究一：工作场所助人决策过程模型构建

4.1 问题提出

组织成员经常通过帮助他人和接受他人帮助而与他人进行社会互动（Lee et al.，2019），成员之间的相互帮助越普遍，越能降低组织的运作成本，提升组织绩效（Bolino & Grant，2016）。学者也注意到工作中协作和社会支持的重要性（Thompson & Bolino，2018）。已有研究将理解和解释个人为什么会帮助他人，助人后会给施助者或者受助者带来的好处（Bolino & Grant，2016）或坏处（Gray et al.，2019）作为帮助领域的研究重点，而对施助和受助双方的互助决策过程及决策机制的研究明显不足，这种不足不利于我们更深入地理解组织中互助决策的完整过程及其运行机制。助人决策过程是指个体针对求助者所面临的困境，开发、选择、实施相应的方案，进而帮助求助者有效应对其困境的过程（杨建锋等，2022）。在以往的研究中，仅有针对旁观者是否见义勇为的旁观者介入决策模型（Darley & Latané，1970）关注到了助人决策的过程性。旁观者介入决策模型将助人决策过程分为发现他人遇到困难、意识到他人需要帮助、意识到自己有责任帮助他人、决定向他人提供什么类型的帮助以及实施助人行为等五个阶段（Darley & Latané，1970）。该模型很好地将助人决策的过程性展现出来，但由于模型是研究向陌生人提供帮助的过程，因而不可避免地忽视了熟人间助人过程的多轮次互动（杨建锋等，2022）和亲社会投资属性（Halbesleben & Wheeler，2015）。

组织中的助人决策过程不仅包括助人行为，还同时包括助人行为发生前的准备过程，以及助人发生后的调整等过程（杨建锋等，2022）。旁观者介入决策模型刻画了助人行为发生前的准备阶段（发现他人遇到困难、意识到他人需要帮助、意识到自己有责任帮助他人、决定自己向他人提供什么类型的帮助）和助人行为阶段（实施助人行为），却没有关注助人行为发生后的调整过程。这是由于旁观者介入决策模型是描述给陌生人提供帮助的过程，由于帮助受助双方在助人过程完成后往往没有机会再进行社会互动，因而很少存在助人行为发生后的调整过程。与对陌生人的助人过程不同，组织中的助人往往是同事、同学、朋友等熟人之间的互动过程，包含帮助受助双方之间助人行为发生前的利益权衡、实施助人行为以及助人行为发生后的反思调整等过程。事实上，助人不仅具有利他性（Organ，1990），也具有利己性（Guinote et al.，2015），因此我们将工作场所助人决策理解为一种亲社会风险投资过程（杨建锋等，2022）。由于动态心理契约（Rousseau et al.，2018）能够很好地刻画帮助受助双方多轮次的互动和反思调整过程，因而本研究整合动态心理契约理论和旁观者介入决策模型，拟通过对企业员工的深度访谈，在访谈文本的基础上采用关键事件法收集整理工作场所帮助事件，运用内容分析法分析帮助事件文本构建工作场所助人决策过程模型。

4.2 理论基础与命题提出

4.2.1 助人决策过程的旁观者介入决策模型

旁观者介入决策模型（Bystander Intervention Model）是心理学领域中用于解释人们在紧急情况下是否介入并提供帮助的理论。该模型最早由 Latané 和 Darley 在 1968 年提出，用以解释为什么在某些情况下，尽管有很多旁观者在场，但可能没有人提供帮助（Latane & Darley，1968）。下面具体阐述旁观者介入决策模型的五个阶段。

第一阶段察觉，注意到有问题。这是介入过程的第一步，旁观者需要注意到发生了紧急情况。然而，如果没有人注意到困境事件，那么后续的助人行为就不会发生。注意的程度可能受环境条件、个体认知资源和个人兴趣等因素的影响。例如，焦虑导致的个体认知资源消耗，抑制了员工的助人行为

（Calderwood et al.，2018）。第二阶段理解，将事件定义为紧急情况。在注意到事件后，旁观者会试图解释发生的情况，是否将事件定义为紧急情况，并判断他人是否需要帮助。这个解释可能受社会文化因素和环境因素的影响。如果旁观者错误地将事件解释为无害的，他们可能不会采取行动。第三阶段责任，决定个人责任的程度。在解释事件后，旁观者需要认识到自己有责任采取行动来提供帮助。这可能受群体大小、群体匿名性以及其他旁观者是否已经采取行动等因素的影响。在有很多旁观者的情况下，每个人可能认为其他人会采取行动，从而导致责任分担的减少。第四阶段判断，确定具体的帮助方式。一旦旁观者认识到自己有责任，他们会考虑用什么方式来提供有效的帮助。他们可能评估自己的技能、资源和知识，来决定采取何种适当的行动。第五阶段行动，实施助人行动。他们会采取实际行动来提供帮助。这可能包括直接介入紧急情况，寻求其他人的帮助，或者报告事件给相关的机构等形式。

旁观者介入决策模型解释了为什么有时在紧急情况下，尽管有很多旁观者，但可能没有人采取行动来提供帮助。因为在不同阶段，旁观者可能受到社会压力、责任分散等因素的影响，导致他们不采取行动。一旦上述五个阶段的任何一个阶段受阻，都可能导致旁观者不采取助人行为，旁观者介入决策模型有助于我们理解人们在不同情境下的助人行为和不助人行为的表现。Darley 和 Latané 还发现情境比人格对助人决策影响更大（Darley & Latané，1970）。

4.2.2 工作场所助人决策中的动态心理契约

同事之间存在着频繁的交往史以及潜在的未来交往机会。员工在进行助人决策这种社会性风险投资决策时会表现出很强的长期计划性（Dovidio et al.，2006），以确保自己所进行的助人这种社会性风险投资具有长期的安全性和适当的获利性。当然，受助者其实也希望能够确保自己可以得到切实有效的帮助，并且不会因为受到帮助而需要对施助者做出过分的回报。因此，在助人决策过程当中，施助受助双方都有动机去构建一套能约束双方行为，从而使得双方满意的动态心理契约。

施助受助双方在互动中，难以甚至不可能去写下纸面上的契约。尽管个体在助人时有成本预算和收益期望（Dovidio et al.，2006），但是社会规范并不赞赏个体在助人时直接告知对方，也不鼓励以文字形式要求对方确认。但即使未被告知，受助者往往也会有亏欠感或感恩，从而产生报答施助者的愿望（Lee & Duffy，2019），否则会感到对不起施助者。因此，心理契约这个经常被用来解释员工与雇主之间不成文社会契约关系的概念，可以非常好地刻画员工之间包括互助在内的互动关系。

动态心理契约理论是传统心理契约理论的升级版，该理论在传统心理契约理论的基础上强调了心理契约在契约双方互动过程中的动态性和可变化性（Rousseau et al.，2018）。根据动态心理契约理论，心理契约会由于主动或被动的原因，在形成和发展的过程中表现出创建、维护、重新协商、修复四个不同的阶段（Rousseau et al.，2018）。助人决策过程其实也涉及了施助受助双方在特定情境下针对帮助行为的心理契约签订、维护和动态调整的过程。员工关注到周边同事遭遇困境后，可能开始探索与该同事建立关于帮助的心理契约的可能性和必要性，如果确认了签订该心理契约的可能性和必要性，则可能开始构建和实施帮助行为，接着员工对自己和受助者履行该心理契约的情况进行追踪，以确认双方是否切实履行了该契约以及双方对该心理契约是否满意。如果双方都能履行并且对该心理契约表示满意，那么就继续维持该心理契约，否则就要反思自己的行为并对该心理契约进行调整、终止或修复（杨建锋等，2022）。

4.2.3 工作场所助人决策过程模型构建

动态心理契约理论能很好地刻画以往助人决策过程模型中所缺乏的关于双方多轮次的互动和反馈过程。因此研究一基于动态心理契约理论（Rousseau et al.，2018），在旁观者介入决策模型的基础上（Darley & Latané，1970），构建组织中助人决策过程模型。旁观者介入决策模型认为助人决策包括觉察、理解、责任、判断和行动等五个阶段，每个阶段都可能影响个体是否做出助人行为。该模型从过程的角度重新看待助人决策，为我们完整认识助人决策过程提供了帮助。但是鉴于该模型忽视了上文所述的关键问题：在助人过程中，员工会在考虑成本收益平衡的基础上，进行多轮次的互动和反馈（Dovidio et al.，2006）。员工之间的帮助，短期不一定需要回报，但长期会期待得到特定利益（如感激、自尊等），否则帮助将难以为继（Lanaj & Jennings，2020）。个体实施助人行为之后，会寻求相应的反馈，以确认自己的助人行为在多大程度上帮他人脱离了困境，他人在多大程度上回报了自己或组织，以及结果在多大程度上符合自己预期，并基于反馈信息来调整自己的助人行为，以求实现收益最大化、成本最小化。因而，本研究整合动态心理契约理论和旁观者介入决策模型提出了工作场所助人决策过程模型。工作场所助人决策过程模型具体内容如下。

第一步，发现困境。个体首先需要发现周边同事遇到困境。这是助人决策的起点，更是做出助人行为的基础。发现他人困境阶段是一种主动帮助决策过程。主动帮助是在受助者并没有表示需要时就提供的帮助；受助者表示需要时提供的帮助称为“被动帮助”（Lee & Duffy，2019）。一般来说，被动帮助不需要施助者耗费认知资源来发现他人是否处于困境，因而被动帮助可能不包括发现困境阶段。能否发现他人困境的内在原因主要有两点：第一，个体是否保持了一定水平的认知资源；第二，个体的注意焦点是否放在潜在受助者身上。一旦个体的认知损耗过多（Ruci et al.，2018），或者由于各种原因而没有将注意焦点放在潜在受助者身上（Kogut et al.，2015），则会导致识别他人困境能力的下降，从而影响后续的助人行为。

第二步，解释困境。分析他人所处的困境，判断当事人是否无法自己解决并急需帮助等。施助者发现他人处于困境后，至少会从两个方面判断他人是否需要帮助：一是潜在受助者是否有能力摆脱困境；二是潜在受助者是否有时间摆脱困境。一般来说，人们通常倾向于向没有能力摆脱困境的弱者提供帮助（Burnstein et al.，1994），帮助弱小也是社会的行为准则；而对那些能够依靠自身实力但缺乏时间摆脱困境的人，个体也可能基于互惠原则将其视为需要帮助的人。但是，是否将个体的困境视为需要帮助的信号，还要受到特定文化环境的影响（Perlow & Weeks，2002）。此外，由于很难感知他人的需求，在最初的互动或新的关系中人们难以提供主动帮助（Human et al.，2018）。因此，如何解释当事人所处的困境不仅决定着施助者是否提供帮助，也在很大程度上影响帮助的效果。

第三步，确认责任。根据所在组织和部门的规范、他人口碑、双方关系、交往历史、困境归因，以及有无他人在场等因素，确认自己有没有以及有多少责任去帮同事脱离困境（Dovidio et al.，2006）。影响到个体对自己是否有责任以及有多大责任伸出援手的因素主要包括组织特征、困境归因、求助者特征以及旁观者数量等方面。在组织特征方面，那些强调集体主义（Choi，2009）、形成了互助惯例（Grodal et al.，2015）、具有高凝聚力（Koopman et al.，2016）的组织，通常能够促使员工强烈意识到自己有责任帮助处于困境当中的同事。在困境归因方面，如果个体认为求助者所面临的困境是求助者自己造成，而不是由不可控的外力导致的，施助者就会倾向于认为自己没有责任去帮助求助者。比如，个体更愿意把课堂笔记借给一个眼睛有问题的同学，而不愿意借给一个旷课去海滩玩耍的同学（Weiner，1996）。在求助者特征方面，个体会因为对互惠性规范的遵守，而认为自己对之前帮助过自己的人具有帮助的责任（Lee et al.，2019）。最后，旁观者的人数会在很大程度上影响个体对自己是否提供帮助的责任认知，随着旁观者人数的增加，个体会感到落在自己身上的责任越来越小（Latane & Darley，1968）。

第四步，构思策略。当明确自己有责任助人时，施助者开始回答四个方面的问题：是否帮助、帮助多少、提供什么帮助，以及在什么情境下帮助。施助者会考察受助者接受帮助的反馈及回报，以及双方的地位和差距，从而选择不同的帮助策略。根据帮助目的的不同，帮助策略可以分为自主性帮助策略和依赖性帮助策略。自主性帮助是指提供给受助者独立解决问题所需的工具或方法（周天爽等，2018），通过帮助受助者提升能力和获取更多知识来解决受助者的问题（Bamberger & Levi，2009）。而依赖性帮助是指为受助者提供解决问题的全部答案，直接帮助受助者解决相关问题（周天爽等，2018）。长期来看，自主性帮助能够减少施助者和受助者之间的差距，依赖性帮助则会保持甚至扩大这一差距（Nadler，2020）。由于父权主义者既希望保持自己的优势地位，又想保护弱势群体，因此倾向于向他人提供依赖性帮助而非自主性帮助（Becker et al.，2019）。但如果帮助者希望提升自己的领导力水平，在非紧急情况下，提供自主性帮助给需要帮助的人会增加对方对帮助者领导力的支持（Chernyak-Hai et al.，2023）。

第五步，实施助人。继续深入分析受助者所处困境以及双方所处情境，为实时调整自己的助人决策提供信息。在实施助人阶段，施受双方契约构建完成，进入契约维持的阶段。施受双方可能不会一次全部过渡到保持阶段，而是在创建和保持阶段之间有些重叠。个体会基于成本收益权衡而对双方的契约条款进行评估，在不会导致双方情绪高水平激活的情况下，对契约内容进行小幅调整（Rousseau et al.，2018）；一旦由于双方契约内容差异过大，导致双方或一方积极或消极情绪的高水平激活，双方就会进入契约的反思调整阶段。

第六步，反思调整。在助人过程中，个体会持续学习，主动收集行为结果，判断自己在多大程度上帮助他人脱离了困境，他人在多大程度上回报了自己或组织，以及结果在多大程度上符合自己预期；如果受助者的回报与施助者的预期差异过大，激活了施助者的高强度情绪反应，就会造成双方的心理契约破裂，并进一步促使双方进入契约重新协商阶段或契约修复阶段（杨建锋等，2022）。总的来讲，施助者会基于反馈信息来调整自己的助人行为，以求实现收益最大化、成本最小化。

以上所述六个阶段并不具有线性的时间先后顺序，而是循环往复的；任何一个阶段受阻都有可能导致契约破裂，进而导致助人决策过程的中断。基于此，本研究提出如下命题。

命题 1：工作场所助人决策是一个包括发现困境、解释困境、确认责任、构思策略、实施助人、反思调整等六个阶段的社会性风险投资决策过程。

4.3 研究方法

4.3.1 内容分析法介绍

内容分析法是对文本、图像、音频或其他媒体的内容进行客观、系统和定量描述的研究方法，以了解其中的模式、趋势、含义、分类和关系等。内容分析的对象虽然是质化的文本或图形，但编码阶段依然是定量分析，因为主流的内容分析在编码阶段还是以计算为核心，要求编码者在特定的框架下，客观地对内容进行编码。内容分析法将非结构化或半结构化的数据转化为可量化和可理解的信息，该方法集定性与定量研究于一身的特点，能弥补传统管理定量研究很少照顾到内容细节和社会情境的劣势（徐文娟和史兴松，2020）。在内容分析过程中，需要按照预先制定的分析类目表格进行判断和记录内容出现的客观事实，并根据客观事实做出分析描述，对信息内容加以归类统计，并根据类别项目的统计数字，做出叙述性的说明。它不仅是资料的收集方法，也是一种独立、完整的专门研究方法。内容分析法通常包括六个步骤。

第一步，定义研究目标和研究问题。研究人员明确定义他们想要研究的内容和问题，以确保研究有明确的方向和目标。

第二步，确定分析对象。选择适当的媒体和样本以收集数据，数据可以来自书籍、文章、报告、社交媒体帖子、图像、音频等，也可以是研究人员通过访谈收集的一手数据，这主要取决于研究问题和研究方法。

第三步，数据收集。可以通过手动记录信息、抓取在线内容、采访或其他方法来实现。

第四步，数据编码和分类。研究人员将数据分成不同的类别、主题或标签，通过计算编者间信度制定一套分类规则或编码体系，以便进一步分析。

第五步，数据分析。使用统计、定性或定量方法分析数据，以发现模式、趋势和含义等。这可能包括频率分析、主题分析、情感分析等。

第六步，解释和报告结果。将分析结果解释为对研究问题的回答，并将结果报告给利益相关者，以便做出决策或开展进一步的研究。内容分析法可以应用于各种领域，包括市场研究、舆情分析、政策分析、媒体研究等。它允许研究人员深入挖掘和理解大量信息中的关键因素，并用于支持决策制定、政策评估、市场战略制定等。

内容分析法与其他的定性研究方法如主题分析、文本分析等有很大的不同。主题分析和文本分析等其他定性方法主要基于归纳的范式，而内容分析主要是基于理论演绎的一种研究范式。在内容分析之前需要基于一定的理论提出研究问题和类目，而不是像主题分析那样在分析之前是基于专家自身经验和对世界的理解，做出对数据的解构，从而构建新主题或理论。鉴于本研究基于动态心理契约理论和旁观者介入决策模型提出了“工作场所助人决策是一个包括发现困境、解释困境、确认责任、构思策略、实施助人、反思调整等六个阶段的社会性风险投资决策过程”的命题，因而比较适合采用内容分析法对研究命题进行进一步的验证。

4.3.2 样本与数据收集

笔者先后分两次对67位企业员工进行了深度访谈。第一次通过亲朋好友介绍，共联系了30位企业人员接受访谈，并最终成功面对面访谈了27位企业人员在工作中的帮助事件，包括是否给同事提供帮助、是否接受了同事的帮助、是否遇到过给同事提供了帮助后，别人不领情的帮助事件等，具体访谈提纲详见附录1。第二次通过电话访谈了40位企业员工在工作中的帮助事件，包括给同事提供的帮助事件、拒绝给同事提供的帮助事件和本来觉得应该帮助却忽视了别人需要的帮助等，具体访谈提纲详见附录2。面对面访谈员工时，每位访谈者平均用时30分钟左右，对每位电话访谈人员平均访谈了10分钟左右。得到被访者的同意后，笔者全程录音访谈内容，之后用讯飞语音将录音资料转换成文字，共得到文本研究约23万字。

帮助行为一般可以被视为一种事件，因而笔者使用关键事件法从访谈文本中抽取出帮助事件。助人过程的六个阶段，由于无论哪个阶段受阻，都导致帮助事件次数的减少或者帮助过程终止，因此，笔者进行了两次内容不同的深度访谈，不仅深入了解了帮助行为的发生，也考虑了助人后助人者的反应和受助者的反应。具体来说，笔者在第一次和第二次访谈时分别对受访者提出以下问题："在工作中，您遇到印象比较深的困难或挑战有哪些？这期间您得到过帮助吗？请具体说说""别人在工作或生活中遇到了困难，您会伸出援助之手吗？请举几个例子""您遇到过帮助了别人之后，别人不领情的情况吗？请举几个例子""在和您的同事交往的时候，您有帮助过您的同事吗？能举例说说吗？""您有没有拒绝过给您的同事提供帮助呢？能谈谈当时的情形吗？""有没有您认为应该帮助他，却由于各种原因被您忽视了的情况？能谈谈具体的过程吗？"

根据这些提问，笔者将帮助事件总结为四大类：帮助事件、拒绝帮助事件、被忽视的本应该发生的帮助事件、受助者不领情的帮助事件。笔者从约23万字的访谈文本中，用关键事件法提取关键帮助事件，在删除了非工作场所帮助事件和非帮助事件后，共获得52位被访者的106个工作场所关键帮助事件。其中，帮助事件52个，拒绝帮助事件30个，被忽视的本应该发生的帮助事件16个和受助者不领情的帮助事件8个。52位被访者中有男性21名，女性31名；一般员工39名，中层管理者8名，高层管理者5名。被访者的职业有销售人员、酒店厨师、财务主管、企业运营策划、公司会计、一般行政人员、研发人员、工程测绘人员、汽车修理工、销售主管、服装设计和营销、自媒体经纪人、市场总监、平面设计师、技术工程师、程序员、医生、护士、军人、总经理、生产总监、电信部门总监等，具体参见附录3。

4.3.3 编码簿的编制

本研究采用内容分析法对106个关键帮助事件进行分析。整合动态心理契约理论和旁观者介入决策模型，结合命题1将工作场所助人决策过程分为发现困境、解释困境、确认责任、构思策略、实施助人、反思调整六个阶段，这六个阶段也成为内容分析的类目，因而笔者编制了基于工作场所助人决策过程模型构建的编码簿（具体见表4.1）。

发现困境是指发现周边同事处于困境，或者由于没有发现同事当前处于困境，而忽视给同事提供帮助。不包括求助者请求帮助后，帮助者提供的被动帮助。例如，“另外一个小伙子看出我这个问题来了，赶紧跑过来说你去跑片，我来给你架这个机器”。

解释困境是指分析他人所处的困境，并判断他人是否没有能力或者没有时间自己解决问题，并急需帮助。这个过程强调三点，即是否没有能力、是否没有时间、是否急需帮助。例如，“我单位有个同事年龄比较大，一直不太会用Excel，每次涉及汇总表格，她都让我弄”。

确认责任是指自己有没有责任、有多少责任去帮助同事脱离困境。一方面是感觉自己有责任帮助同事，例如，“有很多新来的员工啊我们要给予他心态上面、工作上面的知识与心理上的辅导，那都是我们作为老员工应该做的。比如有的时候在专业知识这一块他不懂，我们要给他巩固学习。比如在接待过程接待顾客的过程当中它肯定有很多技巧他掌握不了，我也会给他进行的一个学习，这都是我们应该做的，协助他的工作那都是应该要做的”。另一方面，感觉自己没有那么多责任提供帮助，例如“我觉得明明这是他自己的事情，我只是在帮他做，但是他就是一副那种命令我的口气，好像我必须帮他做，我觉得我没有这种义务，我帮你是情分，不帮你是本分。他说话其实就口气什么的，觉得他是我的上司，还在指挥我必须去做这件事情。我听完之后立马就说，我上个厕所走了”。

构思策略是指自己准备以什么方式、提供多少，以及在什么情境下提供帮助。例如，“我们的那些经理还是给我鼓励，没有说我在做错了什么的，他还是会相信鼓励我。老大很有耐心，没关系，慢慢地就会越来越熟练了。他就给我慢慢地很细心地帮我修改，他会帮我修改，包括错别字，包括会议的内容”。

实施助人是指帮助他人的行动。例如“帮她们泡泡咖啡，泡泡茶，打印文件，提提建议这样的小忙”。

反思调整是指在助人行为发生后，进行利益权衡，判断自己在多大程度上帮助他人脱离了困境，他人在多大程度上回报了自己或组织，以及结果在多大程度上符合自己预期，为自己后续行动提供信息。例如，对于拒绝帮助的反思调整“对于一些同事，他在我提供了多次帮助的情况下，他依旧会犯一些很基础错误的时候，因为他没有对自己做一个自我批评和反思，一直在犯很低级的错误，当他再次请求我帮助的时候，那这个时候我就会拒绝，他应该进行自我反思”。又如，对帮助同事的反思调整“在职场生活中帮助别人就等于帮助我们自己，因为一件事情需要许多人完成会做得更好，况且你也少不了需要别人帮助的时候，所以说同事之间互相帮助还是挺好的，还可以增加同事之间的感情，这是一件一举两得的事”。

表 4.1　工作场所助人决策过程模型构建编码簿

类目	类目描述	例子
发现困境	发现周边同事处于困境	我这个工作搞不定，这个电影没办法放映，下一个厂人家还来跑片要拿走了，分分钟都不能停。急得我怎么办呢？哭鼻子架不上去，这是最大的一个困难。这个时候我觉得帮助我的人就是我们这三个人的团队，另外一个小伙子看出我这个问题来了，赶紧跑过来说你去跑片，我来给你架这个机器

续表

类目	类目描述	例子
解释困境	分析他人所处的困境，判断当事人是否没有能力或者没有时间自己解决，并急需帮助	我单位有个同事年龄比较大，一直不太会用Excel，每次涉及汇总表格，她都让我弄，也很客气。虽然麻烦，但我却一直没有拒绝她，因为她真的是个很好的人，懂得感恩。比如有一次我不舒服，她就给她当医生的女儿打电话，让我直接过去检查
确认责任	确认自己有没有，以及有多少责任去帮同事脱离困境	有一个同事要我帮他写一项科室简介，写了一半的时候，他说你快做好，我发给院长。然后我觉得明明这是他自己的事情，我只是在帮他做，但是他就是一副那种命令我的口气，好像我必须帮他做，我觉得我没有这种义务，我帮你是情分，不帮你是本分。他说话其实就口气什么的，觉得他是我的上司，还在指挥我必须去做这件事情。我听完之后立马就说，我上个厕所走了
构思策略	当明确自己有责任助人时，施助者开始回答三个方面的问题：帮助多少、提供什么帮助，以及在什么情境下帮助	我们的那些经理还是给我鼓励，没有说我在做错了什么的，他还是会相信鼓励我。因为第一次来的，有时候他们开个会要我写会议记录什么的，都说的广东话。刚刚开始在那边打字也是不太会总打错别字，会议记录搞了好多错别字，然后语句又不通顺，然后老大很有耐心，没关系，慢慢地就会越来越熟练了。他就给我慢慢地很细心地修改，包括错别字，包括会议的内容，因为有时候我们听不清，他们沟通都用广东话
实施助人	实施助人行动	帮她们泡泡咖啡，泡泡茶，打印文件，提提建议这样的小忙
反思调整	判断自己在多大程度上帮助他人脱离了困境，他人在多大程度上回报了自己或组织，以及结果在多大程度上符合自己预期，为自己后续行动提供信息	在工作中的话，我也有拒绝过别人的请求，比如对于一些同事，他在我提供了多次帮助的情况下，他依旧会犯一些很基础错误的时候，因为他没有对自己做一个自我批评和反思，一直在犯很低级的错误，当他再次请求我的帮助的时候，那这个时候我就会拒绝，他应该进行自我反思

4.3.4 编码过程

使用表4.1的编码方案，两位对助人决策过程比较熟悉的博士生在阅读了编码方案后，独立地对30%共33个帮助事件进行了编码。如果单个帮助事件包含多个类目（例如，帮助事件中可能反映了助人决策过程的多个阶段），则包含的每个类目都编码为1。编码完成后，两位编码人员对比了编码中的不同，发现两位编码员对发现困境的理解有差异，通过讨论两位编码员建立了统一的编码规则，以避免在词义、类别定义和编码指令中的歧义。应用讨论后的编码规则，两位编码人员独立对33个帮助事件进行了新一轮的编码，并采用网站ReCal：reliability calculation for the masses–Deen Freelon，Ph.D.（dfreelon.org）上的两位编码员编者间信度计算工具（Freelon，2010），计算出编者间信度，如表4.2所示，两个编码员在发现困境、解释困境、确认责任、构思策略、实施助人和反思调整等六个类目中的编者间同意度均大于90%，Scott's Pi、Cohen's kappa和Krippendorff's Alpha等编者间信度均大于0.8，证明编码规则可行。最后，将剩下的帮助事件分成两部分，两位编码员按照调整后的编码规则分别进行编码。

表4.2　六个类目的编者间信度（N=33）

类目	编者间同意度	Scott's Pi	Cohen's kappa	Krippendorff's Alpha
发现困境	90.9%	0.80	0.80	0.80
解释困境	93.9%	0.80	0.80	0.80
确认责任	90.9%	0.81	0.81	0.82
构思策略	100%	1	1	1
实施助人	97%	0.94	0.94	0.94
反思调整	97%	0.94	0.94	0.94

4.4 研究结果

4.4.1 假设检验

如表4.3所示，内容分析法对106个帮助事件的分析发现，106个帮助事件中包含了发现困境阶段的帮助事件有 19 个，占所有事件的 17.92%；包含了解释困境阶段的帮助事件有 55 个，占所有事件的 51.89%；包含了确认责任阶段的有 45 个，占所有事件的 42.45%；包含了构思策略阶段的有 26 个，占所有事件的 24.53%；包含了实施助人阶段的有 53 个，占所有事件的 50%；包含了反思调整阶段的有 51 个，占所有事件的 48.11%（1 个帮助事件可能存在多个阶段，106 个帮助事件中共包含 249 个阶段）。这说明工作场所帮助行为大多数是他人求助后的帮助，发现同事处于困境并主动提供帮助的事件并不是很多，仅有 17.92% 的帮助事件反映了发现困境阶段。主动提供帮助有可能无法洞察他人的需求，而提供了他人不需要的帮助（例如，86 号帮助事件），或者在帮助方式上让受助者感到不舒服（例如，82 号帮助事件），就可能产生帮助他人后，他人不领情的结果，因而大多数员工会在后期减少主动帮助，以维护自己的亲社会投资利益。大多数帮助事件同时包含了助人决策的几个阶段，如：83 号事件包含了发现困境、解释困境、确认责任、构思策略、实施助人和反思调整等六个阶段；2 号事件包含了解释困境和确认责任等两个阶段。在 30 个拒绝帮助事件中，有 19 个事件是个体不认为是他的帮助责任，15 个事件是个体不认为对方遇到了需要他人帮助的困境，12 个事件是个体在反思调整时认为未达到预期，这也表明助人决策六个阶段中只要一个阶段受阻，就可能使助人事件终止。总之，内容分析法对 106 个关键帮助事件的分析结果表明，工作场所助人决策过程包括发现困境、解释困境、确认责任、构思策略、实施助人和反思调整等六个阶段，命题 1 得到部分验证。

表 4.3　助人决策过程模型构建分析结果（N=106）

变量	性别		帮助事件类型				合计
	男	女	1	2	3	4	
发现困境	5	14	13	1	3	2	19
解释困境	23	32	28	15	8	4	55
确认责任	23	22	14	19	9	3	45
构思策略	13	13	16	2	0	8	26
实施助人	20	33	42	5	0	6	53

续表

变量	性别		帮助事件类型				合计
	男	女	1	2	3	4	
反思调整	17	34	32	12	4	3	51
合计	101	148	145	54	24	26	249

注：事件类型中，“1”代表帮助事件，“2”代表拒绝帮助事件，“3”代表忽视了别人需要帮助的事件，“4”帮助他人后他人不领情的事件。

在反思调整阶段，员工在帮助他人时都会进行利益权衡，体现了助人决策过程的社会性风险投资属性。如表4.4所示，笔者列举了12个包含反思调整阶段的帮助事件，这些帮助事件都包含了帮助后的利弊分析和权衡。员工可能因为帮助同事有利于和同事关系融洽（4、23、39号帮助事件）、工作更默契（4号帮助事件）、让自己学得更多（4号帮助事件）、在未来可能也需要其他同事的帮助（7号帮助事件）、心情愉快（7、15号帮助事件）、互惠交换（7、15、23、39号帮助事件）等帮助他人；也可能由于无法达到预期目标（11号帮助事件）、怕把事情办砸（24号帮助事件）、对方人品不好（69号帮助事件）、对方不懂得感恩（15、23、69号帮助事件）、对方不能在帮助下成长（42、69号帮助事件）等选择拒绝帮助他人。这些都体现了助人决策过程不仅是一个利他的过程，也具有一定的利己性，因而助人决策过程也可以被认为是一个社会性风险投资过程。结合前面已经论证的助人决策过程的六个阶段，命题1得到验证，即工作场所助人决策是一个包括发现困境、解释困境、确认责任、构思策略、实施助人和反思调整等六个阶段的社会性风险投资过程。

表4.4 反思调整阶段社会性风险投资属性举例

关键事件编号	社会性风险投资属性点
4号帮助事件	同事之间这样互相帮助，也有助于同事关系更加融洽，工作起来也会更默契，也能让自己学到更多
7号帮助事件	大家都是同事嘛，谁都有困难的时候，人家也是新手，刚进来有点不适应周围的环境，还有一些技术上的问题，我也帮他解决，再加上我们酒店厨师之间的那种氛围也是非常好，大家都是乐于助人呢，然后我也受这方面的影响，也是遇到这种事情我也会帮助的

续表

关键事件编号	社会性风险投资属性点
11号帮助事件	但是这个顾客我们知道他是不购买的，就是只是来看看而已，然后我有一个同事就接待了很久啊，没有搞定，叫我去帮忙，然后我说这个顾客我知道他是不会买的，所以我就没有去帮助他
15号帮助事件	我就转3000块钱给他，帮他了。我觉得当时帮完了以后，我还在想，我说3000块钱借出去会不会回不来了，结果两个月以后就回来了。在这件事情上，我就永远地就被他记在了脑子里，只要我这边有什么事情，他只要看到或者听到风吹草动，他都会盯着时间站出来帮我。有时候我也在想说去帮助一个人，当你去帮助他的时候，你就会感觉到特别的快乐。那么被帮助的这个人，我觉得他可能也会觉得特别的幸福
23号帮助事件	我单位有个同事年龄比较大，一直不太会用Excel，每次涉及汇总表格，她都让我弄，也很客气。虽然麻烦，但我却一直没有拒绝她，因为她真的是个很好的人，懂得感恩，比如有一次我不舒服，她就给当医生的女儿打电话，让我直接过去检查，还千叮万嘱，让她女儿多操心
24号帮助事件	我们搞大型活动时，有重要领导出席，当时机关有规定，新闻报道需要经过相关领导批示。当时负责这个工作的同事临时有事，请我帮他负责联络记者和有关部门。但是由于我对流程不熟悉，又是第一次和记者打交道，在没有征得相关领导的同意下，把新闻稿直接发给了记者，第二天就发表了。结果是，我们的直属领导、我同事、我，三个人通通受批评，因为把关不严，措辞不当、影响不好。这个忙，帮得着实不妥。领导不高兴，同事有怨言，自己受委屈。所以之后遇到这种需要担当重大责任的忙时，表示无能为力
39号帮助事件	我同事他是在谈业务的时候和客户起了冲突，因为我当时和那个客户关系还比较好，我就去帮他调解了一下。我帮他调解了之后，我俩的关系变好了很多，彼此也会经常互相帮助
42号帮助事件	当我接洽回来一个项目的时候，同事他不知道怎么去做，作为这个项目负责人的话，肯定是要教他这个项目怎么做的思路方案以及解决办法，要告诉他怎么做。如果说这样的同事他愿意来听我讲，第一够努力，第二他够听话，第三他愿意学习，那这样的同事是值得去帮忙的

续表

关键事件编号	社会性风险投资属性点
46号帮助事件	当时公司内部有一个评比，这个评比有关升职加薪，甚至后续的工作和资源分配。当时是要提交一份很重要的材料上去给主管。有个同事在快提交的时候说，她觉得没弄好，能不能把我的给她看一下。我经过了一番心理斗争，就拒绝了她。毕竟有关以后的工作，在这个评比里我们还是竞争关系，不想因为这个影响自己的工作
64号帮助事件	同事嘛，大家都在同一个岗位上，我帮助他，他也会帮助我，我也不是全能的，我也会有需要别人帮助的时候，我觉得这个帮助是互相的。当然我帮助别人也不是为了日后别人能够帮助我，我们施以善意别人也会施以善意给我们，包括日常还是要维护关系的，当然有余力的时候，互相帮助，有来有往嘛，帮不了的时候还是会拒绝的
66号帮助事件	平时大家都会互相体谅，像代个班之类的小事如果不是有事情我一般都不会拒绝，大家都不容易，我也会有需要麻烦别人的时候，这也是一种人际交往的方式，一般时候别人都会找我请我吃顿饭之类的。那个家里老人住院的同事，我后面又帮他代了几个班，他还说等他家里人好点了没那么忙了，要请我吃顿大餐。人就是需要别人帮一把才能过去那个坎，你今天帮了别人，来日你有困难别人也不会冷落你
69号帮助事件	有些人懂得感恩，我可能多给她几次帮助。如果碰到那种不是很感恩的同事，或者帮他一次两次，那第三次的话可能我就会拒绝他了。感恩首先就是我个人认为哈不一定要那个就是说他用行动上来表示感谢我，至少他心理上要知道我是在帮他，他有那种求教的精神，我觉得这种人才值得我去帮助他，我个人是这样认为的。那种不懂得上进也不懂得感恩的人，可能我对他的帮助可能就有限了

注：笔者根据提取的关键事件整理。

4.4.2 结果与讨论

研究一通过对52位企业员工的深度访谈，从访谈文本中抽取出关键帮助事件106个。其中，帮助事件52个，拒绝帮助事件30个，由于忽视而未帮助他人事件16个，帮助他人后他人不领情的帮助事件8个。采用内容分析法对106个关键事件进行分析，验证了工作场所助人决策过程模型，即工作场所助人决策是一个包括发现困境、解释困境、确认责任、构思策略、实施助人和反思调整六个阶段的社会性风险投资过程。这六个阶段分别对应着心理契约签约过程中的发现签约机会、分析签约机会、确认签约必要、构思签约策略、实施签约行为以及调整签约条款等阶段。同时，助人决策的这六个阶段正好对应着动态心理契约理论所关注的四个阶段：发现困境、解释困境和确认责任对应契约创建阶段，构思策略和实施助人对应契约保持阶段，反思调整则对应契约调整阶段（包括契约条款的重新协商和契约修复）（见表 4.5）。

工作场所助人决策过程模型是在动态心理契约理论和旁观者介入决策模型的基础上构建的。该模型不仅验证了旁观者介入决策模型觉察、理解、责任、判断和行动五个阶段，且聚焦于工作场所进一步发展了旁观者介入决策模型，指出工作场所助人决策过程不仅包含上述五个阶段，还大量地包含反思调整过程。反思调整阶段是工作场所助人决策过程模型区别于旁观者介入决策模型的最大之处，在反映反思调整阶段的帮助事件中可以观察到，同事之间的帮助是多轮次的，会进行不断的利益权衡和行为调整，这也反映了施助受助双方的心理契约动态调整以及助人决策的社会性风险投资属性。

表 4.5　助人决策过程与动态心理契约的对应关系

助人决策六阶段	动态心理契约过程	签约过程	旁观者模型
发现困境 解释困境 确认责任	契约创建	发现签约机会 分析签约机会 确认签约必要	发现他人遇到困难 意识到他人需帮助 意识到帮助的责任
构思策略 实施助人	契约保持	构思签约策略 实施签约行为	决定提供什么帮助 实施具体帮助行为
反思调整	契约调整 （重新协商、契约修复）	调整签约条款	——

工作场所助人决策过程模型强调了助人决策过程中的社会性风险投资属性，从而能够有效地避免以往研究过于强调助人决策的利他性，兼顾了助人决策的利他性和利己性（Nadler，2020；张豪和张向前，2020）。以往研究认为，助人决策是一种“利他”决策，强调施助者对受助者的奉献与付出（宋珂等，2018；周文娟等，2013）。然而，施助者往往也存在着利己的动机（Siem & Stürmer，2019），以往那些从社会交换理论的视角考察助人行为发生机制的

研究，其隐含的假设就是助人行为是施助者和受助者双方进行社会交换的过程。施助者的助人行为并非完全不求回报，因此以往研究将助人看作一种单纯的利他主义行为可能是不准确的。

另外，工作场所助人决策过程模型还强调助人决策是一个动态的过程，而非像以往相关研究那样把助人决策当作一个静态的变量进行探讨（Nadler，2020）。助人决策过程模型对助人决策过程进行了展开，这有利于后续研究进一步深入探讨各前因变量对助人决策过程的具体影响模式，从而帮助我们识别这些因素到底对助人决策的哪个阶段产生什么样的具体影响。同时，正是由于本研究揭示了助人决策的过程机制，后续研究也可以在此基础上深入探索各个阶段分别会对哪些后果变量产生怎样的影响。总的来讲，工作场所助人决策过程模型的构建，极大地拓展了助人过程模型的应用范围，将助人领域的研究从聚焦于助人行为及其前因和后果扩展到助人的全过程，从较多地关注施助者或者受助者单方扩展到关注助人过程的双方互动，助人决策过程模型能够提高关于助人决策过程的影响因素及效应研究的细腻度，具有一定的理论贡献和现实意义。

4.5 本章小结

基于工作场所助人决策过程的六个阶段和动态心理契约过程四个阶段的对应关系（见表4.5），本研究从动态心理契约演化的视角将工作场所助人决策过程分为三个契约阶段：即发现困境、解释困境和确认责任对应着契约创建阶段；构思策略和实施助人对应着契约保持阶段；反思调整对应着契约调整阶段，包括契约重新协商和契约修复阶段。

鉴于反思调整是工作场所助人决策过程模型区别于旁观者介入决策模型的最大创新之处，研究二将聚焦于工作场所助人决策过程的反思调整阶段，考虑构思助人策略阶段，深入探讨工作场所助人决策过程中施助受助双方的交互反思调整机制。

5 研究二：工作场所助人决策的交互反思调整机制

5.1 问题提出

既然助人决策是一种社会性风险投资，那势必就有投资的成功或失败。助人对施受双方既可能产生积极影响也可能产生消极影响（Gray et al.，2019；Bolino & Grant，2016）。为确保投资成功，投资者和被投资者之间的契约显得非常重要。如果契约能确保双方及其所属组织得利，投资就可能成功；反之则可能导致各方乃至所属组织的利益受损，出现投资失败。因此，心理契约可能影响施助受助双方的互动（Schein，2009），并最终影响双方社会性风险投资的成败。

组织中助人决策的亲社会投资属性一方面体现在助人决策过程的利益权衡上。施助者在帮助他人时需要时间、精力、情绪甚至是金钱方面的付出，同时施助者也期待受助者未来给予适当的回报（Schein，2009）。因此，施助者更愿意帮助那些未来更可能帮助自己的人（Perlow & Weeks，2002），以获得适当的亲社会投资回报。另外，受助者在决定是否接受他人帮助时也会进行利益权衡。如果施助者提供的帮助对受助者来说是无益的，不仅无法使受助者获得收益，还可能由于接受了帮助而变成一种压力（Gray et al.，2019），这时受助者可能拒绝接受帮助。另一方面，工作场所助人决策的亲社会投资属性还体现在助人决策过程的反思调整上。组织中的互助通常不是一次性的，而是多轮次的。施助受助双方的多轮次互动既给助人过程提供了长期利益权衡的机会，也给施助受助双方提供了反思调整的可能。例如，助人行为发生后，施助者通过主动或被动的方式，确认助人行为是否给受助者及其组织带来了利益，这些利益是否符合受助者及其组织的期待，以及受助者给施助者及其组织是否带来了回报，这些回报是否符合施助者及其组织的期待。之后比较施助者、受助者及其组织的收益与相应的期待，调整自己的助人决策模式，从而最大化自己的社会性风险投资。

心理契约是在组织的情境中形成的个人与其他对象（如员工）之间交换协议的个人信念（Rousseau et al.，2018）。它描述了双方关系中一方希望付出的代价以及从另一方期望得到的回报（Kotter，1973）。笔者将帮助他人的过程看成施助者向受助者发出邀请签订双方心理契约的过程，那么施助者的回报期望和受助者的回报义务就形成双方人际帮助的心理契约。基于动态心理契约理论，施助受助双方的角色并不是固定的，完全可以在互动过程中不断切换。工作场所中的施助者和受助者的角色也可以频繁切换，这其实也就是互相帮助的表现。助人决策过程就是施助者与受助者签订动态心理契约的过程，该过程包括契约签订前的准备阶段、契约签订保持阶段和契约调整阶段。作为心理契约的基础，信任在心理契约的创建、维持以及动态演变的过程中均发挥着非常重要的作用（Robinson et al.，1994；Rousseau et al.，2018），心理契约的本质就是人们在互动过程中形成的关于双方责任义务的信念系统（Rousseau，1995）。只有双方均能够履行各自责任义务的时候，彼此才可能相互信任，心理契约也才能得到维持；反之，双方就不再信任彼此，最终势必导致心理契约破裂（Robinson et al.，1994）。由于助人决策反思调整过程是助人决策过程模型的核心机制，也是本研究的创新之处。因此，本研究拟采用经验取样法进行配对追踪调查，探讨信任和帮助的动态关系，进而基于动态心理契约理论揭示助人决策的反思调整过程。

5.2 理论与假设

5.2.1 信任对帮助的影响

Rousseau 等认为信任是一种甘愿暴露弱点的心理状态，这种状态是基于信任者对被信任者未来的意图和行为都不会损害信任者利益的积极期望（Rousseau et al.，1998）。从被信任者特征的角度，学者将信任分为能力信任、善意信任和正直信任（Rousseau，1995）。Farrell 等（2005）基于三维度分类开发了高管团队的信任量表，因子分析发现信任仅包含能力信任和善意信任两个维度。另一些研究也观察到善意信任和正直信任具有高度的相关性（Schoorman et al.，2007）。因此本研究采用两个维度的信任分类，将信任分为能力信任和善意信任。

心理契约是在组织的情境中形成的个人与其他对象（如员工）之间交换协议的个人信念（Rousseau et al.，2018）。这些交换协议大多数都是以隐性的、未明确的、不成文的形式而存在（Anderson & Schalk，1998）。契约双方可能对契约内容的看法和解释不同（Coyle-Shapiro，2000），心理契约内容也会随着时间的流逝而发展（Rousseau et al.，2018），因此心理契约的构建存在不确定性。而作为建构施助受助双方心理契约过程的人际帮助也往往存在着帮助回报的不确定性（Perlow & Weeks，2002）。一方面对受助者是否有能力回报存在不确定性，另一方面对受助者是否愿意回报也存在不确定性。员工在做出是否帮助他人的决策时，希望降低这种回报的不确定性。而对潜在帮助对象的能力信任和善意信任，能够帮助施助者评估潜在受助者的回报不确定性程度，进而评估其回报的价值和可能性。

（1）能力信任与帮助决策

能力信任是指相信对方具备将事情有效完成的专业知识程度（Ganesan，1994）。善意信任则是指除了以自我为中心的利益动机之外，相信对方为信任方做好事的程度（Schoorman et al.，2007）。在这两类信任中，能力信任是信任的基础（Schoorman et al.，2007）。因为，一个缺乏能力的好心人可能对组织和个人并没有什么帮助（Mayer et al.，1995），就算是有心要帮助对方，也可能“心有余而力不足”。而一个高能力信任但低善意信任的人也可能由于利己的动机去帮助他人，因此笔者将能力信任作为对助人决策的主效应进行研究。

基于心理契约的互惠性（Dabos & Rousseau，2004），一个人给予的帮助越多，在未来向他人求助就越容易，个体通过帮助他人，作为对自己未来需要帮助的一种保障（Perlow & Weeks，2002）。针对社会阶层和亲社会行为的研究也发现，较低阶层的人被证明比他们的同龄人更乐于助人（Piff et al.，2001），一个可能的解释是低社会阶层的人通过重视亲社会投资，增加个人的社会资本

（Guinote et al.，2015）。在助人这种亲社会投资行为中，员工会进行成本收益的利益权衡（Balliet & Ferris，2013）。虽然助人行为通常被认为是一种有益的资源，但在有些情况下，帮助并不能按照预期的方式提高助人者的福祉（Gray et al.，2019）。帮助他人后，如果受助者回报的是低质量甚至无益的帮助，这可能使施助者沮丧，这种无益的帮助可能比不提供帮助更有害（Gray et al.，2019）。因而，个体在实施助人这种亲社会投资行为时，就会考虑帮助对象是否有能力提供高质量的回报。当员工对潜在帮助对象的能力信任越高，在决策权衡时就越会降低帮助对象未来回报能力的不确定性，更倾向于向高能力信任的人提供帮助（Vegt et al.，2006）。因此，提出假设 1。

假设 1：甲对乙的能力信任能显著促进甲对乙的帮助决策（自主性帮助 1a 和依赖性帮助 1b）。

（2）善意信任的调节作用

个体在与组织成员的人际互动中，不仅会关注成员的能力信任，也会关注成员是否有关心他人福利的善意信任，笔者预测善意信任将加强能力信任对帮助决策的正向影响。首先，善意信任可以降低人际帮助中回报意愿的不确定性，更能确保帮助他人这项社会性投资的收益。善意信任基于诚实、仁慈和道德贡献（Obul et al.，2021），因此，当施助者感知到帮助对象的善意信任时，就会提高对帮助对象回报意愿的评估，进而更能够促进帮助行为的发生。例如，施助者更愿意对之前就帮助过他的人伸出援手（Lepine et al.，2008）。其次，工作场所人际帮助是一种施助受助双方心理契约的构建过程，存在着成本收益权衡（杨建锋等，2022）。而善意信任可以降低心理契约签订的交易成本，高善意信任意味着帮助对象接受帮助后，不会采取机会主义的行动，而是遵循“知恩图报”的社交法则行事，在未来恰当的时候给予施助者回报。最后，施助者对提供帮助后的回报预期，可能由于没有收到回报而导致更多的负面情绪（Gray et al.，2019）。因而，为了防止这种糟糕情绪的出现，员工尽可能选择帮助高善意信任的同事。综上所述，当帮助对象既表现出高能力信任，又有高善意信任时，员工提供帮助的意愿更高。当帮助对象表现出低善意信任时，尽管他可能也表现出高能力信任，但员工对他的预期回报评估下降，从而对帮助对象的帮助意愿也下降。因此，本研究提出假设 2。

假设 2：甲对乙的善意信任能显著调节甲对乙的能力信任对甲对乙的自主性帮助（2a）和依赖性帮助（2b）的正向影响。

5.2.2 帮助对信任的影响

长期以来，研究人员一直主张需要了解不同类型的帮助，因为帮助的后果因帮助的类型而不同（Chi et al.，2022）。帮助决策过程的利益权衡也体现在帮助类型的选择上。根据帮助方式的不同，帮助可以分为自主性帮助和依赖性帮助（Maki et al.，2017）。自主性帮助是指提供给受助者独立解决问题所需的技能、工具或方法，通过帮助受助者提升能力和获取更多知识来解决受助者的问题（Bamberger & Levi，2009）。依赖性帮助是指为受助者提供解决问题的全部答案，直接帮助受助者解决相关问题（Maki et al.，2017）。依赖性帮助只能帮助受助者解决当前问题，而不能促进受助者独立发展或者提高其以后自行解决相关问题的能力（Nadler，2020）。

（1）自主性帮助对信任的影响

施助者对受助者的自主性帮助能够给受助者提供技能和知识的增长，这种帮助不仅解决了受助者当前的问题，还使之具备了解决类似问题的能力和知识（Bamberger & Levi，2009）。他们意识到施助者拥有解决问题所需的技能和知识，不但可以很好地指导自己完成任务，还在完成任务的过程中学习到具体的技能和方法，相信施助者是一个有能力帮助自己成长并赋予自己更多能力的人，因此施助者对受助者提供的自主性帮助越多，受助者对施助者的能力信任就越高。另外，提供自主性帮助本身也可能表示施助者认同受助者的能力（Nadler et al.，2014），这种对受助者的积极看法也可能使受助者感受到施助者对自己的尊重，从而更加愿意相信施助者的能力。施助者通过自主性帮助表达了其对受助者的能力信任，受助者也会回报这种信任，并对施助者的能力产生更大的信心。此外，当施助者通过自主性帮助帮助受助者克服困难和取得成功时，受助者会对施助者产生感激和认可（Greenberg，1980）。这种感激和认可加强了受助者对施助者的能力信任，受助者会将施助者视为一个可靠和有价值的资源，愿意依赖和借助施助者的能力。这种情感上的信任和依赖进一步增强了受助者对施助者的能力信任。综上所述，本研究提出假设 3a。

假设 3a：甲对乙的自主性帮助能显著促进乙对甲的能力信任。

自主性帮助不仅能帮助受助者解决当前问题，还能促进受助者提升自身能力，从而尽快脱离对他人的依赖，拥有自行解决相关问题的能力（Bamberger & Levi，2009）。因而求助者更愿意接受自主性帮助（Becker et al.，2019），基于此，求助者会认为自主性帮助更充分地表达了施助者对受助者的关心和支持（Chernyak-Hai et al.，2023）。一方面，施助者愿意投入比依赖性帮助更多的时间和精力对受助者提供自主性帮助，受助者也认识到施助者愿意付出额外的努力，帮助自己实现目标，这种行为增强了受助者对施助者的善意信任（Chernyak-Hai et al.，2023）。另一方面，自主性帮助教给受助者解决问题的方法，从而使受助者在接受自主性帮助之后得到能力的提升，持续的自主性帮助甚至会缩小受助者与施助者之间的能力差距（Nadler，2020）。当受助者意识到施助者愿意在未来可能受到受助者能力威胁的情境下，仍然提供自主性帮助给受助者，施助者会提升对受助者的善意信任。施助者提供的自主性帮助越多，受助者对施助者的善意信任就越高。因而，本研究提出假设 3b。

假设 3b：甲对乙的自主性帮助能显著促进乙对甲的善意信任。

（2）依赖性帮助对信任的影响

帮助关系在本质上是不平等的，可以理解为“一种关怀的表达和一种优越感的表现”，从这个角度来看，受助者可以被视为依赖于一个更有能力的人的善良和能力（Alvarez & Leeuwen，2015）。第一，提供依赖性帮助意味着受助者不太能够解决自己的问题，因此更依赖于更有能力的其他人提供的支持（Nadler et al.，2014）。在依赖性帮助过程中，施助者提供了全面而有效的解决方案，解决了受助者所面临的困难和问题，使受助者对施助者的专业知识和技能产生信任和认可。第二，施助者通过提供依赖性帮助，展现了自己的权威和能力，这也有助于受助者对施助者的能力进行评估和认可。第三，依赖性帮助尽管帮助受助者解决了当前困境，但对提升受助者能力帮助并不大。长期来看，依赖性帮助甚至会加大施助者和受助者之间的能力差距（Nadler，2020），受助者可能逐渐丧失自主性，对自己的能力产生怀疑，因而对施助者的能力信任更高。综上所述，本研究提出假设 4a。

假设 4a：甲对乙的依赖性帮助能显著促进乙对甲的能力信任。

尽管依赖性帮助只能帮助受助者解决当前问题，而不能促进受助者独立发展或者提高其以后自行解决相关问题的能力（Nadler，2020）。但人际间的帮助一般被认为是增进交往双方和谐关系的亲社会行为（张兰鸽等，2015），受助者得到帮助后，即使是依赖性帮助，也会倾向于感恩和信任施助者（Greenberg，1980）。更何况，提供依赖性帮助也需要花费施助者的时间和精力（Gabriel et al.，2018），提供的依赖性帮助越多，花费的时间和精力也越多，甚至还可能由于挤占了工作时间而影响施助者自身的任务绩效（Bergeron，2007）。因而，施助者提供的依赖性帮助越多，受助者对其的善意信任评价就越高。尤其当施助者的能力大大高于受助者时，受助者会感受到施助者的关怀和善意，进而非常乐意接受来自高能力施助者的依赖性帮助，以便持续双方互相帮助的心理契约，使自己的亲社会投资最大化。因而施助者对受助者的依赖性帮助越多，受助者对施助者善意信任的评估就越高。因此，本研究提出假设 4b。

假设 4b：甲对乙的依赖性帮助能显著促进乙对甲的善意信任。

5.2.3 信任——帮助反思调整过程

作为心理契约的基础，信任在心理契约的创建、维持以及动态演变中发挥着重要的作用，心理契约能否得以创建和维系的关键就在于契约双方之间的信任（Robinson et al.，1994）。结合前面的论述，笔者预测信任和帮助之间存在着多轮次的互动，即施助者对受助者的信任会影响施助者对受助者的帮助，而施助者对受助者的帮助反过来又会影响受助者对施助者的信任。因此，信任是助人决策反思调整的核心机制。施助者通常会出于对求助者的信任去帮助求助者（Vegt et al.，2006）；受助者也常会出于对施助者的信任才愿意向潜在施助者求助（Van der Vegt & Van de Vliert，2005）；并且求助者接受施助者的帮助之后会越发信任施助者（Greenberg，1980），这种相互信任进一步加强了施助受助双方之间关于帮助的心理契约（具体见图 5.1）。因而，本研究提出如下假设。

假设 5：甲对乙的能力信任通过促进甲对乙的自主性帮助而促进随后乙对甲的能力信任（5a）和善意信任（5b）。

假设 6：甲对乙的能力信任通过促进甲对乙的依赖性帮助而促进随后乙对甲的能力信任（6a）和善意信任（6b）。

施助者基于对受助者的能力信任和善意信任，选择帮助受助者，相信受助者未来在恰当时机有能力和意愿回报施助者。在助人行为完成后，施助者判断自己在多大程度上帮助受助者脱离了困境，受助者在多大程度上回报了自己或组织，以及结果在多大程度上符合自己预期（杨建锋等，2022）。如果受助者的回报与施助者的预期差异过大，例如受助者回报了低质量甚至无益的帮助，激活了施助者的后悔情绪，施助者对受助者的能力信任和善意信任评价可能下降，未来施助者帮助受助者的频率可能降低，甚至拒绝帮助受助者，进而造成双方心理契约的破裂。相反，如果受助者回报了匹配施助者预期或者远高于预期的帮助，激活了施助者的欣喜情绪，施助者对受助者的能力信任和善意信任评价会进一步上升，促使施助受助双方进入更高层次互助的心理契约阶段。结合假设 2，本研究提出如下假设。

假设 7：甲对乙的善意信任调节了甲对乙的自主性帮助在甲对乙的能力信任和随后乙对甲的能力信任（7a）和善意信任（7b）的正向中介作用，当甲对乙评估为高善意信任时得到加强。

假设 8：甲对乙的善意信任调节了甲对乙的依赖性帮助在甲对乙的能力信任和随后乙对甲的能力信任（8a）和善意信任（8b）的正向中介作用，当甲对乙评估为高善意信任时得到加强。

研究二理论模型见图 5.1。

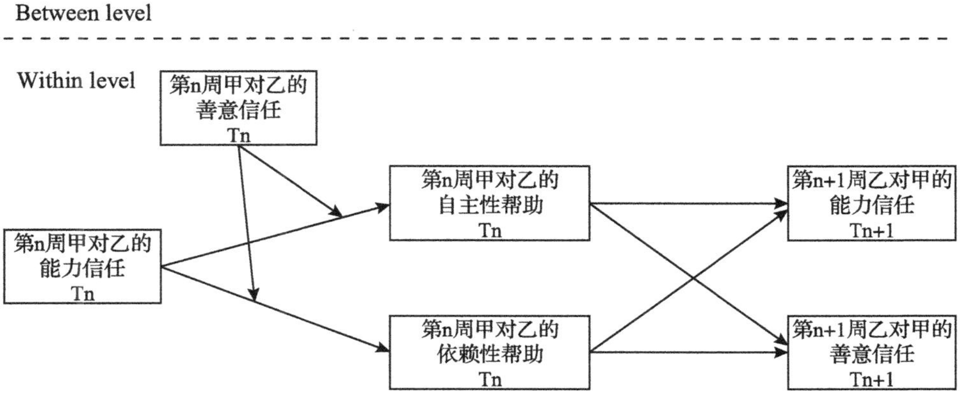

图 5.1 信任——帮助交互反思调整

5.3 研究方法

5.3.1 研究设计

在关系研究中，许多研究问题涉及社会互动的动态过程，在这种社会互动过程中可以发生相互作用的最小单位是一组对偶（Dyad）。行为者－伙伴相互依赖模型（Actor-Partner Interdependence Model，APIM）是一个被广泛用于对偶数据的分析框架（Stas et al.，2018）。它整合了相互依赖的概念性观点，以及测量和检验它的相关统计技术（Cook & Kenny，2005）。APIM 模型允许研究人员同时检查自己的预测得分对自己的结果（即行为者效应）和对同伴的结果（即同伴效应）的影响，后者反映了人际关系中相互依存的性质（Stas et al.，2018）。人际帮助就是一种旨在提高受助者福利的施助受助者之间的资源交换过程（Gray et al.，2019），双方的资源交换过程也是施助受助者之间的互动过程，在该互动过程中存在着一组施助－受助者对偶分析单元。因此，APIM 模型能够较好地分析施助受助者之间的互动过程。

此外，本研究基于动态心理契约理论，旨在探索人际互助过程中"人际信任－助人决策"的动态调整过程。该动态调整过程既包含施助者与受助者之间的对偶互动过程，同时也将时间因素纳入调整过程中考查对偶内和对偶间随时间的推移"信任——帮助"的动态演化过程。经验取样法（Experience-Sampling Methodology，ESM）是多次收集人们在较短时间内对生活中经历的事件的瞬时评估，并对其进行记录的一种方法（Myin-Germeys & Kuppens，2022）。该方法可以在多个时间点搜集个体的即时性反应（包括情绪、态度、评价和行为等）。因此，相比一般问卷调查和横截面研究，经验取样法可以降低回顾性偏差，相比实验室实验又更能捕捉生活真实的状态，同时可以更为有效地研究变量随时间和情境的动态变化（Myin-Germeys & Kuppens，2022）。因此，经验取样法能够较好地描述参与者"信任——帮助"随时间的动态变化。

综上所述，本研究拟结合 APIM 模型和经验取样法，采用以对偶为单位的追踪调研获得数据。

5.3.2 样本与程序

为了更快地观察到人际互助中“信任——帮助”的调整过程，笔者选择刚入校的大一新生作为调研对象。大一新生一般来自全国各地，之前互不相识，刚刚形成初始的信任关系，且有较多的机会观察到他们之间的人际互助。另外，一项发表在管理学顶级期刊 *Academy of Management Journal* 上的研究也采用了大学生工作伙伴研究工作场所助人相关主题（Vegt et al.，2006）。因此，选择大学新生工作伙伴作为研究被试是可接受的。笔者在中国某中部省份某大学随机招募 17 个班共 680 名大一新生参与调研。采用经验取样法收集参与者与同伴的信任和帮助数量，以追踪被试和同伴之间信任和帮助的交互动态变化。

具体来讲，请大一新生以工作小组为单位两两自由组合形成工作伙伴，共同参与研究（工作伙伴是指共同参与一项或多项工作任务的同学）。由于能力信任、善意信任等变量在日水平上的变化很微弱，因此以 1 周为间隔单位，对被试进行为期约两个半月共 8 次追踪数据收集。在获得该大学学院团委的许可后，笔者创建了一个包含各班班长的 QQ 群负责接收电子版问卷，并由班长将电子版问卷发放到班级 QQ 群。预备问卷内容包括研究知情同意书、被试配对信息和被试的性别、年龄、班级、社会赞许性，共 580 人填写了预备问卷。一周之后，面向之前填写了预备问卷的 580 人开始正式追踪问卷的填写，正式问卷第一次到第七次收集了被试对同伴的能力信任、善意信任的评价，以及被试对同伴的依赖性帮助和自主性帮助数量。笔者以抽奖的形式激励被试连续填写问卷，凡填写了六次及以上的对偶有机会获得 1000 元人民币的奖金，最终发放被试奖金和班长劳务费共 5520 元。

正式问卷从第一次到第七次追踪调研分别得到 451、353、218、217、208、150 和 140 位被试的有效数据，七次共获得 1737 人次有效数据。451 位被试中男性 241 名，女性 210 名；年龄处于 18 岁至 21 岁之间，平均年龄 SD=18.42 岁。

5.3.3 测量工具

本研究所用到的量表全部选用在国际权威期刊上发表并被广泛使用的成熟

量表，初步保证了量表的信效度。所有的英文量表都请熟悉中文和英文两种语言的专家，遵循标准的翻译和回译程序翻译成中文。

能力信任：笔者根据 Kim 等（2004）能力信任量表，通过对题目措辞上的改编和微调将该量表用于测量大学生对同伴的能力信任，用于每周的追踪测量。该量表共 3 个条目，代表性条目如“我觉得我的同学很有能力”，量表的 α 一致性系数为 0.860。

善意信任：笔者根据 Levin 和 Cross（2004），以及 Ganesan（1994）的善意信任量表，选取测量人与人之间善意信任并适合于本研究场景的 3 个条目（由于本研究将助人决策作为一个亲社会投资过程，因而选取了与利益相关的 3 个条目作为善意信任的测量工具），通过对题目措辞上的改编和微调将该量表用于测量大学生对同伴的善意信任。3 个条目如下“小 A 总是会考虑我的利益”“小 A 会努力确保我的利益不受到损害”“小 A 会为了我的利益而做出牺牲”，量表的 α 一致性系数为 0.870。

自主性帮助：采用 Maki 等（2017）的帮助倾向量表测量大学生的自主性帮助。为了减轻经验取样法研究中被试的负担，笔者从第一次调研的数据中选取量表中因子载荷最高的 4 个条目，通过措辞的转换将该量表改编为测量 A 对 B 的自主性帮助程度，用于第一次到第七次正式问卷的测量，代表性条目如“我帮助小 A 的目的是确保他最终能够自己满足自己的需求”。该量表的 α 一致性系数为 0.874。

依赖性帮助：采用 Maki 等（2017）的帮助倾向量表测量大学生的依赖性帮助。为了减轻经验取样法研究中被试的负担，笔者从第一次调研的数据中选取量表中因子载荷最高的 4 个条目，通过措辞的转换将该量表改编为测量 A 对 B 的依赖性帮助程度，用于第一次到第七次正式问卷的测量，代表性条目如“我帮助小 A，是因为我喜欢解决他的问题”。该量表在本研究中的 α 一致性系数为 0.810。

控制变量：笔者将社会赞许性、性别和年龄作为控制变量。由于自主性和依赖性帮助是由学生自我报告的，因此使用由 Kovai 等（2014）开发的 10 项量表来控制个体的社会赞许性（1 = 强烈不同意，7 = 强烈同意），代表性题目如“我有一些非常糟糕的习惯”。该量表在本研究中的 α 一致性系数为 0.77。

5.3.4 数据清理和分析策略

（1）数据清理策略

由于人际帮助中的施助者和受助者角色在互助过程中会不断互换，本研究中的被试既是施助者也是受助者。因此，笔者随机指定组中一位被试为施助者，另一位则为受助者，使用 STATA 15 软件将第 T 次（T≤7）被试对同伴的信任和帮助数据及同伴对被试的信任和帮助数据匹配后，得到第 1 次到第 7 次分别匹配了 231 对、191 对、156 对、112 对、136 对、79 对和 72 对，共 977 对施助 – 受助者对偶数据。更进一步，为了考察施助 – 受助者对偶“施助者对受助者的信任——施助者对受助者的帮助——受助者对施助者的信任”的交互调整过程，笔者又将第 T 次（T≤6）施助 – 受助者对偶数据与第 T+1 次施助 – 受助者对偶数据进行横向匹配，从第 1 次到第 6 次分别匹配了 146 对、127 对、84 对、97 对、70 对和 49 对，共 573 对第 T 次和第 T+1 次施助 – 受助者对偶数据（T≤6）。数据结构示意参见表 5.1。

表 5.1　信任——帮助——信任数据结构示意

时点 T	被试对同伴的信任（第 T 期）	被试对同伴的帮助（第 T 期）	同伴对被试的信任（第 T+1 期）	同伴对被试的帮助（第 T+1 期）	样本量（对）
1	COA1，BEA1	AUA1，DEA1	COP2，BEP2	AUP2，DEP2	146
2	COA2，BEA2	AUA2，DEA2	COP3，BEP3	AUP3，DEP3	127
3	COA3，BEA3	AUA3，DEA3	COP4，BEP4	AUP4，DEP4	84
4	COA4，BEA4	AUA4，DEA4	COP5，BEP5	AUP5，DEP5	97
5	COA5，BEA5	AUA5，DEA5	COP6，BEP6	AUP6，DEP6	70
6	COA6，BEA6	AUA6，DEA6	COP7，BEP7	AUP7，DEP7	49
合计					573

注：COA = 被试对同伴的能力信任，BEA= 被试对同伴的善意信任；COP = 同伴对被试的能力信任，BEP= 同伴对被试的善意信任。

（2）数据分析策略

鉴于 APIM 追踪数据的嵌套性质，本研究拟采用 STATA 15 软件，构建多水平回归模型来检验被试对同伴的信任和帮助，以及同伴对被试的信任和帮助的动态迭代过程。从概念上看，尽管有个体内、对偶内和对偶间三个层次的数据，但只需要对具有随机变异的层次进行建模（Kindt et al.，2016）。在可区分的对偶（被试和同伴）层次上，个体层次并不存在额外的变异，因此采用两水平回归模型分析对偶内水平和对偶间水平的变异。

（3）统计工具选择

本研究采用 STATA 15、SPSS 22、EXCEL 和 MPLUS 8.1 进行数据清理和统计分析。具体来说，采用 SPSS 22 和 EXCEL 软件进行描述性统计分析、信度检验和收敛效度检验；采用 MPLUS 8.1 进行竞争性模型的多水平验证性因子分析，采用 STATA 15 进行多水平回归分析，具体见表 5.2。

表 5.2　统计工具选择及使用场景说明

统计工具	使用场景
STATA 15	数据清理与整合、多水平回归分析
SPSS 22	均值、标准差、相关系数、α 信度
EXCEL	AVE 和 CR 值计算，简单斜率图
MPLUS 8.1	标准化因子载荷、竞争模型与模型拟合、多水平验证性因子分析、ICC 计算

5.4　数据分析和结果

5.4.1　描述性统计和相关分析

本研究用 977 对施助 – 受助者对偶数据进行信效度检验和描述性统计分析，首先计算出对偶内水平的标准化因子载荷、均值和标准差，再根据标准化因子载荷得到对偶内水平变量的信效度，具体统计结果见表 5.3 和表 5.5。各变量对偶内水平的均值、标准差和相关系数见表 5.3。

表 5.3　主要变量信效度检验及描述性统计结果（N=977，对偶内水平）

维度	组合信度 CR 值	收敛效度 AVE	区别效度（Squared Correlations）				描述性统计分析	
			能力信任	善意信任	自主性帮助	依赖性帮助	均值 M	标准差 Sd.
能力信任	0.88	0.70	（0.84）				12.01	2.225
善意信任	0.89	0.73	0.63**	（0.86）			11.47	2.318
自主性帮助	0.88	0.65	0.55**	0.60**	（0.81）		15.82	2.828
依赖性帮助	0.82	0.53	0.46**	0.53**	0.62**	（0.73）	14.36	3.218

注：下三角为维度之间的皮尔逊相关，括号内是 AVE 的开根号值；* $p<0.05$，** $p<0.01$，***$p < 0.000$。

笔者将 7 个不同时点得到的数据按照对偶进行汇总，得到 309 对对偶间水平的均值作为信效度检验和描述性统计分析的数据集，具体统计结果见表 5.4 和表 5.5。

如表 5.3 和表 5.4 所示，不管是对偶内水平还是对偶间水平，能力信任、善意信任与自主性帮助、依赖性帮助均正相关，且相关系数均在 $p<0.01$ 水平上显著。以上数据为本研究进一步开展假设检验提供了初步支持。

5.4.2 变量的信度检验

鉴于本研究进行了 8 次追踪研究，为了降低被试填答问卷的疲倦和提高填答质量，本研究的能力信任、善意信任、自主性帮助和依赖性帮助等变量均在原量表的基础上做了节选，因而对量表和变量的信效度进行了多重检验。本研究从组合信度和 Cronbach's α 信度两方面考查量表信度，使用 SPSS 22 和 MPLUS 8.1 统计软件分析量表各维度的信度情况，检验结果如表 5.3、表 5.4 和表 5.5 所示。在对偶间水平和对偶内水平，能力信任、善意信任、自主性帮助和依赖性帮助的组合信度在 0.82 至 0.92 之间，均超过 0.70 的推荐标准（Hair et al., 2014）；各维度的 α 一致性系数在 0.81 到 0.87 之间，均超过 0.70 的推荐标准（Hair et al., 2014）。组合信度 CR 值和 Cronbach's α 信度的检验结果表明，能力信任、善意信任、自主性帮助和依赖性帮助等变量在对偶间水平和对偶内水平上均具有较高的信度。

表 5.4 主要变量信效度检验及描述性统计结果（N=309，对偶间水平）

维度	组合信度 CR 值	收敛效度 AVE	区别效度（Squared Correlations）				描述性统计分析	
			能力信任	善意信任	自主性帮助	依赖性帮助	均值 M	标准差 Sd.
能力信任	0.89	0.73	（0.86）				12.01	2.016
善意信任	0.91	0.77	0.70**	（0.88）			11.47	2.116
自主性帮助	0.92	0.75	0.61**	0.64**	（0.87）		15.82	2.478
依赖性帮助	0.85	0.59	0.47**	0.51**	0.62**	（0.77）	14.36	2.821

注：下三角为维度之间的皮尔逊相关，括号内是 AVE 的开根号值；* $p<0.05$，** $p<0.01$，***$p < 0.000$。

5.4.3 变量的效度检验

通常效度检验包括收敛效度检验和区分效度检验。本研究用条目对潜变量的标准化因子载荷和潜变量的平均方差抽取量（AVE）检验收敛效度。如表5.3、表5.4和表5.5所示，不论是对偶内还是对偶间数据，各条目对维度的标准化因子载荷在0.63至0.91之间，满足大于0.5的推荐标准；各维度的AVE值在0.53至0.77之间，均超过0.50的推荐标准（Hair et al.，2014），表明量表具有较好的收敛效度。如表5.3和表5.4所示，为了判断量表的区分效度，笔者将各潜变量的相关系数和AVE的开根号值进行比较，发现能力信任、善意信任、自主性帮助和依赖性帮助的两两皮尔逊相关系数均小于对应变量的AVE开根号值（Hair et al.，2014），这表明能力信任、善意信任、自主性帮助和依赖性帮助等概念在两个水平上均具有良好的区分效度。总之本研究的测量量表具有较高的组合信度、收敛效度和区分效度。

表5.5 对偶内和对偶间水平变量标准化因子载荷（N=977/N=309）

变量	题项	对偶内（N=977）	对偶间（N=309）
能力信任	1. 我觉得小A很有能力	0.85	0.84
	2. 小A掌握了很多专业方面的知识	0.78	0.80
	3. 我对小A的技能很有信心	0.88	0.92
善意信任	4. 小A总是会考虑我的利益	0.87	0.90
	5. 小A会努力确保我的利益不受到损害	0.88	0.90
	6. 小A会为了我的利益而做出牺牲	0.82	0.84
自主性帮助	7. 我现在帮助小A，以使他能够在将来更好地自己解决自己的问题	0.81	0.89
	8. 我帮助小A，以使他学会自己去解决自己的问题	0.83	0.91
	9. 我帮助小A就是让他能够更好地去自己解决自己的问题	0.79	0.82
	10. 我帮助小A以便他能够更好地自己解决自己的问题	0.80	0.84

续表

变量	题项	对偶内（N=977）	对偶间（N=309）
依赖性帮助	11. 我帮助小 A，是因为我喜欢解决他的问题	0.63	0.65
	12. 我帮助小 A 以确保他的即时需求得到满足	0.78	0.83
	13. 为小 A 解决问题有助于满足他当前的需求	0.78	0.83
	14. 我喜欢去帮助小 A，即使他的问题可能再次出现	0.72	0.73

5.4.4 多水平验证性因子分析

本研究是基于 APIM 的施助－受助者追踪数据进行研究的，数据具有嵌套性质，因而适合多水平分析。因此，研究者使用 MPLUS 8.1 软件分别对结构模型进行多水平验证性因子分析，构建原始的多水平四因子结构模型（能力信任、善意信任、自主性帮助、依赖性帮助）、多水平三因子模型 1（能力信任、善意信任、自主性帮助和依赖性帮助合并）、多水平三因子模型 2（能力信任和善意信任合并、自主性帮助、依赖性帮助）和多水平二因子（能力信任和善意信任合并、自主性帮助和依赖性帮助合并）竞争模型，比较上述四个竞争模型的拟合水平可知（见表 5.6），原始的多水平四因子结构模型的主要拟合指标的拟合值优于其他三个竞争模型的拟合指标（$X^2/df=3.55$，CFI=0.947，TLI=0.932，RMSEA=0.051，SRMR-WITHIN=0.040，SRMR-BETWEEN=0.055），且达到建议值要求。总体来说，本研究的假设模型具有较好的区分效度，且模型拟合良好。

表 5.6 多水平验证性因子分析竞争模型主要拟合指标对比（N=977）

	CFI	TLI	RMSEA	SRMR-Within	SRMR-Between	X^2/df
原始模型	0.947	0.932	0.051	0.040	0.055	3.55（504.07/142）
三因子 1	0.899	0.876	0.069	0.052	0.079	5.66（837.839/148）
三因子 2	0.870	0.840	0.079	0.093	0.124	7.03（1040.172/148）
二因子	0.821	0.785	0.091	0.095	0.125	9.061377.398/152）
建议值	≥ 0.9	≥ 0.9	＜ 0.08	＜ 0.08	＜ 0.08	≤ 5

5.4.5 共同方法偏差检验

为了降低共同方法偏差，结合研究目的，本研究的追踪模型中（见图 5.1）自变量、调节变量、中介变量是时点 1 收集的，因变量是时点 2 收集的，这能够减少共同方法偏差的影响。由于部分问卷是由被试自评填写完成的，可能存在共同方法偏差。因此笔者用 MPLUS 8.1 软件将方法学因子纳入四因子模型中进行多水平验证性因子分析，发现纳入了方法学因子的模型无法拟合，这表明纳入了方法学因子的模型远远劣于未纳入方法学因子的四因子模型，说明本研究不存在严重的共同方法偏差（汤丹丹和温忠麟，2020）。

5.4.6 假设检验

由于本研究的数据是基于 APIM 的配对追踪数据，笔者主要考虑对偶间和对偶内两个层面的变异，通过对 ICC 值的计算发现因变量的变异在对偶间和对偶内都具有一定权重。自主性帮助（ICC=0.534，S.E.=0.042，95%CI=[0.451，0.615]）和依赖性帮助（ICC=0.516，S.E.=0.043，95%CI=[0.432，0.599]）在对偶间的方差占总方差的百分比分别达到 53.4% 和 51.6%，乙对甲的能力信任感知（ICC=0.864，S.E.=0.017，95%CI=[0.828，0.893]）和善意信任感知（ICC=0.798，S.E.=0.026，95%CI=[0.712，0.816]）在对偶间的方差占总方差的百分比分别达到 86.4% 和 79.8%，ICC 均大于推荐值。因此研究采用 STATA 15 软件进行两水平有调节的中介分析，考察如下四组关系分析施助－受助者对偶间“信任——帮助——信任”的动态调整过程：甲对乙的能力信任 / 善意信任与甲对乙的自主性帮助 / 依赖性帮助之间的关系；甲对乙自主性帮助与乙对甲的能力信任 / 善意信任之间的关系；甲对乙的依赖性帮助与乙对甲的能力信任 / 善意信任之间的关系；甲对乙的能力信任 / 善意信任通过影响甲对乙的自主性帮助 / 依赖性帮助进而影响乙对甲的能力信任 / 善意信任。

由于笔者采用了经验取样法来收集配对样本的重复测量数据，因此有必要使用多层建模技术分析数据。对所有对偶内预测变量（甲对乙的能力信任、甲对乙的善意信任）进行组中心化处理，对偶间控制变量包括社会赞许性、性别和年龄。使用 STATA 15 进行多水平回归分析，以检验所提出的假设，并同时估计所有的关系。以甲对乙的能力信任为自变量，甲对乙的善意信任为调节变量，甲对乙的自主性帮助（依赖性帮助）为中介变量，考察甲对乙的能力信任与乙对甲随后的能力信任（善意信任）的关系，分别进行四次多水平回归有调节的中介分析估计所有的假设，将结果列入四个表（表 5.7、表 5.8、表 5.9 和表 5.10）。分别用纳入和不纳入控制变量（社会赞许性、性别和年龄）的模型对假设进行了检验，结果发现是否纳入控制变量对模型的结果无显著差异，以下报告未纳入控制变量的结果，具体见表 5.7 至表 5.10。

（1）甲对乙的信任预测甲对乙的帮助

表 5.7 总结了假设 1 和假设 2 的结果。如表 5.7 所示，在对偶内层面，甲对乙的能力信任显著促进了甲对乙的自主性帮助（B=0.17，S.E.=0.06，P=0.007，95%CI=［0.05，0.30］）和依赖性帮助（B=0.16，S.E.=0.08，P=0.035，95%CI=［0.01，0.31］）；甲对乙的善意信任显著促进了甲对乙的自主性帮助（B=0.60，S.E.=0.05，P=0.000，95%CI=［0.50，0.70］）和依赖性帮助（B=0.64，S.E.=0.06，P=0.000，95%CI=［0.52，0.75］）。在对偶间层面，不同对偶对能力信任影响自主性帮助（B=1.97，S.E.=0.34，95%CI=［1.40，2.77］）和依赖性帮助（B=2.85，S.E.=0.49，95%CI=［2.03，3.99］）均有显著的干扰作用。假设 1a 和 1b 都得到支持。

表 5.7　多水平回归分析：甲对乙的信任预测甲对乙的帮助（N=573）

变量	甲对乙的自主性帮助（H1a，H2a）			甲对乙的依赖性帮助（H1b，H2b）		
	B	S.E.	95%CI	B	S.E.	95%CI
Level 1（within dyad）						
甲对乙的能力信任 COA1	0.17**	0.06	［0.05，0.30］	0.16*	0.08	［0.01，0.31］
甲对乙的善意信任 BEA1	0.60***	0.05	［0.50，0.70］	0.64***	0.06	［0.52，0.75］
COA1 × BEA1	0.10***	0.02	［0.05，0.14］	0.12***	0.03	［0.06，0.17］
常数项	8.88***	0.60	［7.72，10.04］	6.96***	0.71	［5.57，8.37］
Level 2（between dyad）						
不同 dyad 影响	1.97	0.34	［1.40，2.77］	2.85	0.49	［2.03，3.99］

注：* p＜0.05，** p＜0.01，***p ＜0.000，B 代表影响系数，S.E. 代表标准误；COA1= 甲对乙的能力信任，BEA1= 甲对乙的善意信任；该表是未纳入控制变量的结果，加入控制变量后结果稳健。

如表5.7所示，在对偶内层面，甲对乙的善意信任能显著正向调节甲对乙的能力信任对甲对乙的自主性帮助（B=0.10，S.E.=0.02，P=0.000，95%CI=[0.05，0.14]）的正向影响。根据Preacher，Curran和Bauer（2006）的方法（Preacher et al.，2006），笔者绘制了在高于或低于甲对乙的善意信任均值的一个标准差下，甲对乙的能力信任和甲对乙的自主性帮助之间关系的简单斜率图（见图5.2）。当甲对乙的善意信任评价较高时，甲对乙的能力信任能够显著促进甲对乙的自主性帮助（B=0.39，S.E.=0.09，P=0.000，95%CI=[0.21，0.57]），当甲对乙的善意信任评价低时，则甲对乙的能力信任对甲对乙的自主性帮助（B=-0.04，S.E.=0.07，P=0.526，95%CI=[-0.18，0.09]）没有显著影响，甲对乙的善意信任的调节效应成立。结果与预期一致，假设2a得到支持。

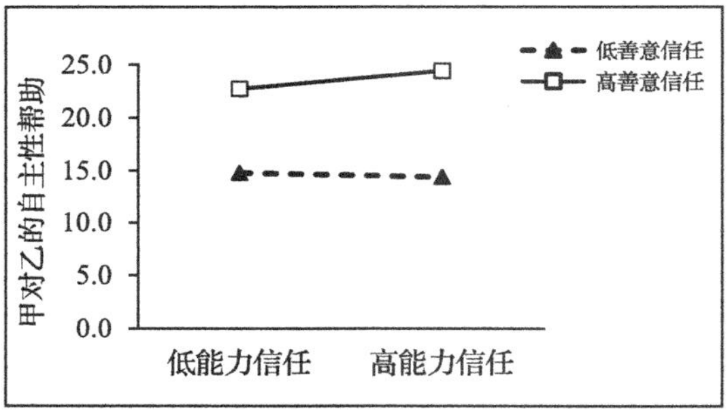

图5.2　善意信任调节能力信任和自主性帮助简单斜率图

如表5.7所示，在对偶内层面，甲对乙的善意信任能显著正向调节甲对乙的能力信任和依赖性帮助（B=0.12，S.E.=0.03，P=0.000，95%CI=[0.06，0.17]）的正向影响。仍然根据Preacher，Curran和Bauer（2006）的方法（Preacher et al.，2006），笔者绘制了在高于或低于甲对乙的善意信任均值的一个标准差下，甲对乙的能力信任和甲对乙的依赖性帮助之间关系的简单斜率图（见图5.3）。当甲对乙的善意信任评价高时，甲对乙的能力信任能够显著促进甲对乙的依赖性帮助（B=0.42，S.E.=0.11，P=0.000，95%CI=[0.20，0.64]），当甲对乙的善意信任评价低时，则甲对乙的能力信任对甲对乙的依赖性帮助（B=-0.10，S.E.=0.09，P=0.264，95%CI=[-0.26，0.07]）没有影响（B=0.12，

S.E.=0.028，P=0.000，95%CI=［0.06，0.17］)。结果与预期一致，假设2b得到支持。

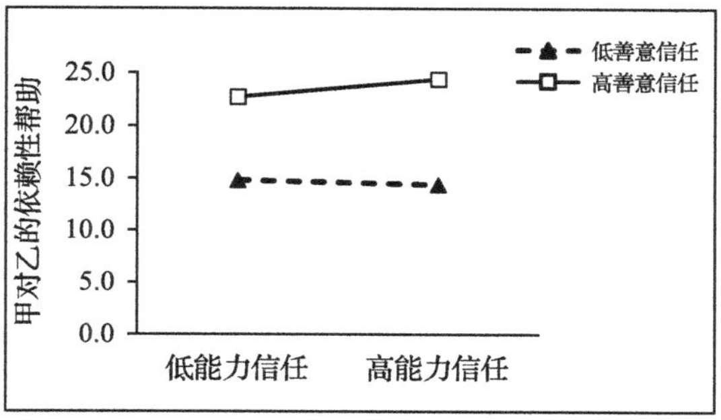

图5.3 善意信任调节能力信任和依赖性帮助简单斜率

（2）甲对乙的帮助预测随后乙对甲的信任

表5.8总结了假设3和假设4的结果。笔者分别用纳入和不纳入控制变量（社会赞许性、性别和年龄）的模型对假设3和假设4进行检验，结果发现是否纳入控制变量对模型的结果无显著差异，以下报告未纳入控制变量的结果。如表5.8所示，在对偶内层面，甲对乙的自主性帮助对乙对甲的能力信任无显著影响（B=0.03，S.E.=0.02，P=0.259，95%CI=［-0.02，0.07］)，在对偶间层面，不同对偶在甲对乙的能力信任、自主性帮助和乙对甲的能力信任（B=4.35，S.E.=0.51，95%CI=［3.46，5.47］）关系上有显著的干扰作用，假设3a不成立。在对偶内层面，甲对乙的依赖性帮助可以显著促进乙对甲的能力信任（B=0.05，S.E.=0.02，P=0.016，95%CI=［0.008,0.08］)；在对偶间层面，不同对偶在甲对乙的能力信任、依赖性帮助和乙对甲的能力信任（B=4.26，S.E.=0.50，95%CI=［3.38，5.36］）关系上有显著的干扰作用，假设3b成立。综上所述，假设3得到部分支持。

在对偶内层面，甲对乙的自主性帮助正向促进乙对甲的善意信任（B=0.07，S.E.=0.03，P=0.015，95%CI=［0.02，0.13］)；在对偶间层面，不同对偶在甲对乙的能力信任、自主性帮助和乙对甲的善意信任（B=3.36，S.E.=0.42，95%CI=［2.61，4.26］）关系上有显著的作用，假设4a得到支持。在对偶内层面，甲对乙的依赖性帮助显著促进了乙对甲的善意信任（B=0.05，

表 5.8　多水平回归分析：甲对乙的帮助预测随后乙对甲的信任（N=548）

变量	乙对甲的能力信任（H3a，H4a）				乙对甲的善意信任（H3b，H4b）			
	B（S.E.）	95%CI	B（S.E.）	95%CI	B（S.E.）	95%CI	B（S.E.）	95%CI
Level 1（within dyad）								
甲对乙的能力信任	0.08*（0.03）	[0.02，0.13]	0.07*（0.03）	[0.0004，0.12]	0.09**（0.04）	[0.02，0.16]	0.10**（0.04）	[0.03，0.17]
甲对乙的自主性帮助	0.03（0.02）	[−0.02，0.07]			0.07*（0.03）	[0.02，0.13]		
甲对乙的依赖性帮助			0.05*（0.02）	[0.008，0.08]			0.05*（0.02）	[0.006，0.10]
常数项	11.49***（0.40）	[10.70，12.28]	11.25***（0.32）	[10.62，11.87]	10.32***（0.46）	[9.42，11.23]	10.73***（0.36）	[10.03，11.44]
Level 2（between dyad）								
不同 dyad 的影响	4.35（0.51）	[3.46，5.47]	4.26（0.50）	[3.38，5.36]	3.36（0.42）	[2.61，4.26]	3.37（0.42）	[2.64，4.29]

注：* $p<0.05$，** $p<0.01$，*** $p<0.000$，B 代表影响系数，S.E. 代表标准误；该表为未纳入控制变量的结果，纳入控制变量上述结果稳健。

S.E.=0.02，P=0.030，95%CI=［0.006，0.10］)；在对偶间层面，不同对偶在甲对乙的能力信任、依赖性帮助和乙对甲的善意信任（B=3.37，S.E.=0.42，95%CI=［2.64，4.29］）关系上有显著的作用，假设4b成立。综上所述，假设4得到支持。

（3）自主性帮助和依赖性帮助的中介效应检验

表5.9总结了假设5和假设6的结果。假设5提出，甲对乙的能力信任通过促进甲对乙的自主性帮助，对随后乙对甲的能力信任（H5a）和善意信任（H5b）有间接的正向影响。如表5.7和表5.9所示，甲对乙的能力信任显著促进了甲对乙的自主性帮助（B=0.17，S.E.=0.06，P=0.007，95%CI=［0.05，0.30］)，但甲对乙的自主性帮助对乙对甲的能力信任无显著促进作用，自主性帮助在甲对乙的能力信任和乙对甲随后的能力信任中无中介作用（B=0.01，S.E.=0.009，P=0.266，95%CI=［−0.007，0.03］)，假设5a不成立。如表5.9所示，甲对乙的能力信任通过促进甲对乙的自主性帮助，而显著促进了乙对甲随后的善意信任（B=0.03，S.E.=0.011，P=0.015，95%CI=［0.005，0.05］)，假设5b成立。总之，假设5得到了部分支持。

假设6提出，甲对乙的能力信任通过促进甲对乙的依赖性帮助，对随后乙对甲的能力信任（H6a）和善意信任（H6b）有间接的正向影响。如表5.9所示，甲对乙的能力信任通过促进甲对乙的依赖性帮助，而显著促进了乙对甲随后的能力信任（B=0.02，S.E.=0.008，P=0.029，95%CI=［0.002，0.03］)，假设6a成立；甲对乙的能力信任通过促进甲对乙的依赖性帮助，而显著促进了乙对甲随后的善意信任（B=0.02，S.E.=0.009，P=0.040，95%CI=［0.0009，0.037］)，假设6b成立；总之，假设6得到验证。

表5.9　中介效应假设检验结果（N=548）

假设	路径	影响系数	标准误	P值	95%置信区间		是否支持假设
					Boot LLCI	Boot ULCI	
	COA1 → COP2	0.09	0.028	0.002	0.03	0.14	
H5a	COA1 → AUA1 → COP2	0.01	0.009	0.266	−0.007	0.03	否
H6a	COA1 → DEA1 → COP2	0.02	0.008	0.029	0.002	0.03	支持
	COA1 → BEP2	0.12	0.034	0.001	0.05	0.19	

续表

假设	路径	影响系数	标准误	P 值	95% 置信区间		是否支持假设
					Boot LLCI	Boot ULCI	
H5b	COA1 → AUA1 → BEP2	0.03	0.011	0.015	0.005	0.05	支持
H6b	COA1 → DEA1 → BEP2	0.02	0.009	0.040	0.0009	0.037	支持

注：COA1= 甲对乙的能力信任；BEP1= 甲对乙的善意信任；AUA1= 自主性帮助；DEA1= 依赖性帮助；COP2= 乙对甲随后的能力信任；BEP2= 乙对甲随后的善意信任；该表为未纳入控制变量得到的有调节的中介效应检验结果，纳入控制变量上述结果稳健。

（4）善意信任调节效应检验

表 5.10 总结了假设 7 和假设 8 的结果。假设 7 提出，甲对乙的能力信任通过甲对乙的自主性帮助，对随后乙对甲的能力信任（H7a）和善意信任（H7b）有间接的正向影响，甲对乙的善意信任正向调节了上述关系。如表 5.7、表 5.8 和表 5.10 所示，甲对乙的善意信任显著调节了甲对乙的能力信任和甲对乙的自主性帮助之间的关系（B=0.10，S.E.=0.02，P=0.000，95%CI=[0.05，0.14]），但因为甲对乙的自主性帮助对乙对甲的能力信任无显著影响（B=0.03，S.E.=0.02，P=0.259，95%CI=[-0.02，0.07]），因而甲对乙的善意信任不能通过甲对乙的自主性帮助而对甲对乙的能力信任和乙对甲随后的能力信任的关系产生调节作用（INDEX=0.003，S.E.=0.002，P=0.275，95%CI=[-0.002，0.007]）。结果与预期不一致，假设 7a 没有得到支持。

如表 5.10 所示，甲对乙的善意信任通过甲对乙的自主性帮助显著调节了甲对乙的能力信任和乙对甲的善意信任之间的正向间接关系（INDEX=0.007，S.E.=0.003，P=0.026，95%CI=[0.0008，0.013]）。当甲对乙的善意信任评价较高时，甲对乙的能力信任通过促进甲对乙的自主性帮助与乙对甲的善意信任具有显著的正向间接效应（B=0.028，S.E.=0.013，P=0.026，95%CI=[0.003，0.053]）。相比之下，甲对乙的善意信任评价较低时，甲对乙的能力信任通过促进甲对乙的自主性帮助与乙对甲的善意信任的正向间接效应变得不显著（B=-0.003，S.E.=0.005，P=0.538，95%CI=[-0.013，0.007]）。结果与预期一致，假设 7b 得到支持。

假设 8 提出，甲对乙的能力信任通过甲对乙的依赖性帮助，对随后乙对甲的能力信任（H8a）和乙对甲的善意信任（H8b）有间接的正向影响，甲对乙的善意信任正向调节了上述关系。如表 5.10 所示，甲对乙的善意信任通过甲对乙的依赖性帮助显著调节了甲对乙的能力信任和乙对甲的能力信任之间的正向间接关系（INDEX=0.005，S.E.=0.003，P=0.038，95%CI=［0.0003，0.010］）。当甲对乙的善意信任评价较高时，甲对乙的能力信任通过促进甲对乙的依赖性帮助与乙对甲的能力信任具有显著的正向间接效应（B=0.020，S.E.=0.010，P=0.043，95%CI=［0.0006，0.038］）。而当甲对乙的善意信任评价较低时，甲对乙的能力信任通过促进甲对乙的依赖性帮助与乙对甲的能力信任的正向间接效应则变得不显著（B=–0.004，S.E.=0.004，P=0.311，95%CI=［–0.013，0.004］）。结果与预期一致，假设 8a 得到支持。

表 5.10　调节效应假设检验结果（N=548）

路径 / 假设	善意信任	有条件的间接效应			有调节的中介效应		
		间接效应	标准误	95% 置信区间	INDEX	标准误	95% 置信区间
路径 1/H7a	高	0.010	0.009	［–0.008，0.03］			
	低	–0.001	0.002	［–0.005，0.003］	0.003	0.002	［–0.002，0.007］
	差值	0.011	0.01	［–0.009，0.032］			
路径 2/H8a	高	0.020	0.010	［0.0006，0.038］			
	低	–0.004	0.004	［–0.013，0.004］	0.005	0.003	［0.0003，0.010］
	差值	0.024	0.011	［0.0013，0.046］			
路径 3/H7b	高	0.028	0.013	［0.003，0.053］			
	低	–0.003	0.005	［–0.013，0.007］	0.007	0.003	［0.0008，0.013］
	差值	0.031	0.014	［0.004，0.201］			
路径 4/H8b	高	0.022	0.011	［–0.0004，0.043］			
	低	–0.005	0.005	［–0.015，0.005］	0.006	0.003	［0.00001，0.012］
	差值	0.026	0.013	［0.00006，0.053］			

注：COA1= 甲对乙的能力信任；BEP1= 甲对乙的善意信任；AUA1= 自主性帮助；DEA1= 依赖性帮助；COP2= 乙对甲随后的能力信任；BEP2= 乙对甲随后的善意信任。路径 1：COA1 → AUA1 → COP2。路径 2：COA1 → DEA1 → COP2。路径 3：COA1 → AUA1 → BEP2。路径 4：COA1 → DEA1 → BEP2。该表为未纳入控制变量得到的有调节的中介效应检验结果，纳入控制变量上述结果稳健。

如表 5.10 所示，甲对乙的善意信任通过甲对乙的依赖性帮助显著调节了甲对乙的能力信任和乙对甲的善意信任之间的正向间接关系（INDEX=0.006，S.E.=0.003，P=0.049，95%CI=［0.00001，0.012］）。如表 5.10 所示，当甲对乙的善意信任评价较高时，甲对乙的能力信任通过促进甲对乙的依赖性帮助与乙对甲的善意信任在 95% 的置信区间具有边缘显著正向间接效应（B=0.022，S.E.=0.011，P=0.054，95%CI=［-0.0004，0.043］）。相比之下，甲对乙的善意信任评价较低时，甲对乙的能力信任通过促进甲对乙的依赖性帮助与乙对甲的善意信任的正向间接效应则变得不显著（B=-0.005，S.E.=0.005，P=0.318，95%CI=［-0.015，0.005］）；善意信任分别取高低值时，两者的差值显著（B=0.026，S.E.=0.013，P=0.049，95%CI=［0.00006，0.053］），即善意信任调节效应显著，结果与预期一致，假设 8b 得到支持。

（5）对偶间调节效应探索分析

探索性的跨水平调节效应分析的结果表明，年龄（B=0.016，S.E.=0.047，P=0.726）和性别（B=-0.005，S.E.=0.029，P=0.865）对“信任——帮助——信任”交互调整路径的调节效应均不显著。

5.5 本章小结

工作场所中的助人决策过程是一种社会性风险投资过程。从风险投资的角度看，员工之间的互帮互助就是这种亲社会投资利益的交互反思调整过程（杨建锋等，2022）。本研究从员工互助的角度探讨了员工间基于信任的动态心理契约调整过程，该心理契约调整过程也是双方亲社会风险投资的利益权衡过程。具体来说，通过考查“信任——帮助——信任”之间的互动关系，应用经验取样法对 231 对在校大学生工作伙伴进行了 8 次配对追踪调查，实证检验了工作场所助人决策的反思调整过程。总的来说，信任有助于形成施助受助双方的互助，而互助又会促进双方的互信。

本研究得到如下结论。一是施助者对受助者的能力信任能提升施助者对受助者的自主性帮助和依赖性帮助。二是施助者对受助者的善意信任显著正向调节了施助者对受助者的能力信任与自主性帮助和依赖性帮助的正向关系。三是施助者对受助者的自主性帮助能显著提升受助者对施助者的善意信任，而与受助者对施助者的能力信任无显著正向关系；施助者对受助者的依赖性帮助能显著提升受助者对施助者的能力信任和善意信任。四是施助者对受助者的能力信任通过提升施助者对受助者的自主性帮助（依赖性帮助）而提升受助者对施助者的善意信任（能力信任和善意信任）。五是当施助者对受助者的善意信任评价较高时，施助者对受助者的能力信任越高，越能提供更多的自主性帮助（依赖性帮助）给受助者，而受助者也因此认为施助者是一个高善意信任（高善意信任和高能力信任）的人；相反当施助者对受助者的善意信任评价较低时，上述间接正向关系显著减弱。

研究结果不支持假设 3a、假设 5a 和假设 7a，具体见表 5.11。即施助者对受助者的自主性帮助与随后受助者对施助者的能力信任无显著正向关系，因而施助者对受助者的能力信任不能通过提升施助者对受助者的自主性帮助而提升受助者对施助者随后的能力信任。一方面，这也许是因为自主性帮助鼓励受助者独立思考、提升解决问题的能力（Bamberger & Levi，2009）。通过自主性帮助，受助者可以发展自己的自主性，逐步独立应对挑战并寻找解决方案，提升自我能力。从长期来看，自主性帮助有助于缩小与施助者的能力差距（Nadler，2020），从而导致施助者提供的自主性帮助越多，受助者对施助者的能力信任反而越低。另一方面，已有研究也发现，施助者在帮助他人解决问题的同时也可以提高他们自己解决问题的能力，通过帮助他人解决问题，员工能够获得新的见解和技能（Bolino & Grant，2016）。在志愿服务文献中也出现了类似的观点，研究人员发现技能发展是花时间为他人服务的最常见好处之一（Booth et al.，2009）。综上所述，尽管受助者在接受了自主性帮助后提升了自我能力，但施助者在帮助受助者的过程中也可能提升了自身能力。因此，施助者对受助者的自主性帮助与受助者对施助者的能力信任可能存在更为复杂的关系。

表 5.11　假设检验结果汇总

假设	内容	是否验证
H1a	甲对乙的能力信任能显著促进甲对乙的自主性帮助	是
H1b	甲对乙的能力信任能显著促进甲对乙的依赖性帮助	是
H2a	甲对乙的善意信任能显著调节甲对乙的能力信任对甲对乙的自主性帮助的正向影响	是

续表

假设	内容	是否验证
H2b	甲对乙的善意信任能显著调节甲对乙的能力信任对甲对乙的依赖性帮助的正向影响	是
H3a	甲对乙的自主性帮助能显著促进乙对甲的能力信任	否
H3b	甲对乙的自主性帮助能显著促进乙对甲的善意信任	是
H4a	甲对乙的依赖性帮助能显著促进乙对甲的能力信任	是
H4b	甲对乙的依赖性帮助能显著促进乙对甲的善意信任	是
H5a	甲对乙的能力信任通过促进甲对乙的自主性帮助而促进随后乙对甲的能力信任	否
H5b	甲对乙的能力信任通过促进甲对乙的自主性帮助而促进随后乙对甲的善意信任	是
H6a	甲对乙的能力信任通过促进甲对乙的依赖性帮助而促进随后乙对甲的能力信任	是
H6b	甲对乙的能力信任通过促进甲对乙的依赖性帮助而促进随后乙对甲的善意信任	是
H7a	甲对乙的善意信任调节了甲对乙的自主性帮助在甲对乙的能力信任和随后乙对甲的能力信任的正向中介作用，当甲对乙评估为高善意信任时得到加强。	否
H7b	甲对乙的善意信任调节了甲对乙的自主性帮助在甲对乙的能力信任和随后乙对甲的善意信任的正向中介作用，当甲对乙评估为高善意信任时得到加强。	是
H8a	甲对乙的善意信任调节了甲对乙的依赖性帮助在甲对乙的能力信任和随后乙对甲的能力信任的正向中介作用，当甲对乙评估为高善意信任时得到加强。	是
H8b	甲对乙的善意信任调节了甲对乙的依赖性帮助在甲对乙的能力信任和随后乙对甲的善意信任的正向中介作用，当甲对乙评估为高善意信任时得到加强。	是

6 研究三：工作设计对工作场所助人决策过程的影响机制

6.1 问题提出

工作场所助人决策过程是个体之间人际互助相关契约创建、维持与调整的动态心理契约过程（杨建锋等，2022）。在双方的动态心理契约调整中，帮助相关的契约内容随着双方的利益权衡和反思调整而动态变化，充分体现了工作场所助人决策过程的社会性风险投资属性。例如，笔者从对企业员工的深度访谈中发现，员工会由于想和同事建立更融洽的人际关系、更默契的工作氛围，以及未来也能得到同事的帮助等原因而帮助同事；也可能因为对方不懂感恩、不思回报、帮助对方后对方毫无成长等原因而后期不再帮助对方。已有研究表明，员工之间人际互助契约内容的动态变化不仅受到施助受助双方员工特征（Tai et al.，2023；刘文兴等，2022；Ruci et al.，2018）和所处情境（Hortensius et al.，2016；Kraus & Callaghan，2016）的影响，也可能受到组织因素，如领导风格（陈晓等，2023；胡丽丽等，2022）、工作和任务特征（Grant，2008；黄奇栋和钟健安，2010；叶龙和史静怡，2023）、组织氛围（刘蕴等，2016；Grodal et al.，2015；张兰霞等，2022）等的影响。鉴于人际互助在组织的有效运作中发挥着重要的作用（Thompson & Bolino，2018），组织应考虑为工作场所助人这种风险投资提供适宜的投资环境，促使员工愿意并且能够在工作场所中持续地进行这种投资行为（杨建锋等，2022）。

尽管已有研究从领导风格（陈晓等，2023；胡丽丽等，2022）、任务特征（Grant，2008；黄奇栋和钟健安，2010；叶龙和史静怡，2023）、组织文化氛围

（刘蕴等，2016；Grodal et al.，2015；张兰霞等，2022）等方面探讨了组织因素对助人行为的影响，但针对中国组织情境下的助人领域研究大多数聚焦于领导风格对员工助人行为的影响——如已有学者的研究发现幽默型领导（胡丽丽等，2022）、谦卑型领导（罗文豪和陈佳颖，2020）、参与型领导（施跃东和段锦云，2016）、愿景型领导（陈晓等，2023）等积极的领导风格有利于形成员工的助人行为，而对人力资源管理相关政策在助人决策过程中的影响则知之甚少，更无法从人力资源管理实践的角度设计相应管理措施发挥助人的好处，规避助人后的消极影响。鉴于工作设计在激发员工内在工作动机中发挥着重要作用，研究三将从工作设计的角度探讨其对助人决策过程的影响机制。

以往关于工作设计对助人影响的中国组织情境的研究主要聚焦于工作任务相依性（黄奇栋和钟健安，2010）、不合规任务（叶龙和史静怡，2023）等对助人的影响，极少涉及任务多样性对助人的影响。然而，随着工作任务越来越复杂，岗位中的任务多样性设计越来越不可避免。任务多样性是指员工需要执行多种任务或者需要多项技能的程度（Morgeson & Humphrey，2006）。一个岗位所包含的任务越多样，越能够丰富岗位内容，使员工感到愉悦和有趣（Morgeson & Humphrey，2006），进而增加员工的工作投入（Shantz et al.，2013），提升员工的任务绩效。但也可能因为岗位的任务多样性过高，需要的技能过于复杂而出现员工无法胜任的情况。因而，任务多样性是组织进行工作设计时不可避免的一个重要考虑因素。精心设计的工作有助于实现两个重要的目标：及时和有效地完成所期望的工作，以及激励和挑战员工。如果一份工作设计得当，它对企业和劳动者都有利。一个设计不当的工作可能导致员工无法按时完成工作，这也会使员工气馁并对工作产生不满意（Borman，2004）。因而，有必要通过工作设计建立一个有利的工作环境，这种工作环境有利于员工开展更多的互助活动，以对组织绩效产生正向影响。

另外，以往的研究主要聚焦于组织因素对助人行为的影响，而对组织因素如何影响工作场所助人决策过程（困境发现、解释困境、确认责任、构思策略、助人行为和反思调整）的研究还远远不足。本研究将基于动态心理契约理论，从工作场所助人决策过程的视角，考察任务多样性与助人决策过程的起始阶段，也是心理契约形成的起始阶段——困境发现之间的关系。本研究拟采用两阶段问卷调查的方式，探讨任务多样性对困境发现的影响机制，揭示工作投入在任务多样性与困境发现中的中介机制，以及任务重要性的调节作用。

6.2 理论与假设

6.2.1 任务多样性与工作投入

任务多样性是指员工能够执行范围广泛的任务的程度，指的是在工作内容中使用不同的技能和多样性（Morgeson & Humphrey，2006）。例如，数据输入办事员的工作就是一种任务多样性较低的工作，这项工作需要整天输入和纠正数据。高任务多样性工作的一个例子是产品经理的工作，这项工作包括整个产品管理圈，如制定营销策略，实施营销措施，进行市场分析和定价。涉及许多不同工作活动的高任务多样性的工作会让员工感到更有趣和愉快（Morgeson & Humphrey，2006），而低任务多样性的工作让人感觉单调，进而产生负面情绪（Melamed et al.，1995）。一般来说，任务多样性使得工作更加丰富和多样化，能够提高员工的积极性和工作效率。同时，不同的任务需要不同的技能和知识，这有助于员工不断学习和成长。高任务多样性具有使与工作相关的目标能够实现并有助于个人成长的功能价值，从而成为一种工作资源（Morf et al.，2017）。工作资源是帮助员工实现个人目标、满足个人需求、刺激个人成长和应对需要努力应对的工作需求（如时间压力）的工作方面（Morf et al.，2017）。高水平的工作资源与积极的动机结果相关，如工作投入（Bakker & Demerouti，2007）。

工作投入是一种积极的、完满的情绪与认知状态，这种状态与工作相关，其特征是活力、奉献和专注（Schaufeli et al.，2006）。活力表示员工在工作中具有高水平的能量和心理弹性，并愿意在面对障碍时投入努力和坚持不懈。奉献的特点是参与一个人的工作，因此，它点燃了一种自豪感、意义和热情。专注的特点表现为个体全神贯注于自己的工作，并能以此为乐，感觉时间过得很快而不愿从工作中脱离出来（Schaufeli et al.，2006）。工作投入将一个人真实的自我投入工作任务中，并在经验上与更高水平的角色内和角色外表现相关联（Shantz et al.，2013）。

高任务多样性意味着新任务被添加到工作中和工作重复性的减少（Zaniboni et al.，2013），从而可以激发员工的兴趣和投入。这有助于防止工作的单调化，使员工感到工作更有意义，激发员工的内在动机，提高工作投入。高任务多样性提供了员工使用不同技能的宝贵机会，并让员工感到工作的意义，激发员工的内在动机（Hackman & Oldham，1976；Humphrey et al.，2007），并促使他们不断学习新的技能提高职业素养（Van Ruysseveldt et al.，2011），增强自信心，从而更加投入工作。已有研究也表明，任务多样性与工作投入密切正相关（Shantz et al.，2013），因为当员工必须在整个一天的工作中完成不同的活动时，他们可能感到充满了活力和动力。与此相反，任务多样性的减少可以被理解为失去了一个有价值的工作方面和充分利用技能的机会。因此，任务多样性的减少与感知重复性的增加有关（Loukidou et al.，2009）。与高任务多样性相比，低任务多样性意味着缺乏使用有价值技能的机会（Loukidou et al.，2009；Zaniboni et al.，2013）。因而，低任务多样性可能导致缺乏刺激和激励，甚至更消极的情感状态（Morf et al.，2017），而消极的情绪状态会降低员工的工作投入。综上所述，本研究提出以下假设。

假设 1：任务多样性能够促进员工的工作投入。

6.2.2 工作投入的中介作用

一般来说，高工作投入与积极的工作结果相关。但也有研究表示非常高水平的工作投入也可能存在负面影响（Gillet et al.，2020）。根据资源分配框架理论（Hockey，1997），员工的资源是有限的。如果多种任务需要消耗同一资源，那么这些任务就会对该资源展开竞争（Hockey，1997）。如果员工针对某项任务投入了过多资源，容易导致该员工缺乏足够资源去投入其他任务（Bergeron et al.，2013）。当全身心投入工作时，员工会表现出专注与沉浸。专注体现为把大量时间和认知资源投入工作；沉浸则体现为全神贯注于工作，与工作融为一体。然而，当个体全神贯注地工作时，就容易忽视其他事情（Rich et al.，2010），自己难以觉察他人所处的困境，于是没有机会去和他人签订与帮助相关的心理契约。

在助人决策过程的初始阶段，员工需要投入相应的认知资源去发现他人的困境。而高工作投入的员工会把大量认知资源投资于工作（Rich et al.，2010），可能缺乏足够的认知资源发现和判断周边同事是否处于困境，因而难以去和他人签订关于帮助的心理契约。以往实证研究也发现那些因为其他事件而消耗了较多认知资源的员工会做出更少的助人行为。例如，焦虑情绪导致的认知资源损耗会促使高工作焦虑员工的助人行为减少（Calderwood et al.，2018）。社会网络规模较大者虽有更多机会去帮助他人，但当其社会网络规模过大时，员工的认知资源会消耗过度，从而难以关注他人是否处于困境，最终减少了助人行为（Stea et al.，2017）。因此，工作投入可能抑制困境发现，本研究提出假设 2。

假设 2：工作投入与困境发现呈反向关系。

假设 1 认为任务多样性能够促进员工的工作投入，假设 2 认为工作投入会抑制员工对同事身处困境的发现。因此，结合假设 1 和假设 2，本研究进一步推论出假设 3。

假设 3：工作投入中介任务多样性对困境发现的负向关系。

6.2.3 任务重要性的调节作用

任务重要性是指工作能对他人命运和幸福产生影响的程度（Hackman & Oldham，1976）。任务重要性包括对组织内部的重要性（内部任务重要）和对组织外部的重要性（外部意义重要）。例如，社会工作者的工作具有较高的外部任务意义，他们的工作帮助客户建立自我效能感、自立感和心理健康。他们可以看到自己的工作对患者生活改善的影响。薪资主管的工作则具有较高的内部任务意义，虽然他们在员工薪资方面的努力不会直接体现在组织外部，但会影响工作环境。由于薪资主管负责向工人分配资金的重要任务，因此这些员工可以通过做好本职工作，帮助公司为整个社会做出贡献。

任务重要性是影响员工行为、态度和绩效的重要因素（Grant，2008）。一项任务越重要，对他人福祉影响越大，越能激发员工关于工作意义的感知（Allan，2017）。任务重要性代表了员工认为自己的工作具有价值的影响程度（Grant，2008），而对工作意义的感知能够增加员工的工作投入（Junça-Silva et al.，2022）。任务重要性高的工作不仅可以积极地改变员工在工作中的心理意义，还可以提高员工个人生活的意义，提高员工的内在工作动机，并实现最终造福他人的更大利益。Shantz 等的研究也表明，那些认为自己的工作任务有价值的员工往往会在工作中充满活力、有动力和执着，这是增加工作投入的潜在强大资源（Shantz et al.，2013）。另外，任务重要性也是一种重要的工作资源，而工作资源能够显著正向预测工作投入（Schaufeli & Bakker，2004）。杨红明和廖建桥的研究也发现任务重要性会促进员工的工作投入（杨红明和廖建桥，2011）。

总之，任务多样性让员工感受到工作的有趣性和挑战性，促使员工更多地投入工作；任务重要性让员工感知到自我价值。当一项工作既有趣又重要时，员工不仅能从中获得乐趣，而且可以实现自我价值。高任务重要性会加强任务多样性促进员工工作投入的过程；反之，低任务重要性则可能减弱任务多样性促进员工工作投入的过程。结合假设 3 的“工作投入中介任务多样性对困境发现的负向作用”，本研究提出假设 4。

假设 4：任务重要性调节了工作投入在任务多样性与困境发现之间的负向中介作用。当任务重要性低时，会减弱任务多样性对困境发现的间接负向影响，而当任务重要性高时，会加强任务多样性对困境发现的间接负向影响。

研究三的理论模型见图 6.1。

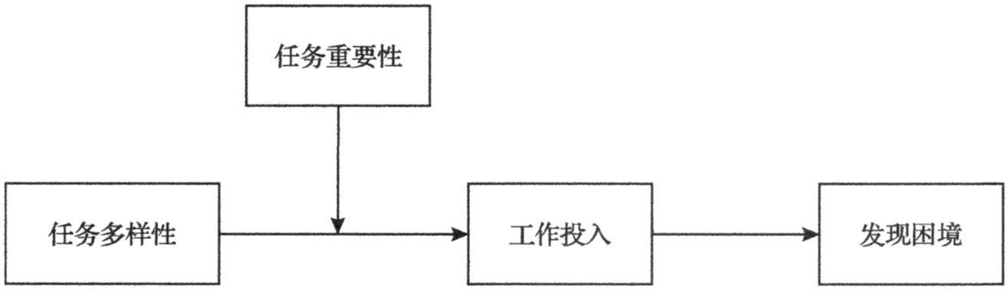

图 6.1　任务多样性对工作场所助人决策的影响

6.3 研究方法

6.3.1 研究样本和程序

笔者通过专业数据收集平台（Credamo）招募了 593 名在职员工，该平台的数据质量和可信度被以往的研究佐证（Li et al.，2023）。剔除填写不认真未通过系统甄别（系统设置了两道甄别题）的56人以及非企业工作人员37人（剔除了事业单位工作人员、公务员和其他性质人员），共500人参与了正式的调研。为了降低共同方法偏差并且更好地识别因果关系，笔者分两个时点发放了问卷，两个时点间隔1周。笔者在第一个时点收集年龄、性别、职位、学历、工作年限等人口统计信息，以及工作任务多样性、任务重要性等工作特征变量；在第二个时点请参与者自评工作投入和困境发现，共收到350人的有效回答。参与者每填写一次问卷可以获得3.5元的报酬，两个时点都填写了问卷的参与者共计获得7元/份的报酬，最终通过唯一标识的用户ID成功匹配两个时点的有效问卷350份，问卷有效回收率70%。

样本数据来自北京、福建、广东、河北、河南、黑龙江、湖北、湖南、江苏、江西、辽宁、上海、浙江、山东、山西、四川（列出名字的是样本数超过10个的省和直辖市）等28个省和直辖市。如表6.1所示，350份样本中男性占42.86%，女性57.14%；30岁及以下员工占46.86%，31岁到40岁员工占43.14%，41岁到50岁员工占6.86%，51岁到60岁员工占3.14%；35.43%的被试工作5年及以下，38.57%的被试工作6年到10年，15.71%的被试工作11年到15年，5.14%的被试工作16年到20年，4.29%的被试工作21年到30年，工作30年及以上的被试占0.86%；样本中初中学历占1.43%，高中中专学历的占7.71%，专科学历的占14.29%，本科学历占60%，硕士及以上学历占16.57%；高层管理者7.71%，中层管理者23.43%，基层管理者22.29%，普通员工46.57%。

表6.1　样本人口统计学特征表（N=350）

性别	人数	比例	工作年限	人数	比例
男	150	42.86%	5年及以下	124	35.43%
女	200	57.14%	6~10年	135	38.57%
年龄	人数	比例	11~15年	55	15.71%
18~30岁	164	46.86%	16~20年	18	5.14%
31~40岁	151	43.14%	21~30年	15	4.29%
41~50岁	24	6.86%	31年及以上	3	0.86%

续表

年龄	人数	比例	最高学历	人数	比例
51~60 岁	11	3.14%	初中	5	1.43%
职位	人数	比例	高中 / 中专	27	7.71%
高层管理者	27	7.71%	大专	50	14.29%
中层管理者	82	23.43%	本科	210	60%
基层管理者	78	22.29%	硕士及以上	58	16.57%
普通员工	163	46.57%			

6.3.2 测量量表

本研究所用到的量表全部选用在国际权威期刊上发表并被广泛使用的成熟量表，初步保证了量表的信效度。所有的英文量表都请熟悉中文和英文两种语言的专家，遵循标准的翻译和回译程序翻译成中文。所有变量均采用李克特 7 点量表。

任务多样性：本研究选取 Morgeson 和 Humphrey（2006）等开发的工作特征量表中的任务多样性量表测量任务多样性，共 4 个条目，任务多样性在本研究中 α 一致性系数为 0.90（见表 6.2）。

表 6.2 任务多样性条目及信度分析（N=500）

维度 / 题项	CITC	if Item Deleted	α 系数
1. 这份工作涉及大量的任务种类	0.76	0.87	0.90
2. 这份工作涉及做许多不同的事情	0.76	0.87	
3. 这份工作需要执行范围广泛的任务	0.76	0.87	
4. 这份工作涉及执行各种任务	0.81	0.85	

注：CITC=Corrected Item–Total Correlation；if Item Deleted=Cronbach's Alpha if Item Deleted。

工作投入：本研究采用 Schaufeli 等（2006）编制的简短版工作投入量表。该量表包括三个维度，分别是活力（Vigor）、奉献（Dedication）和专注（Absorption）。每个维度由 3 个条目组成。活力维度包括“在工作中，我感到自己迸发出能量”“在最近的工作中，我感到自己强大并且充满活力”“最近早上一起床，我就想要去工作”等 3 个条目。奉献维度包括“我对工作富有热情”“工作激发了我的灵感”“我为自己所从事的工作感到自豪”等3个条目。专注维度包括“我沉浸于我的工作当中”“当我紧张地工作时，我会感到快乐”“我在工作时会达到忘我的境界”等3个条目。工作投入在本研究中的α一致性系数为0.93（见表6.3）。

表6.3 工作投入条目及信度分析（N=500）

维度 / 题项	CITC	if Item Deleted	α 系数
1. 在工作中，我感到自己迸发出能量	0.72	0.92	0.93
2. 在最近的工作中，我感到自己强大并且充满活力	0.78	0.92	
3. 最近，我对工作富有热情	0.76	0.92	
4. 工作激发了我的灵感	0.79	0.92	
5. 最近早上一起床，我就想要去工作	0.76	0.92	
6. 当我紧张地工作时，我会感到快乐	0.70	0.93	
7. 我为自己所从事的工作感到自豪	0.77	0.92	
8. 我沉浸于我的工作当中	0.76	0.92	
9. 我在工作时会达到忘我的境界	0.70	0.93	

注：CITC=Corrected Item-Total Correlation; if Item Deleted=Cronbach's Alpha if Item Deleted.

任务重要性：本研究采用Morgeson和Humphrey（2006）等开发的工作特征量表中的任务重要性量表测量任务重要性，共3个条目，具体条目如表6.4所示，任务重要性在本研究的α一致性系数为0.84。

表6.4 任务重要性及信度分析

题项	CITC	if Item Deleted	α 一致性系数
1. 我的工作成果很可能对其他人的生活产生重大影响	0.68	0.79	0.88
2. 从更广泛的意义上讲，这项工作本身非常重要	0.50	0.86	
3. 这项工作对组织外的人有很大的影响	0.74	0.76	
4. 我的本职工作会对组织外的人员产生重大影响	0.77	0.74	

注：CITC=Corrected Item-Total Correlation; if Item Deleted= Cronbach's Alpha if Item Deleted.

困境发现：采用 Quyang（2018）等在文献中使用的描述工作场所助人行为的量表测量困境发现。该量表共 4 个条目，本研究通过对原始量表进行语言上的微调改编为测量潜在施助者是否发现他人处在困境的量表，具体条目如表 6.5 所示，该量表在本研究的 α 一致性系数为 0.81。

表 6.5 困境发现条目及信度分析

题项	CITC	if Item Deleted	α 一致性系数
1. 最近，我注意到有同事赶不上工作进度	0.67	0.74	0.81
2. 最近，我注意到有同事在工作上有困难	0.64	0.75	
3. 最近，我注意到有同事完不成自己的工作职责	0.67	0.73	
4. 最近，我注意到有同事工作任务繁重	0.53	0.80	

注：CITC=Corrected Item–Total Correlation；if Item Deleted= Cronbach's Alpha if Item Deleted.

控制变量：笔者选取了员工的年龄、性别、职位、学历、工作年限等人口统计信息，这些因素在之前的研究中已被发现会影响个人的助人行为（Gerben et al.，2003；Vegtet al.，2006）。本研究分别用纳入和不纳入控制变量的模型对假设进行检验，结果发现是否纳入控制变量对模型的结果无显著差异，说明数据具有稳健性，因此后面本研究报告纳入控制变量的结果。

6.3.3 分析方法

采用 SPSS 22 软件进行描述性统计分析，得到各变量的均值、标准差和相关系数，采用 SPSS 22 对模型进行 Harman 单因素检验以考察共同方法偏差问题。采用 MPLUS 8.1 进行验证性因子分析和方法学因子的检验，用 PROCESS 4.1 插件的模型 7 检验任务多样性影响困境发现的主效应、工作投入的中介效应，以及任务重要性的调节效应。

6.4 数据分析和结果

6.4.1 变量的信度检验

笔者从组合信度和 Cronbach's α 一致性系数考查量表信度，使用 MPLUS 8.1 统计软件进行验证性因子分析，得到条目的标准化因子载荷，计算量表各维度的信度情况。组合信度的检验结果如表 6.6 所示，任务多样性、工作重要性、工作投入和困境发现的组合信度（CR）在 0.81 到 0.93 之间，均超过 0.70 的推荐标准（Hair J. F., et al., 2014）。使用 SPSS 22 软件得到 Cronbach's α 一致性系数的检验结果如表 6.2 至表 6.5 所示。任务多样性、工作重要性、工作投入和困境发现的 α 一致性系数分别为 0.90、0.93、0.88 和 0.81，均超过 0.70 的推荐标准（Hair J. F., et al., 2014），且各变量的校正后条目总相关性（CITC）介于 0.50 至 0.81 之间，均超过 0.4 的推荐标准。组合信度和 Cronbach's α 一致性系数的检验结果表明，任务多样性、任务重要性、工作投入和困境发现等变量均具有较高的信度。

6.4.2 变量的效度检验

通常效度检验包括收敛效度检验和区分效度检验。我们用条目对潜变量的标准化因子载荷和潜变量的平均方差抽取量（AVE）检验收敛效度。如表 6.6 所示，各条目对维度的标准化因子载荷在 0.50 至 0.91 之间，满足大于 0.5 的推荐标准；各维度的 AVE 值在 0.53 至 0.69 之间，均达到 0.50 的推荐标准（Hair J. F., et al., 2014），表明量表具有较好的收敛效度。如表 6.8 所示，为了判断量表的区分效度，本研究将各潜变量的相关系数和 AVE 的开根号值进行比较，发现任务多样性、任务重要性、工作投入和困境发现的两两皮尔逊相关系数均小于对应变量的 AVE 开根号值（Hair J. F., et al., 2014），这表明任务多样性、任务重要性、工作投入和困境发现等概念均具有良好的区分效度。总之，本研究的测量量表具有较高收敛效度和区分效度。

表 6.6　条目标准化因子载荷和信度（N=350）

变量	题项	标准化因子载荷	CR 值
任务多样性	1. 这份工作涉及大量的任务种类	0.80	0.90
	2. 这份工作涉及做许多不同的事情	0.81	
	3. 这份工作需要执行范围广泛的任务	0.82	
	4. 这份工作涉及执行各种任务	0.88	
任务重要性	5. 我的工作成果很可能对其他人的生活产生重大影响	0.69	0.83
	6. 从更广泛的意义上讲，这项工作本身非常重要	0.50	
	7. 这项工作对组织外的人有很大的影响	0.87	
	8. 我的本职工作会对组织外的人员产生重大影响	0.91	
工作投入	9. 在最近的工作中，我感到自己迸发出能量	0.75	0.93
	10. 在最近的工作中，我感到自己强大并且充满活力	0.81	
	11. 最近，我对工作富有热情	0.79	
	12. 工作激发了我的灵感	0.82	
	13. 最近早上一起床，我就想要去工作	0.79	
	14. 我沉浸于我的工作当中	0.73	
	15. 当我紧张地工作时，我会感到快乐	0.80	
	16. 我在工作时会达到忘我的境界	0.77	
	17. 我感觉到自己离不开工作	0.72	
困境发现	18. 最近，我注意到有同事赶不上工作进度	0.79	0.81
	19. 最近，我注意到有同事在工作上有困难	0.72	
	20. 最近，我注意到有同事完不成自己的工作职责	0.79	
	21. 最近，我注意到有同事工作任务繁重	0.59	

6.4.3　验证性因子分析

验证性因子分析检验变量的区分效度。本研究测量了四个主要变量：任务多样性、任务重要性、工作投入和困境发现。笔者采用 MPLUS 8.1 软件对结构模型进行验证性因子分析，构建原始四因子模型（任务多样性、任务重要性、工作投入和困境发现）、加上三因子模型 1（自变量和调节变量合并）、三因子模型 2（中介变量和调节变量合并）、二因子模型 1（自变量、中介变量和调节变量合并）、二因子模型 2（自变量和调节变量合并、中介变量和因变量合并）和一因子竞争模型，比较上述六个竞争模型的拟合水平可知（见表 6.7），原始模型的主要拟合指标的拟合值优于其他竞争模型的拟合指标（X^2/df=1.92，CFI=0.960，TLI=0.954，RMSEA=0.051，SRMR=0.046），且达到建议值要求。总体来说，本研究的假设模型具有较好的区分效度，且模型拟合良好。

表 6.7　竞争模型主要拟合指标对比（N=350）

模型	X^2	df	CFI	TLI	RMSEA	SRMR
原始四因子模型	351.24	183	0.960	0.954	0.051	0.046
三因子模型 1	909.85	186	0.827	0.805	0.105	0.098
三因子模型 2	876.67	186	0.835	0.814	0.103	0.087
二因子模型 1	1609.51	188	0.660	0.620	0.147	0.125
二因子模型 2	1373.79	188	0.716	0.683	0.134	0.129
一因子模型	2063.88	189	0.552	0.502	0.168	0.147

6.4.4　共同方法偏差

尽管本研究多时点收集数据来降低共同方法偏差，但由于数据都是通过员工自评收集得到的，因此，拟采用 Harman 单因素检验和方法学因子两种方法考察本研究是否存在严重的共同方法偏差问题。第一，Harman 单因素检验。使用 SPSS 软件对任务多样性、任务重要性、工作投入和困境发现四个主要变量进行探索性因子分析，得到首个因子的解释方差量为 33.95%，低于 40% 的基准线（Podsakoff et al.，2003）。第二，方法学因子。用 MPLUS 8.1 软件将方法学因子纳入到原始四因子模型中进行验证性因子分析，发现纳入了方法学因子的模型无法拟合，这表明纳入了方法学因子的模型远远劣于未纳入方法学因子的原始四因子模型，进一步说明本研究不存在严重的共同方法偏差（汤丹丹和温忠麟，2020）。

6.4.5　描述性统计和相关分析

各主要变量的均值、标准差和相关系数见表 6.8。任务多样性与任务重要性（r=0.33，p=0.000）显著正相关，任务多样性与工作投入（r=0.35， p=0.000）显著正相关，这些研究结果为本研究的假设提供了初步的支持。

表 6.8　关键变量的均值、标准差及相关矩阵（N=350）

	1	2	3	4
1 工作任务多样性	0.83			
2 工作任务重要性	0.33**	0.75		
3 工作投入	0.35**	0.38**	0.78	
4 困境发现	0.15**	0.03	–0.10	0.73
均值 M	5.31	5.16	4.66	3.81
标准差 SD	1.18	1.13	1.06	0.90

注：* p＜0.05，** p＜0.01，***p ＜ 0.000；对角线上是 AVE 开根号值。

6.4.6　假设检验

本研究采用层次回归分析、PROCESS 插件的模型 7 和 BOOTSTRAP 方法等验证前面提出的假设。

（1）检验任务多样性与工作投入的关系

假设 1 认为任务多样性可以促进员工的工作投入。为了检验假设 1，笔者采用层次回归法，以工作投入为因变量，逐步将控制变量（年龄、性别、职位、学历、工作年限）、自变量（工作任务多样化、任务重要性）和交互项（工作任务多样化 × 任务重要性）纳入回归模型，得到表 6.9 的相关结果。

如表 6.9 的模型 2 所示，性别（B=0.11，S.E.=0.11，P=0.22）、收入（B=0.09，S.E.=0.05，P=0.11）、工作年限（B=–0.10，S.E.=0.08，P=0.18）、学历（B=–0.03，S.E.=0.07，P=0.50）对员工的工作投入无显著影响；年龄（B=0.36，S.E.=0.12，P=0.004）和职位（B=0.18，S.E.=0.07，P=0.005）对员工的工作投入有显著的正向影响，即员工年龄越大，工作投入就越高；职位越高，工作投入就越大。在控制了性别、收入、工作年限、学历等变量之后，任务多样性仍然（B=0.26，S.E.=0.04，P=0.000）显著正向预测员工的工作投入，即任务越多样化，越会促进员工的工作投入，验证了假设 1；如模型 3 所示，在控制了性别、收入、工作年限、学历等变量之后，任务重要性（B=0.29，S.E.=0.05，P=0.000）显著正向影响员工的工作投入。

表 6.9 层次回归任务多样性预测工作投入（N=350）

变量	工作投入							
	模型 1		模型 2		模型 3		模型 4	
	B	S.E.	B	S.E.	B	S.E.	B	S.E.
控制变量								
性别	0.11	0.11	0.11	0.11	0.05	0.11	0.12	0.10
年龄	0.32**	0.12	0.36**	0.12	0.28*	0.12	0.31**	0.11
收入	0.11*	0.05	0.09	0.05	0.09	0.05	0.08	0.05
工作年限	–0.05	0.08	–0.10	0.08	–0.05	0.08	–0.10	0.08
职位	0.22***	0.07	0.18**	0.07	0.18**	0.07	0.17**	0.06
学历	–0.03	0.07	–0.03	0.07	–0.06	0.07	–0.05	0.07
自变量								
任务多样性			0.26***	0.04			–0.50**	0.17
任务重要性					0.29***	0.05	–0.52**	0.18
交互项								
任务多样性 × 任务重要性							0.14***	0.03
R^2	0.144		0.221		0.230		0.307	
ΔR^2			0.077		0.009		0.077	
F	9.64		13.88		14.57		16.75	

注：* p<0.05，** p<0.01，***p <0.001，B 代表影响系数，S.E. 代表标准误；去除控制变量交互效应仍然成立。

（2）工作投入的中介作用

按照 Hayes 的方法（Hayes，2018），为了检验工作投入在任务多样性和困境发现中是否存在中介作用，本研究采用 SPSS 软件的 PROCESS 4.1 插件中的模型 4 进行中介效应检验，以任务多样性为自变量，工作投入为中介变量，困境发现为因变量，以性别、年龄、收入、工作年限、职位和学历为控制变量，设置 5000 次 BOOTSTRAP 得到表 6.10 中假设 2 和假设 3 的相关结果，表 6.10 报告纳入了控制变量的结果。笔者去除控制变量进行了稳健性检验，发现是否纳入控制变量不影响统计结果，统计结果稳健。

如表6.10所示，任务多样性对工作投入具有显著正向影响（B=0.26，S.E.=0.04，P=0.000），再次验证了假设1。工作投入与困境发现之间存在显著的负向关系（B=-0.13，S.E.=0.05，P=0.004），95%置信区间为［-0.22，-0.03］，不包含0，说明员工的工作投入度越高，越有可能忽视同事的困境，假设2得到支持。工作投入在工作任务多样性和困境发现之间发挥着负向中介作用（B=-0.03，S.E.=0.02，95%CI=［-0.07，-0.005］），95%的置信区间为［-0.07，-0.005］，不包含0，该负向中介作用显著。即工作任务越多样化，越可能激发员工更多的工作投入，进而更不容易发现同事处在困境，假设3得到支持。

表6.10　假设检验结果（N=350）

假设	路径	影响系数（B）	标准误（S.E.）	95%置信区间		是否支持假设
				Boot LCI	Boot ULCI	
H1	RWDY → GZTR	0.26***	0.04	0.17	0.34	支持
H2	GZTR → KJFX	-0.13*	0.05	-0.22	-0.03	支持
H3	RWDY → GZTR → KJFX	-0.03	0.02	-0.07	-0.005	支持

注：* $p<0.05$，** $p<0.01$，***$p<0.001$；RWDY=任务多样性；GZTR=工作投入，KJFX=困境发现；以上为纳入控制变量的结果，去除控制变量结果保持稳健。

（3）任务重要性的调节作用

更进一步，为了检验任务重要性是否在上述关系中起调节作用，笔者采用SPSS软件的PROCSS 4.1插件中的模型7进行有中介的调节效应检验。以任务多样性为自变量，工作投入为中介变量，任务重要性为调节变量，困境发现为因变量，以性别、年龄、收入、工作年限、职位和学历为控制变量，设置5000次BOOTSTRAP得到表6.11相关结果，表6.11报告纳入了控制变量的结果。笔者去除控制变量进行了稳健性检验，发现是否纳入控制变量不影响统计结果，统计结果稳健。

如表6.9的模型4所示，在控制了性别、收入、工作年限、学历等变量之后，任务多样性与任务重要性（B=0.14，S.E.=0.03，P=0.000，95%CI=［0.07，0.21］）的交互作用显著正向促进了员工的工作投入。进一步分析发现，如表6.11所示，员工在面对重要的工作任务时，工作任务越多样性，员工越会由于更多的工作投入，而比低重要性工作任务时（B=-0.01，S.E.=0.01，95%CI=［-0.04，0.004］）更容易忽视同事的困境（B=-0.05，S.E.=0.03，95%CI=［-0.12，-0.008］）；即任务重要性通过增强员工工作投入，显著调节了任务多样性与困境发现之间的负向关系（INDEX=-0.02，S.E.=0.01，95%CI=［-0.05，-0.002］）。整体而言，在任务重要性高或者低两种条件下，有调节的中介效应指数为 -0.02，对应的 95% 置信区间不包含 0，即这表明任务重要性调节了任务多样性和困境发现之间的关系，假设 4 得到支持。

表 6.11 有调节的中介效应假设检验结果（N=350）

结果变量	有条件的间接效应			
	任务重要性	间接效应	标准误	95% 置信区间
困境发现	低	-0.01	0.01	［-0.04，0.004］
	高	-0.05	0.03	［-0.12，-0.008］
	INDEX	-0.02	0.01	［-0.05，-0.002］

注：以上为纳入控制变量的结果，去除控制变量结果保持稳健。

进一步通过简单斜率分析考察任务重要性如何调节任务多样性对工作投入的影响。任务重要性高时，任务多样性对工作投入的增强作用显著（B=0.67，S.E.=0.23，P=0.006）；任务重要性低时，任务多样性对工作投入的增强作用变得不显著（B=-0.001，S.E.=0.10，P=0.99），如图 6.2 所示。因此，本研究可以得出结论：当员工面对任务重要性高的工作时，任务多样性程度越高，越会出现员工通过增强工作投入而降低发现同事困境的机会；而当员工面对任务重要性低的工作时，任务多样性对员工工作投入的增强作用不显著，并进而使员工发现同事困境的阻碍减弱，假设 4 再次得到支持。

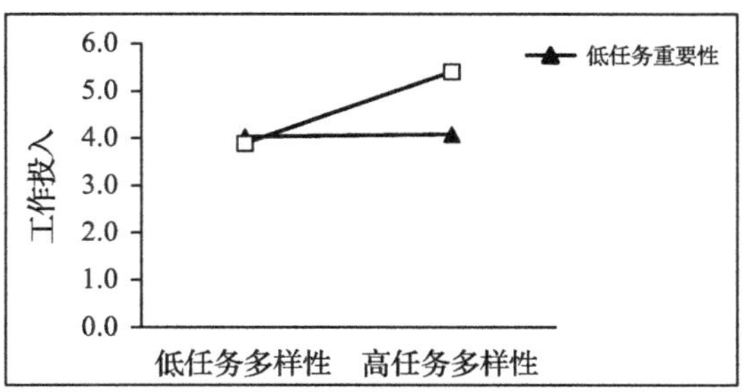

图 6.2 任务重要性对任务多样性与工作投入之间关系的调节作用

6.5 本章小结

研究三基于助人过程的视角，整合动态心理契约理论，将困境发现作为员工与其他同事构建助人相关心理契约的起始过程。探讨了任务多样性和任务重要性等工作特征对困境发现的影响。对350位企业员工的两阶段问卷调研发现，任务多样性通过促进员工工作投入，抑制了员工发现其他同事处于困境，任务重要性加强了上述抑制作用。具体结果见表6.12。也就是说，当员工沉浸于工作时，容易忽视其他同事的困境，进而可能导致助人行为的减少。

研究三有以下理论贡献。首先，与已有研究不同的是，本研究从工作场所助人决策过程的起始阶段——困境发现的角度，对任务多样性与助人决策之间的关系进行了研究。尽管以往对助人的前因和后果进行了丰富的研究，但往往将助人当作一种瞬时的行为（杨建锋等，2022），却忽视了助人决策的过程性（Nadler，2020）。事实上，助人行为的发生依赖于助人决策过程的顺畅，一旦发现困境、解释困境、确认责任、构思策略、实施助人、反思调整等助人过程任何一个阶段受阻，都会导致助人行为的受阻。除非同事主动请求员工的帮助，否则如果员工没有发现其他同事的困境，自然就不会有后面的帮助行为。本研究关于困境发现的研究，提高了助人领域研究的细腻度。其次，研究三揭示了工作投入可能带来的负向结果，丰富了关于工作投入的相关研究。已有研究表明工作投入能够产生提升员工的创造力（王永丽等，2012；苏伟琳等，2018；黄昱方和马素雅，2023）和任务绩效（苏永发等，2022），并促进员工的工作－家庭增益（郑晓明等，2019）等积极结果。与之前的研究不同，本研究发现，工作投入也可能存在潜在的负向影响。当员工沉浸于工作时，可能由于将注意力聚焦于工作上，而忽视了同事的困境，从而减少了助人行为。即员工的工作投入越高，越可能减少对其他同事的帮助。

表6.12 假设检验结果汇总

假设	内容	是否验证
H1	任务多样性能够促进员工的工作投入	是
H2	工作投入与困境发现呈反向关系	是
H3	工作投入中介任务多样性对困境发现的负向关系	是
H4	任务重要性调节了工作投入在任务多样性与困境发现之间的负向中介作用	是

7 研究四：团队绩效薪酬对工作场所助人决策的影响机制

7.1 问题提出

绩效薪酬是根据个人或组织绩效的某种衡量标准而变化的薪酬，是组织薪酬战略的重要组成部分（He et al.，2020）。其中，依个人绩效标准制定的薪酬是个体绩效薪酬，依团队绩效标准制定的薪酬是团队绩效薪酬。目前，90%以上的公司采用了绩效薪酬系统（包括个人绩效薪酬和团队绩效薪酬），将员工的工资水平与他们以前或未来的工作表现联系起来，从而激励员工提高工作绩效（He et al.，2020）。现有的一些研究发现团队绩效薪酬旨在激励团队成员之间的合作和沟通，以提高团队绩效（Wageman & Baker，1997）。然而，团队绩效薪酬也可能导致一些负面后果，比如社会闲散或搭便车行为（Wageman & Baker，1997）。为了降低团队中的社会闲散和搭便车行为，大部分组织采用了公平团队绩效薪酬策略，即每个团队成员的薪酬取决于团队的总产出或绩效，同时在团队内，成员的薪酬是根据他们对团队的贡献按比例分配的。

对以往的研究梳理发现，团队绩效薪酬领域的研究可能还存在以下不足。首先，团队绩效薪酬激励政策除了可能导致社会闲散和搭便车行为之外，还可能导致其他的负面影响，对此学界仍然知之甚少。组织结果也可能不随着更好的团队绩效而改善，因为团队更有可能努力实现特别有利于团队内部的结果，而不是那些导致更广泛的组织成功的结果（Nyberg et al.，2018），例如可能出现亲团队不道德行为，合作仅限于团队内部，对团队外组织内部的其他事物不关注甚至破坏等负面后果。现有研究仅针对团队绩效薪酬如何促进团队内部的绩效、生产率、税收、财务指标，以及合作和互助等结果进行了研究（Nyberg et al.，2018）。关于团队绩效薪酬对团队外部成员帮助决策过程的研究还远远不足。其次，尽管越来越多的中国企业采用了团队绩效薪酬政策，但中国情境下的团队绩效薪酬研究仍然非常缺乏，基于中国情境下的少数研究也仅聚焦于团队绩效薪酬对团队绩效的影响（周空等，2023），而忽视了团队绩效薪酬政策对整个组织及其他部门员工的影响。

因此，本研究在研究二从个体水平的视角验证了组织中施助受助双方助人决策交互调整过程的基础上，考虑组织中人力资源实践——团队绩效薪酬对助人决策过程的影响。整合动态心理契约和工作场所助人决策过程，本研究构建了一个基于助人决策过程模型的有调节的中介模型，用以揭示团队绩效薪酬影响工作场所助人决策的过程，重点关注工作场所助人决策过程中的助人责任和交互调整两个阶段。研究采用实验法揭示团队绩效薪酬政策如何影响员工对团队内成员和团队外成员的助人决策过程。

7.2 理论与假设

7.2.1 团队绩效薪酬与工作场所助人决策

绩效薪酬有很多形式，如绩效工资、年终奖、股票期权、分红制及员工持股等（Nyberg et al.，2018）。它们通常是两类绩效薪酬的混合体：基于个体绩效的个体绩效薪酬和基于团队绩效的团队绩效薪酬（He et al.，2020；Nyberg et al.，2018）。尽管个体绩效薪酬特别鼓励特定的角色内行为，但令人担忧的是，个体绩效薪酬促使员工仅关注个人绩效，这可能引起员工嫉妒同事、鼓励不道德行为、减少内在动机和创造力，进而导致竞争加剧、协作减少，并最终导致同事帮助行为减少等消极后果（He et al.，2020）。团队绩效薪酬则能促使团队成员关注团队绩效，把自己看作团队的一员而非独立个体，从而表现出更高的团队认同（Kim & Gong，2009）。团队绩效薪酬能通过在成员心中突显团队绩效的重要性，促使成员把团队看作一个特殊单位，并用团队特征来描述自己（Ellemers et al.，2004）。在组织中，员工既可以认同组织，也可以认同所在团队，但员工通常会认为自己与团队的关系会比与组织的关系更加密切（赵祁和李锋，2016）。因而，团队绩效薪酬能够增强员工的团队认同。

团队认同会促进团队内成员之间的信任（Hogg & Terry，2000）。信任正是心理契约的重要基础（Robinson et al.，1994）。因此，团队认同高的员工会因为更加信任同事而敢于进行社会性风险投资——帮助有需要的同事，愿意和这些同事签订帮助相关的心理契约——而不用担心受助同事采取机会主义行为。他们更可能关注到团队内成员的困境，愿意认真分析这些困境并承担帮助成员脱离困境的责任，积极构思和实施助人策略，并不断反思自己的助人策略和行为，从而更好地帮助团队内成员。以往实证研究也发现那些具有更高团队认同的员工会更加倾向于帮助同事（McDonald et al.，2018）。另外，团队认同会促使员工只关注所属团队而忽视其他团队的困难和利益（张莹瑞和佐斌，2006），也会促使员工通过让所属团队比其他团队更加优秀而获得优越感，导致员工不帮或者少帮团队外成员，甚至通过帮倒忙来限制或损害其他团队的绩效，最终让所属团队获得相对优势（McDonald et al.，2018）。基于此，本研究认为团队绩效薪酬可能影响员工与团队内及团队外成员签订帮助相关心理契约的意愿和行为，进而影响助人这种社会性风险投资决策。因此，本研究提出如下假设。

假设 1a：团队绩效薪酬能促进员工的团队内助人决策。

假设 1b：团队绩效薪酬会抑制员工的团队外助人决策。

7.2.2 助人责任在团队绩效薪酬与助人决策中的中介作用

动态心理契约不仅能够刻画员工与组织之间的责任义务交互过程，也能够用于描绘员工与团队、员工与员工之间的责任义务交互过程（Rousseau et al.，2018）。团队绩效薪酬将团队绩效目标与员工个体目标融合起来，强化了员工与团队之间的关系，无形中促使团队成员与团队之间形成了特定的心理契约。该心理契约规定了团队给予员工薪酬相关承诺、员工承担团队责任的责任义务交换的相关契约内容。团队绩效薪酬占总薪酬的比重越高，越能激励员工形成与团队绩效目标一致的契约内容，员工个人绩效目标的实现很大程度上取决于团队绩效目标的实现，这就促使员工将实现团队绩效目标看成自己的责任。也就是说，团队绩效薪酬会通过强化员工对团队成员的助人责任，而促进对团队

内成员的帮助意愿和行为。因此，本研究提出如下假设

假设 2a：团队助人责任在团队绩效薪酬与团队内助人决策中发挥着正向中介作用。

责任性是指某些人或某些因素为事件结果的产生承担责任的程度（杨昭宁等，2017）。组织助人责任强调的是员工为实现组织绩效目标而产生承担帮助其他同事责任的程度。在团队绩效薪酬框架下，由于帮助团队成员提升工作绩效有助于团队绩效目标的实现，因而帮助团队内成员成为员工的责任，而帮助其他团队成员有可能损害本团队的利益。团队绩效薪酬强度越大，员工对团队绩效目标的责任就越大，而对组织绩效目标的责任就越小，因而团队绩效薪酬政策会抑制员工组织助人责任的形成。从心理契约视角看，团队绩效薪酬政策容易促使员工与团队之间形成相对稳定的心理契约，且相关的契约内容是围绕团队绩效目标实现而展开的；帮助其他团队成员有可能实现与团队绩效目标相反的结果，尤其是帮助竞争团队成员，因而团队绩效薪酬强度越高，越不容易形成员工的组织助人责任，进而越容易抑制员工帮助团队外成员。因而，本研究提出如下假设。

假设 2b：组织助人责任在团队绩效薪酬与团队外助人决策中发挥着负向中介作用。

7.2.3 利益导向在团队绩效薪酬与助人决策中的中介作用

员工进行助人决策时，可能因为自己所认同的团队具有很强的边界性而认为“内外有别”。团队绩效薪酬会增强员工的团队边界感，团队边界会让员工倾向于只关注所属团队的利益，忽视甚至损害其他团队的利益（Nadler & Halabi，2006）。团队绩效薪酬占总薪酬的比重越高，越会促使员工更关注团队利益。因为在团队绩效薪酬政策下，团队利益与员工的个人利益高度相关，团队利益实现得越多，员工自己从团队利益中获得的个人利益也越多。对员工来讲，帮助团队其他成员提高绩效，就是在帮助团队整体提高绩效（Ellemers et al.，2004）。团队绩效薪酬会由于团队整体绩效的提高而提高，作为团队成员的员工也会由于团队整体绩效的提高而获得更多薪酬和利益。另外，帮助他人是一种社会性风险投资行为，需要花费员工的时间、精力甚至金钱等

资源。而个人的时间和精力是有限的，当员工将精力花在帮助团队内员工时，员工能够通过团队利益的提高而得到更好的回报。因此，本研究提出如下假设。

假设 3a：团队利益导向在团队绩效薪酬与团队内助人决策中发挥正向中介作用。

团队绩效薪酬虽然能部分克服个人绩效薪酬产生的嫉妒同事、协作减少、同事帮助行为减少等消极后果（He et al.，2020），但团队绩效薪酬政策也存在负面影响。例如，团队绩效薪酬导致员工只关注小团体的利益，而不关注甚至损害其他团队的利益（Nadler & Halabi，2006）。另外，中国文化强调差序格局和圈子文化，容易滋生山头主义（刘军等，2016）。团队绩效薪酬无疑会强化这种圈子文化，因此员工可能容易对团队外成员的困境不闻不问，甚至落井下石。团队绩效薪酬使员工更关注团队利益，而忽视组织利益。山头主义和圈子文化也会导致员工只关注小团体的利益，忽视甚至损害组织利益。团队绩效薪酬占总薪酬比例越高，员工对组织利益的关注就越少，进而使员工对团队外成员的帮助减少。因此，本研究提出如下假设。

假设 3b：组织利益导向在团队绩效薪酬与团队外助人决策中发挥负向中介作用。

7.2.4 组织认同的调节作用

组织认同反映了员工对组织内部的价值观和文化的接受程度，以及成员对组织使命、目标和行为的共同认同程度（Tajfel & Turner，1986）。员工对组织的认同程度越高，越容易认可组织目标，并且越愿意为了组织目标而表现出角色内和角色外行为，如帮助他人（McDonald et al.，2018）。团队绩效薪酬政策是组织为了激发团队内驱力，实现团队绩效目标，并进而实现组织绩效目标而设计的薪酬激励政策。团队绩效目标是组织绩效目标在团队中的任务分解和细化，本质上就是组织绩效目标的一部分。因而，组织认同会进一步强化员工对团队绩效目标的责任，进而强化团队助人责任，鼓励员工对团队内成员的帮助行为。当个体同时具有较高的组织认同和团队助人责任时，他们可能更加认同和接纳团队内成员，因而更愿意积极主动地帮助他们。另外，在团队绩效薪酬框架下，帮助团队内成员能够提升团队绩效目标，并最终使个体自身受益。组织认同促使员工更关注组织目标，而团队绩效目标和组织绩效目标在本质上是一致的。当员工同时具有较高的组织认同和个体与团队利益导向时，其会更愿意帮助团队内成员。结合假设 2a 和假设 3a，本研究提出以下假设。

假设 4a：组织认同会促进团队助人责任在团队绩效薪酬与团队内助人决策的正向中介作用。

假设 4b：组织认同会促进个体与团队利益导向调节团队绩效薪酬与团队内助人决策的正向中介作用。

尽管团队绩效目标是组织绩效目标的分解和细化，但每个团队的绩效目标并不相同，当其他团队绩效目标实现得好，尤其是竞争团队绩效目标实现得好时，对本团队来说并不是好事。在团队绩效薪酬政策下，团队与团队之间的绩效分配是竞争性的，是你多我就少的状态，因而，团队绩效薪酬占比越高，员工越不愿意帮助团队外成员。改善这种状况的重要策略之一就是用更大的社会分类标准来提高团队成员对外群体的包容性（周天爽等，2018），即提高员工的组织认同。当个体对原本分离的两个群体的认知表征改变为一个包摄水平更高的上位群体时，对内群体成员的积极情感也能延伸至先前的外群体成员，从而提升对先前外群体成员的帮助意向（周天爽等，2018）。关于个体绩效薪酬的研究发现，那些在价值观上和组织高度匹配的员工，个体绩效薪酬不会减少他们的助人行为；而那些在价值观上和组织存在严重分歧的员工，个体绩效薪酬就会显著减少他们的助人行为（Deckop et al.，1999）。值得注意的是，价值观的匹配正是促进组织认同的重要因素之一（Edwards & Cable，2009）。也就是说，组织认同可能影响组织助人责任对人们与团队外成员签订帮助相关心理契约的倾向性。组织认同越高，越可能缓解团队绩效薪酬对团队外助人决策的抑制作用。结合假设 2b 和假设 3b，本研究提出以下假设。

假设 5a：组织认同会缓解组织助人责任调节团队绩效薪酬与团队外助人决策的负向中介作用。

假设 5b：组织认同会缓解组织利益导向调节团队绩效薪酬与团队外助人决策的负向中介作用。

研究四的理论模型见图 7.1。

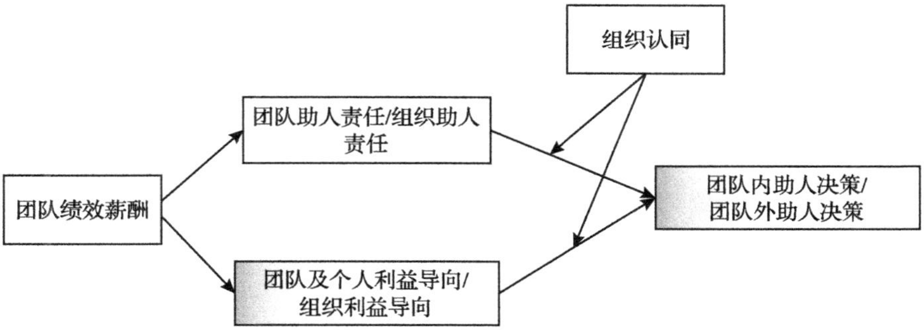

图 7.1 团队绩效薪酬对工作场所助人决策的影响机制理论模型

7.3 研究方法

7.3.1 被试

本研究通过专业数据收集平台——见数（Credamo）随机招募了 520 名企业员工作为被试，该平台的数据质量和可信度被以往的研究佐证（Li et al., 2023）。为了提高实验数据质量，笔者设置了 5 个质量检测问题，以剔除填答不认真和非目标被试（Tai et al., 2023）。剔除没有实施团队绩效薪酬以及填写不认真未通过题目甄别的 132 人，共 388 人参与了正式的实验，每位参与者可以获得 2 元的报酬。样本数据来自北京、广东、上海、福建、甘肃、广西、贵州、浙江、山东、山西、安徽、河北、河南、黑龙江、湖北、湖南、江苏、江西、辽宁、四川、重庆等 29 个省（自治区、直辖市）。如表 7.1 所示，388 份样本中男性占 37.9%，女性占 62.1%；30 岁及以下员工占 45.6%，31 岁到 40 岁员工占 41.8%，41 岁到 50 岁员工占 7.2%，51 岁到 60 岁员工占 5.4%；38.9% 的被试收入在 10 万元以下，34.8% 的被试收入在 10 万元到 20 万元，15.4% 的被试收入在 20 万元至 30 万元，7% 的被试收入在 30 万元至 40 万元，3.1% 的被试收入在 40 万元以上至 50 万元，0.8% 的被试收入在 50 万元以上；样本中初中及以下学历占 0.5%，高中、中专学历的占比为 3.4%，专科学历的占比为 10.1%，本科学历占比为 69.8%，硕士及以上学历占 16.2%；高层管理者 15.7%，中层管理者 22.9%，基层管理者 22.4%，普通员工 39%。

表 7.1　样本人口统计学特征表（N=388）

性别	人数	比例	收入	人数	比例
男	147	37.9%	10 万元以下	151	38.9%
女	241	62.1%	10 万~20 万元	135	34.8%
年龄	**人数**	**比例**	20 万~30 万元	60	15.4%
21~30 岁	177	45.6%	30 万~40 万元	27	7.0%
31~40 岁	162	41.8%	40 万~50 万元	12	3.1%
41~50 岁	28	7.2%	50 万元以上	3	0.8%
51~60 岁	21	5.4%	**最高学历**	**人数**	**比例**
职位	**人数**	**比例**	初中及以下	2	0.5%
高层管理者	61	15.7%	高中 / 中专	13	3.4%
中层管理者	89	22.9%	大专	39	10.1%
基层管理者	87	22.4%	本科	271	69.8%
普通员工	151	39.0%	硕士及以上	63	16.2%

7.3.2　实验设计与程序

本研究采用 2×2 被试间实验设计（团队绩效薪酬，高 VS 低；组织认同，高 VS 低），因变量为对团队内同事的助人意愿、对竞争团队同事的助人意愿。首先，通过专业数据收集平台——见数（Credamo）随机招募了 520 名企业员工，为了使被试对团队绩效薪酬更有沉浸感，笔者将被试限定在实施了团队绩效薪酬政策的企业员工上，通过回答问题 1“您的单位性质”和问题 2“绩效薪酬主要包括个人绩效薪酬和团队绩效薪酬，根据以下对绩效薪酬的描述，请判断您的收入中包括以下哪种绩效薪酬形式”等两道甄别题，锁定了企业实施团队绩效薪酬政策的员工被试。在阅读完实验材料后，通过问题 3“你属于下列哪个团队”、问题 4“如果 A 团队成功研发出了新产品，2024 年你能拿到多少团队绩效薪酬奖金”和问题 5“如果 A 团队成功研发出了新产品，你的团队绩效薪酬奖金占总薪酬的比重”等三道认真测试题，共筛选出 388 位通过认真测试且企业实施了团队绩效薪酬的员工被试（问题 3 和问题 4 是在阅读完实验材料后回答）。

其次，在被试阅读了研究知情同意书并表示同意后，笔者采用见数平台的随机模块功能，随机显示实验材料请被试阅读（实验 1，高团队绩效薪酬高组织认同；实验 2，高团队绩效薪酬低组织认同；实验 3，低团队绩效薪酬高组织认同；实验 4，低团队绩效薪酬低组织认同；具体内容见附录）。完成阅读任务后，测量被试在实验中四种不同情境下对团队内同事的帮助意愿，即你帮助 A 团队（你自己所在的团队）研发人员的可能性有多大？1 分为“拒绝”，2 分为“有些不愿意”，3 分为“有些愿意”，4 分为“愿意”，5 分为“非常愿意”以及被试在实验中四种不同情境下对竞争团队同事的帮助意愿，即你帮助 B 团队（竞争团队）研发人员的可能性有多大？1 分为“拒绝”，2 分为“有些不愿意”，3 分为“有些愿意”，4 分为“愿意”，5 分为“非常愿意”。

在高组织认同情境中，请被试（你）想象自己是某科技公司研发部的员工，公司确定了 2024 年产品研发部门的奖金总额约为 200 万元 /5 万元。公司有两个竞争性的产品研发团队，即 A 团队和 B 团队，每个团队有 10 名设计人员，而你是 A 团队的骨干成员。由于之前受到公司的大力栽培，你对公司有很深的感情。你很在意别人对你公司的看法，当你发现有人批评你公司时，你觉得这是对你个人的侮辱；当有人赞美你公司时，你感觉就像对你个人的赞美，你把你公司的成功当成自己的成功。公司研发部门实施团队绩效薪酬策略，员工的薪酬由基础薪酬和团队绩效薪酬构成。目前，你的基础薪酬在 5 万元至 20 万元。团队绩效薪酬则根据每个团队研发的新产品市场接受度确定。公司计划在 2024 年推出一款新产品，哪个团队开发出了市场接受的产品，哪个团队就可以获得 200 万元 /5 万元的奖金，所属团队成员就可以获得 20 万元 /5 万元团队绩效薪酬奖金。也就是说，如果 A 团队能够开发出市场接受的产品，作为 A 团队成员的你就可以获得 20 万元 /0.5 万元团队绩效薪酬奖金。目前，两个团队的新产品研发工作都进入了关键阶段，在研发各自产品时，产品研发人员都遭遇了技术瓶颈，急需行业技术大牛布鲁斯先生进行技术指导。由于你和布鲁斯先生是至交好友，两个团队的产品研发人员都向你提出请求，请你帮忙联系布鲁斯先生来进行技术指导，以寻求技术突破。根据以上信息，请你回答以下问题。

在低组织认同情境中，请被试（你）想象自己是某科技公司研发部的员工，公司确定了 2024 年产品研发部门的奖金总额约为 200 万元 /5 万元。公司有两个竞争性的产品研发团队，即 A 团队和 B 团队，每个团队有 10 名设计人员，而你是 A 团队的骨干成员。由于之前受到公司的不公正对待，因而你对公司没什么感情。你并不在意别人对公司的看法，不管别人批评还是赞美公司，对你都没有什么影响，你并不认为公司的成功和自身的成功有什么关联。公司研发部门实施团队绩效薪酬策略，员工的薪酬由基础薪酬加团队绩效薪酬构成。目前，被试的基础薪酬在 5 万元 /20 万元。团队绩效薪酬则根据每个团队研发的新产品市场接受度确定。公司计划在 2024 年推出一款新产品，哪个团队开发出了市场接受的产品，哪个团队就可以获得 200 万元 /5 万元的奖金，所属团队成员就可以获得 20 万元 /5 万元团队绩效薪酬奖金。也就是说，如果 A 团队能够开发出市场接受的产品，作为 A 团队成员的你就可以获得 20 万元 /0.5 万元团队绩效薪酬奖金。目前，两个团队的新产品研发工作都进入了关键阶段，在研发各自产品时，产品研发人员都遭遇了技术瓶颈，急需行业技术大牛布鲁斯先生进行技术指导。由于你和布鲁斯先生是至交好友，两个团队的产品研发人员都向你提出请求，请你帮忙联系布鲁斯先生来进行技术指导，以寻求技术突破。

第三，为了进行操作检验，请你对材料中团队绩效薪酬（“如果 A 团队成功研发出了新产品，你认为你的团队绩效薪酬奖金占总薪酬的比重是多少”，1 分为“比重极低”，2 分为“比重很低”，3 分为“比重中等”，4 分“比重很高”，5 分为“比重极高”）和组织认同（“我对公司有很深的感情”“当有人批评公司时，我觉得这是对我个人的侮辱”“我很在意别人对我们公司的看法”“当有人赞美我们公司时，我感觉就像对我个人的赞美”“我们公司的成功就是我的成功”，1 分为“完全不符合”，2 分为“有些不符合”，3 分为“说不清楚”，4 分“有些符合”，5 分为“非常符合”）进行评分。随后，完成团队助人责任、组织助人责任、个人与团队利益导向和组织利益导向，以及年龄、性别、学历、职位、收入等人口统计学信息的测量。最后，研究者通过见数平台对被试发放劳务费，并表示了感谢。此外，单一来源和单一时点数据可能存在一定的多重共线性，笔者通过对量表题项穿插质量检测题项，来减少潜在的响应模式偏差（如出于惯性或为满足实验预期而作答）和共同方法偏差（Smit & Montag-Smit，2019）。

团队绩效薪酬的操纵：根据 Bamberger 等 2009 年在文章中的做法，已有文章采用团队绩效薪酬占总薪酬的比重来测量团队绩效薪酬强度（Bamberger，2009），用一个条目来评估每位员工的薪资包涉及的团队薪酬强度，该条目是“您的收入当中那些和团队绩效挂钩的部分，占总收入的比例有多少？请按以下八个类别进行选择”：0%~5%、5%~15%、15%~30%、30%~50%、50%~70%、70%~85%、85%~95% 和 96%~100%，之前的研究已经验证了这种八类别单条目团队薪酬强度的测量方法是合理的（He et al.，2020）。

表 7.2　团队绩效薪酬占总薪酬比重分布表（N=479）

团队绩效薪酬占总薪酬的比重	人数	比例（%）
0~5%	26	5.4
5%~15%	74	15.4
15%~30%	204	42.6
30%~50%	96	20.0
50%~70%	56	11.7
70%~85%	18	3.8
85%~95%	5	1.0
96%~100%	0	0
总计	479	100

为了验证一个条目测量团队绩效薪酬的合理性，并寻找适宜的高团队绩效薪酬和低团队绩效薪酬比例。笔者通过见数平台收集了 479 位参与了笔者另一个关于团队绩效薪酬研究的数据，479 位企业员工的团队薪酬强度分布也可以佐证以上八个类别的合理性。如表 7.2 所示，479 位员工中有 26 位的团队薪酬占比在 5% 及以下，74 位的团队薪酬占比在 5% 到 15%，204 位的团队薪酬占比在 15% 到 30%，96 位的团队薪酬占比在 30% 到 50%，56 位的团队薪酬占比在 50% 到 70%，18 位的团队薪酬占比在 70% 到 85%，5 位的团队薪酬占比在 85% 到 95%。基于表 7.2 数据，笔者设计了团队绩效薪酬占总薪酬比重分别为 80% 和 2.44% 对应高团队绩效薪酬和低团队绩效薪酬，并据此开发了以下团队绩效薪酬操纵文本。

团队绩效薪酬［高 / 低］组材料：公司确定了 2024 年产品研发部门的奖金总额约为 200 万元 /5 万元。公司研发部门实施团队绩效薪酬策略，员工薪酬由基础薪酬和团队绩效薪酬构成。目前，被试的基础薪酬在 5 万元 /20 万元。团队绩效薪酬则根据每个团队研发新产品的市场接受度确定。公司计划在 2024 年推出一款新产品，哪个团队开发出了市场接受的产品，哪个团队就可以获得 200 万元 /5 万元的奖金，所属团队成员就可以获得 20 万元 /5 万元团队绩效薪酬奖金。即如果 A 团队能够开发出市场接受的产品，作为 A 团队成员的被试就可以获得 20 万元 /0.5 万元团队绩效薪酬奖金。

组织认同的操纵：本研究参考 Boivie，Lange，Mcdonald 和 Westphal（2011）开发的组织认同量表、开发组织认同的实验材料，该量表共 5 个条目如下“当有人批评我们公司时，我觉得这是对我个人的侮辱”“我很在意别人对我们公司的看法”“当我谈到我们公司时，我经常说‘我们’而不是‘他们’”“当有人赞美我们公司时，我感觉就像对我个人的赞美”和“我们公司的成功就是我的成功”。根据上面 5 个条目的内容笔者开发了组织认同实验材料。

组织认同［高 / 低］组材料：参考组织认同量表内容（Boivie et al.，2011）编写了组织认同［高 / 低］组实验材料。如高组织认同材料“由于之前受到公司的大力栽培，你对公司有很深的感情。你很在意别人对你公司的看法，当你发现有人批评你公司时，你觉得这是对你个人的侮辱；当有人赞美你公司时，你感觉就像对你个人的赞美，你把你公司的成功当成你自己的成功”。低组织认同材料“由于之前受到公司的不公正对待，因而你对公司没什么感情。你并不在意别人对公司的看法，不管别人批评还是赞美公司，对你都没有什么影响，你并不认为公司的成功和你自身的成功有什么关联”。

7.3.3 变量测量

操纵检验工具：对团队绩效薪酬的操纵检验，笔者采用团队绩效薪酬占总薪酬的比重来测量团队绩效薪酬强度（Bamberger，2009），并借鉴 Bamberger 等 2009 年在文章中的做法，用一个条目测量团队绩效薪酬，条目如下“如果 A 团队成功研发出了新产品，你认为你的团队绩效薪酬奖金占总薪酬的比重为”（1 分为“比重极低”，2 分为“比重很低”，3 分为“比重中等”，4 分“比重很高”，5 分为“比重极高”）。采用 Boivie 等（2011）开发的组织认同量表对组织认同进行操纵检验，共 5 个条目。这些条目如下“当有人批评我们公司时，我觉得这是对我个人的侮辱”“我很在意别人对我们公司的看法”“当我谈到我们公司时，我经常说‘我们’而不是‘他们’”“当有人赞美我们公司时，我感觉就像对我个人的赞美”和“我们公司的成功就是我的成功”。在本研究中，组织认同的 α 一致性系数为 0.97。

其他变量的测量工具：除了团队绩效薪酬、助人意愿之外，本研究还涉及团队助人责任、组织助人责任、个人与团队利益导向和组织利益导向等四个中介变量。

助人责任：鉴于目前针对团队助人责任和组织助人责任这两个变量，学术界还没有成熟测量工具，同时这两个变量又是界定清楚的简单一维概念。因此，本研究按照卫旭华和张亮花（2019）的建议，针对每个实验条件，分别用一道题测量被试的决策在多大程度上基于对团队的助人责任和对组织的助人责任。如“作为 A 团队的一员有责任帮助 A 团队 /B 团队研发人员”（团队助人责任），“作为公司一员有责任帮助 A 团队 /B 团队研发人员”（组织助人责任）。

个人与团队利益导向：由于本实验情境是基于平等团队绩效薪酬下的实验，在平等绩效薪酬政策下，个人利益和团队利益高度重合，鉴于该变量没有成熟的量表，结合实验情境，笔者将奖金和发展作为团队 / 个人短期利益和长期利益的代表。因而本研究采用 4 个条目测量该变量，其中团队内助人决策情境下的个人和团队导向用 4 个条目测量（被试设定为 A 团队成员），分别是“帮助 A 团队研发人员实现技术突破能为所在团队获得更多奖金”“帮助 A 团队研发人员实现技术突破能为所在团队获得更大发展”“帮助 A 团队研发人员实现技术突破能为自己获得更多奖金”“帮助 A 团队研发人员实现技术突破能为自己获得更大发展”。竞争团队助人决策情境下的个人和团队导向用以下 4 个条目测量（被试设定为 A 团队成员），分别是“帮助 B 团队研发人员实现技术突破能为所在团队获得更多奖金”“帮助 B 团队研发人员实现技术突破能为所在团队获得更大发展”，“帮助 B 团队研发人员实现技术突破能为自己获得更多奖金”“帮助 B 团队研发人员实现技术突破能为自己获得更大发展”。在本研究中，个人和团队利益导向的 α 一致性系数为 0.75（团队内助人决策情境）。

组织利益导向：鉴于该变量没有成熟的量表，结合实验情境，笔者将利润、发展和竞争力作为组织短期利益和长期利益的代表，采用 3 个条目测量该变量。其中团队内助人决策情境下的组织利益导向用3个条目测量（被试设定为A团队成员），分别是“帮助A团队研发人员实现技术突破有利于公司发展”“帮助A团队研发人员能为公司带来更大利润”“帮助A团队研发人员有助于公司提升竞争力”。其中，竞争团队助人决策情境下的组织利益导向用3个条目测量（被试设定为A团队成员），分别是“帮助B团队研发人员实现技术突破有利于公司发展”“帮助B团队研发人员能为公司带来更大利润”“帮助B团队研发人员有助于公司提升竞争力”。在本研究中，组织利益导向的α一致性系数为0.94（竞争团队助人决策情境）。

控制变量：笔者选取了员工的年龄、性别、职位、收入以及受教育程度等信息，这些因素在之前的研究中已被发现会影响个人的帮助行为（Vegt et al., 2006）。本研究分别用纳入和不纳入控制变量的模型对假设进行了检验，结果发现是否纳入控制变量对模型的结果无显著差异，说明数据具有稳健性。

7.4 实验结果

7.4.1 四组实验被试在背景信息和基线水平上的对比

为了考察四组实验被试在背景信息上是否匹配，我们以组别为自变量，以性别、年龄、学历、职位和收入为因变量，进行了多元方差分析（从表7.3的相关系数矩阵可以得知以上5个变量都具有一定的相关性，因此适合进行多元方差分析）。多元方差分析结果表明组别效应从总体上来看不显著，Wilks' Lambda=0.96，F（15，388）=0.94，p=0.52。因此，总体来说，四组被试的背景信息和基线水平匹配。

表7.3 人口统计学变量相关系数矩阵（N=388）

变量	1	2	3	4	5
1 性别	1				
2 年龄	0.01	1			
3 学历	0.03	−0.13*	1		
4 职位	−0.07	0.24**	0.21**	1	
5 收入	−0.08	0.10	0.44**	0.40**	1

注：* p＜0.05，** p＜0.01，***p ＜ 0.000。

7.4.2 操纵检验

被随机分配到高团队绩效薪酬组实验的被试对团队绩效薪酬强度的（M=4.16，SD=0.86，N=190）评价，显著高于被随机分配到低团队绩效薪酬组实验（t=20.08，df=386，P=0.000，d=2，95%CI=［1.80，2.19］）的被试对团队绩效薪酬强度（M=2.16，SD=1.08，N=198）的评价；被随机分配到高组织认同组的被试对公司组织认同的评价（M=4.53，SD=0.38，N=197），显著高于被随机分配到低组织认同组（t=44.91，df=386，P=0.000，d=2.76，95%CI=［2.63，2.88］）的被试对公司组织认同的（M=1.77，SD=0.77，N=191）评价。因此，研究四对团队绩效薪酬和组织认同的操纵是成功的。

7.4.3 描述性统计和相关分析

各主要变量的均值、标准差和相关系数见表7.4和表7.5。如表7.4所示，在是否给团队内同事提供帮助的情境下，团队绩效薪酬强度与团队助人责任（$r=0.10$，$p<0.05$）、组织助人责任（$r=0.22$，$p<0.001$）、团队利益导向（$r=0.30$，$p<0.001$）、组织利益导向（$r=0.12$，$p<0.05$），团队内助人意愿（$r=0.38$，$p<0.001$）均呈显著正相关关系；组织认同与团队助人责任（$r=0.31$，$p<0.001$）、组织助人责任（$r=0.36$，$p<0.001$）、团队利益导向（$r=0.25$，$p<0.001$）、组织利益导向（$r=0.42$，$p<0.001$）、团队内助人意愿（$r=0.24$，$p<0.001$）均呈显著正相关关系，这些结果为本研究的假设提供了初步支持。

表7.4 团队内助人情境关键变量的均值、标准差及相关矩阵（N=388）

变量	1	2	3	4	5	6	7
1 团队绩效薪酬	1						
2 组织认同	0.02	1					
3 团队助人责任	0.10*	0.31**	1				
4 组织助人责任	0.22**	0.36**	0.52**	1			
5 个人和团队利益导向	0.30**	0.25**	0.64**	0.53**	1		
6 组织利益导向	0.12*	0.42**	0.55**	0.71**	0.53**	1	
7 团队内助人意愿	0.38**	0.24**	0.49**	0.48**	0.61**	0.37**	1

续表

变量	1	2	3	4	5	6	7
均值 M	0.49	0.51	4.29	4.05	4.19	4.06	4.32
标准差 SD	0.50	0.50	0.85	1.10	0.70	0.90	0.86

注：高团队绩效薪酬 =1，低团队绩效薪酬 =0；高组织认同 =1，低组织认同 =0。* $p<0.05$，** $p<0.01$，*** $p<0.001$。

表 7.5　竞争团队助人情境关键变量的均值、标准差及相关矩阵（N=388）

变量	1	2	3	4	5	6	7
1 团队绩效薪酬	1						
2 组织认同	0.02	1					
3 对竞争团队的团队助人责任	−0.09	0.24**	1				
4 对竞争团队的组织助人责任	−0.11*	0.47**	0.32**	1			
5 帮助竞争对手的团队利益	−0.11*	0.30**	0.41**	0.42**	1		
6 帮助竞争对手的组织利益	−0.11*	0.42**	0.28**	0.68**	0.35**	1	
7 对竞争团队的助人意愿	−0.22**	0.41**	0.37**	0.57**	0.52**	0.54**	1
均值 M	0.49	0.51	1.84	2.62	1.77	3.03	2.28
标准差 SD	0.50	0.50	0.74	1.28	0.79	1.28	1.07

注：高团队绩效薪酬 =1，低团队绩效薪酬 =0；高组织认同 =1，低组织认同 =0。* $p<0.05$，** $p<0.01$，*** $p<0.001$。

如表 7.5 所示，在是否给竞争团队同事提供帮助的情境下，团队绩效薪酬强度与对竞争团队的团队助人责任无显著相关关系（r=−0.09，p=0.083），团队绩效薪酬强度与对竞争团队的组织助人责任（r=−0.11，p=0.026）、帮助竞争对手的团队利益（r=−0.11，p=0.028）、帮助竞争对手的组织利益（r=−0.11，p=0.025）、对竞争团队的助人意愿（r=−0.22，p=0.000）具有显著的负向相关关系；组织认同与对竞争团队的团队助人责任（r=0.24，p=0.000）、对竞争团队的组织助人责任（r=0.47，p=0.000）、帮助竞争对手的团队利益（r=0.30，p=0.000）、帮助竞争对手的组织利益（r=0.42，p=0.000）、对竞争团队的助人意愿（r=0.41，p=0.000）均呈显著正相关关系，这些结果为本研究的假设提供了初步支持。

7.4.4 假设检验

笔者采用 SPSS 软件中的 PROCESS 4.1 插件进行 10000 次 BOOTSTRAP 重复抽样，用 PROCESS 4.1 插件中的模型 4，考虑团队内助人情境，以团队绩效薪酬为自变量，团队内助人意愿为因变量，团队助人责任、个人和团队利益导向为中介变量，控制被试的年龄、性别、收入、学历和职位等人口统计学变量，检验假设 H1a、H2a 和 H3a。由于是否控制被试的人口统计学变量不会改变统计结果，因而本研究报告纳入控制变量的结果如表 7.6 和图 7.2 所示。

表 7.6 直接效应和中介效应检验结果（N =388）

假设	路径	影响系数	标准误	95% 置信区间		是否支持假设
				Boot LLCI	Boot ULCI	
H1a	JXXC → HI	0.41	0.07	0.27	0.55	支持
H1b	JXXC → CHI	–0.31	0.09	–0.48	–0.14	支持
H2a	JXXC → ZR → HI	0.04	0.02	0.003	0.090	支持
H2b	JXXC → CZR → CHI	–0.09	0.04	–0.18	–0.02	支持
H3a	JXXC → LY → HI	0.20	0.05	0.11	0.33	支持
H3b	JXXC → CLY → CHI	–0.08	0.04	–0.15	–0.01	支持

注：JXXC= 团队绩效薪酬，ZR= 团队助人责任，LY= 个人和团队利益导向，HI= 团队内助人意愿，CZR= 对竞争团队的组织助人责任，CLY= 对竞争团队的组织利益导向，CHI= 对竞争团队的助人意愿；上述结果纳入了控制变量，去除控制变量不改变结果；* $p<0.05$，** $p<0.01$，***$p < 0.001$。

考虑竞争团队助人情境，笔者仍然用 PROCESS 4.1 插件中的模型 4，以团队绩效薪酬为自变量，竞争团队助人意愿为因变量，组织助人责任、组织利益导向为中介变量，控制被试的年龄、性别、收入、学历和职位等人口统计学变量，经过 10000 次 BOOTSTRAP 重复抽样检验假设 H1b、H2b 和 H3b。由于是否控制被试的人口统计学变量不会改变统计结果（这也再次验证本实验两组被试特征无差异，不影响实验结果），因而本研究报告纳入控制变量的结果，如表 7.6 和图 7.3 所示。

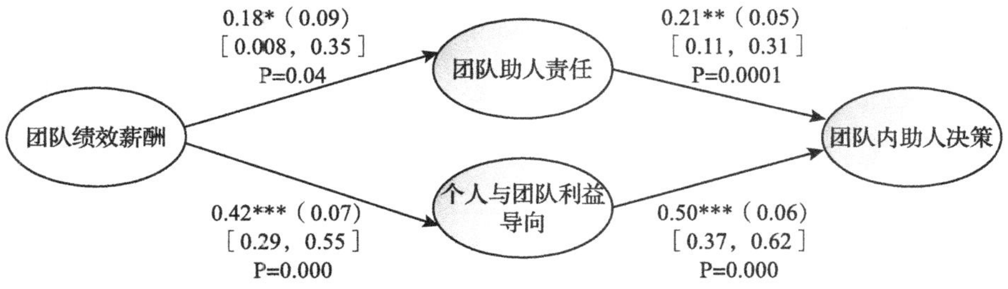

图 7.2　团队绩效薪酬影响团队内助人决策的中介机制

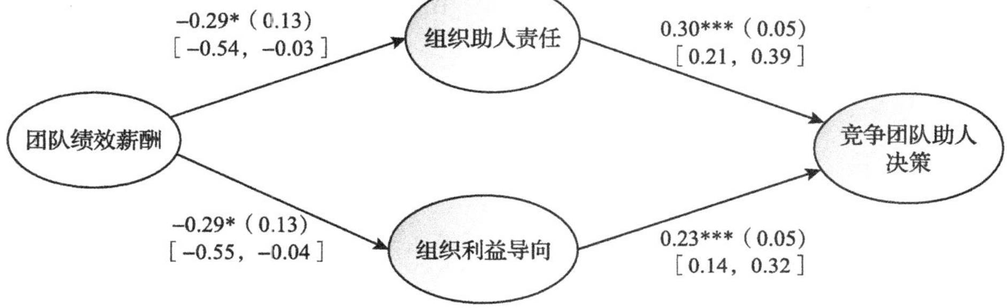

图 7.3　团队绩效薪酬影响对竞争团队助人决策的中介机制

（1）团队绩效薪酬对助人决策影响的主效应检验

表 7.6 的结果表明，团队绩效薪酬对团队内助人意愿有显著的正向影响（B=0.40，P=0.000），95% 的置信区间为［0.26，0.53］，不包含 0，假设 H1a 得到支持，即团队绩效薪酬政策能够促进员工对团队内同事的助人意愿。同样，表 7.6 的结果表明，团队绩效薪酬对竞争团队助人意愿有显著的负向影响（B=−0.31，P=0.0003），95% 的置信区间为［−0.48，−0.14］，不包含 0，假设 H1b 得到支持，即团队绩效薪酬政策会抑制员工对竞争团队同事的助人意愿。

（2）助人责任中介效应检验

考虑团队内助人情境，如图 7.2 所示，团队绩效薪酬政策会激发员工对团队内同事的助人责任（B=0.18，S.E=0.09，95%CI=［0.008，0.35］），进而促进员工对团队内同事的助人意愿（B=0.21，S.E=0.05，95%CI=［0.11，0.31］），初步支持了假设 H2a。更进一步的，表 7.6 中 BOOTSTRAP 重复抽样检验结果表明，团队助人责任在团队绩效薪酬和团队内助人意愿之间的中介作用在 95% 的置信区间为［0.001，0.090］，不包含 0，这表明团队助人责任在团队绩效薪酬和团队内助人意愿直接发挥着显著的正向中介作用（B=0.04），假设H2a成立。

考虑竞争团队助人情境，如图7.3所示，团队绩效薪酬政策会抑制员工对竞争团队的组织助人责任（作为组织的一员有责任帮助B团队研发人员）（B=–0.29，S.E=0.13，95%CI=［–0.54，–0.03］），而组织助人责任能提升员工对竞争团队同事的助人意愿（B=0.30，S.E=0.05，95%CI=［0.21，0.39］），因而团队绩效薪酬通过抑制员工对竞争团队的组织助人责任进而抑制对竞争团队成员的助人意愿，初步支持了假设H2b；更进一步的，如表7.6所示，对竞争团队的组织助人责任在团队绩效薪酬和竞争团队助人意愿之间的中介作用在95%的置信区间为［–0.18，–0.01］，不包含0，这表明对竞争团队助人责任在团队绩效薪酬和竞争团队助人意愿之间发挥着显著的负向中介作用（B=–0.09），假设H2b成立。

（3）利益导向中介效应检验

考虑团队内助人情境，如表7.6和图7.2所示，团队绩效薪酬政策会促进员工的个人与团队利益导向（B=0.42，S.E=0.07，95%CI=［0.29，0.55］），而个人与团队利益导向又会促进员工对团队内同事的助人意愿（B=0.50，S.E=0.06，95%CI=［0.37，0.62］），初步支持了假设H3a；更进一步的，笔者还探讨了个人与团队利益导向在团队绩效薪酬和团队内助人意愿之间的中介效应。表7.6中BOOTSTRAP重复抽样检验结果表明，个人与团队利益导向在团队绩效薪酬和团队内助人意愿之间的中介作用在95%的置信区间为［0.11，0.33］，不包含0，这表明个人和团队利益导向在团队绩效薪酬和团队内助人意愿之间发挥着显著的正向中介作用（B=0.21），即团队绩效薪酬政策通过促进员工的个人和团队利益导向，进而促进员工对团队内同事的助人意愿，假设H3a成立。

考虑竞争团队助人情境，如表7.6和图7.3所示，团队绩效薪酬会抑制员工的组织利益导向（B=–0.29，S.E=0.13，95%CI=［–0.55，–0.04］），而员工的组织利益导向促进员工对竞争团队同事的助人意愿（B=0.23，S.E=0.05，95%CI=［0.14，0.32］），假设H3b初步得到验证。更进一步的，笔者还探讨了组织利益导向在团队绩效薪酬和竞争团队助人意愿之间的中介效应。如表7.6

所示，对竞争团队的组织利益导向在团队绩效薪酬和竞争团队助人意愿之间的中介作用在 95% 的置信区间为［-0.14，-0.006］，不包含 0，这表明对竞争团队的组织利益导向在团队绩效薪酬和竞争团队助人意愿之间发挥着显著的中介作用（B=-0.07），假设 H3b 成立。

（4）组织认同的调节效应和有调节的中介效应检验

更进一步，为了检验组织认同的调节作用。笔者采用 SPSS 软件中的 PROCESS 3.5 插件进行 10000 次 BOOTSTRAP 重复抽样，用 PROCESS 3.5 插件中的模型 14。考虑团队内助人情境，以团队绩效薪酬为自变量，团队内助人意愿为因变量，团队助人责任、个人和团队利益导向为中介变量，组织认同为调节变量，控制被试的性别、年龄、职位、学历和收入等人口统计学变量，检验假设 H4a 和 H4b。由于是否控制被试的人口统计学变量不会改变统计结果，因而本研究报告纳入控制变量的结果如表 7.7 和表 7.9 所示。

如图 7.2 所示，团队绩效薪酬能增强员工的团队助人责任，团队绩效薪酬占总薪酬的比例越高，越能激发员工帮助团队内同事的责任（B=0.18，S.E=0.09，P=0.015，95%CI=［0.008，0.35］）。如表 7.7 和表 7.9 所示，团队助人责任和组织认同的交互项对团队内助人意愿的影响不显著（B=-0.12，S.E=0.11，P=0.252，95%CI=［-0.34，0.09］）。当员工的组织认同处于低水平时，团队助人责任在团队绩效薪酬与团队内助人意愿的中介效应显著（B=0.04，S.E=0.04，95%CI=［0.002，0.12］），当员工的组织认同处于高水平时，团队助人责任在团队绩效薪酬与团队内助人意愿的中介效应变得不显著（B=0.02，S.E=0.02，95%CI=［-0.007，0.07］）。在组织认同高低两种情况下，团队助人责任对团队内助人意愿的影响 INDEX 值为 -0.02，95% 的置信区间［-0.10，0.01］，包含 0，组织认同对团队助人责任和团队内助人意愿的正向影响没有调节效应，假设 H4a 不成立。

表 7.7　团队绩效薪酬预测团队内助人意愿（N=388）

变量	团队内助人意愿			
	B	S.E.	P	95% 置信区间
团队绩效薪酬	0.44	0.07	0.000	［0.30，0.57］
团队助人责任	0.22	0.06	0.0006	［0.10，0.35］

变量	团队内助人意愿			
	B	S.E.	P	95% 置信区间
个人与团队利益导向	0.52	0.08	0.000	[0.37，0.67]
组织认同	1.75	0.55	0.0015	[0.67，2.83]
团队助人责任 × 组织认同	−0.12	0.11	0.252	[−0.34，0.09]
个人与团队利益导向 × 组织认同	−0.25	0.13	0.067	[−0.51，0.02]
性别	−0.03	0.07	0.652	[−0.16，0.10]
年龄	−0.02	0.04	0.548	[−0.11，0.06]
职位	−0.07	0.04	0.082	[−0.16，0.01]
教育程度	−0.05	0.06	0.407	[−0.16，0.06]
年收入	0.07	0.04	0.076	[−0.007，0.14]
常数项	1.18	0.34	0.0005	[0.51，1.83]
R^2	0.46			
F	29.14			

注：* p＜0.05，** p＜0.01，***p ＜0.000，B 代表影响系数，S.E. 代表标准误，去除控制变量结果稳健。

如图 7.2 所示，团队绩效薪酬占总薪酬的比例越高，员工越聚焦于个人和团队利益（B=0.42，S.E=0.07，P=0.000，95%CI=［0.29，0.55］）。如表 7.7 和表 7.9 所示，个人与团队利益导向和组织认同的交互项对团队内助人意愿边缘显著（B=−0.25，S.E=0.13，P=0.067，95%CI=［−0.51，0.02］）。当员工的组织认同处于低水平时，个人与团队利益导向在团队绩效薪酬与团队内助人意愿的中介效应显著（B=0.21，S.E=0.06，95%CI=［0.11，0.35］），当员工的组织认同处于高水平时，个人与团队利益导向在团队绩效薪酬与团队内助人意愿的中介效应减弱（B=0.11，S.E=0.05，95%CI=［0.02，0.24］）。在组织认同高低两种情况下，个人与团队利益导向对团队内助人意愿的影响 INDEX 值为 −0.10，95% 的置信区间［−0.26，0.02］，包含 0，组织认同对个人与团队利益导向和团队内助人意愿的正向影响没有调节效应，假设 H4b 不成立。

考虑竞争团队助人情境，笔者仍然用 PROCESS 4.1 插件中的模型 14，以团队绩效薪酬为自变量，竞争团队助人意愿为因变量，组织助人责任、组织利益导向为中介变量，组织认同为调节变量，控制被试的年龄、性别、收入、学历和职位等人口统计学变量，经过 10000 次 BOOTSTRAP 重复抽样检验假设 H5a 和 H5b，由于是否控制被试的人口统计学变量不会改变统计结果，因而本研究报告纳入控制变量的结果如表 7.8 和表 7.9 所示。

表 7.8 团队绩效薪酬预测竞争团队助人意愿（N=388）

变量	竞争团队助人意愿			
	B	S.E.	P	95% 置信区间
团队绩效薪酬	–0.31	0.09	0.0003	[–0.48，–0.15]
组织助人责任	0.23	0.05	0.000	[0.13，0.32]
组织利益导向	0.24	0.05	0.000	[0.15，0.34]
组织认同	0.32	0.10	0.001	[0.12，0.51]
组织助人责任 × 组织认同	0.12	0.10	0.228	[–0.07，0.31]
组织利益导向 × 组织认同	0.09	0.09	0.324	[–0.09，0.27]
性别	–0.06	0.09	0.459	[–0.24，0.11]
年龄	0.05	0.05	0.386	[–0.06，0.15]
职位	–0.007	0.05	0.893	[–0.11，0.10]
教育程度	0.06	0.07	0.420	[–0.08，0.20]
年收入	0.07	0.05	0.163	[–0.03，0.16]
常数项	1.94	0.33	0.000	[1.29，2.60]
R^2	0.43			
F	25.71			

注：* $p<0.05$，** $p<0.01$，***$p<0.000$，B 代表影响系数，S.E. 代表标准误，去除控制变量结果稳健。

如表 7.8 和表 7.9 所示，团队绩效薪酬与对竞争团队助人意愿呈显著的负向关系（B=–0.31，S.E=0.09，P=0.000，95%CI=[–0.48，–0.15]），企业的团队绩效薪酬占总薪酬的比重越高，员工对竞争团队成员的助人意愿就越低，再次验证假设 H1b 成立。组织助人责任（B=0.23，S.E=0.05，P=0.000，95%CI=[0.13，0.32]）、组织利益导向（B=0.24，S.E=0.05，P=0.000，95%CI=[0.15，0.34]）和组织认同（B=0.32，S.E=0.10，P=0.001，95%CI=[0.12，0.51]）都有助于员工提升对竞争团队成员的帮助意愿。但团队助人责任和组织认同的交互项对竞争团队助人意愿的影响不显著（B=0.12，S.E=0.10，P=0.228，

95%CI=［-0.07，0.31］)。当员工的组织认同处于低水平时，组织助人责任在团队绩效薪酬与竞争团队助人意愿的中介效应负向显著（B=-0.05，S.E=0.03，95%CI=［-0.13，-0.008］)，当员工的组织认同处于高水平时，组织助人责任在团队绩效薪酬与竞争团队助人意愿的负向中介效应显著效应加强（B=-0.09，S.E=0.04，95%CI=［-0.19，-0.02］)。在组织认同高低两种情况下，组织助人责任对竞争团队助人意愿的影响 INDEX 值为 -0.04，95% 的置信区间［-0.13，0.009］，包含 0，组织认同对组织助人责任和竞争团队助人意愿的正向影响没有调节效应，假设 H5a 不成立。

如表 7.8 和表 7.9 所示，组织利益导向和组织认同的交互项对竞争团队助人意愿的影响不显著（B=0.09，S.E=0.09，P=0.324，95%CI=［-0.09，0.27］)。当员工的组织认同处于低水平时，组织利益导向在团队绩效薪酬与竞争团队助人意愿的中介效应负向显著（B=-0.06，S.E=0.03，95%CI=［-0.13，-0.01］)，当员工的组织认同处于高水平时，组织利益导向在团队绩效薪酬与竞争团队助人意愿的中介效应负向显著效应加强（B=-0.09，S.E=0.04，95%CI=［-0.19，-0.02］)。在组织认同高低两种情况下，组织利益导向对竞争团队助人意愿的影响 INDEX 值为 -0.03，95% 的置信区间［-0.11，0.01］，包含 0，组织认同对组织利益导向和竞争团队助人意愿的正向影响没有调节效应，假设 H5b 不成立。

表 7.9　有中介的调节效应假设检验结果（N=388）

假设	结果变量	中介变量	有条件的间接效应			
			组织认同	间接效应	标准误	95% 置信区间
H4a	团队内助人意愿	团队助人责任	低	0.04	0.04	［0.002，0.12］
			高	0.02	0.02	［-0.007，0.07］
			INDEX	-0.02	0.03	［-0.10，0.01］
H4b	团队内助人意愿	团队与个人利益导向	低	0.21	0.06	［0.11，0.35］
			高	0.11	0.05	［0.02，0.24］
			INDEX	-0.10	0.07	［-0.26，0.02］
H5a	竞争团队助人意愿	组织助人责任	低	-0.05	0.03	［-0.13，-0.008］
			高	-0.09	0.04	［-0.19，-0.02］
			INDEX	-0.04	0.03	［-0.13，0.009］

续表

假设	结果变量	中介变量	有条件的间接效应			
			组织认同	间接效应	标准误	95% 置信区间
H5b	竞争团队助人意愿	组织利益导向	低	−0.06	0.03	[−0.13，−0.01]
			高	−0.09	0.04	[−0.19，−0.02]
			INDEX	−0.03	0.03	[−0.11，0.01]

注：以上是纳入控制变量的结果，去除控制变量结果保持稳健。

7.5 本章小结

研究四基于动态心理契约理论，突出工作场所助人决策过程模型中的助人责任和交互反思调整两个阶段，探索团队绩效薪酬政策对工作场所助人决策过程的影响机制。采用 2×2 被试间实验设计（团队绩效薪酬，高 VS 低；组织认同，高 VS 低），通过见数平台招募自愿参与实验且经历过团队绩效薪酬的企业员工 388 位，利用见数平台上的随机模块功能开展在线实验。实验结果表明，团队绩效薪酬政策能促进员工的团队内助人意愿，并抑制员工对竞争团队同事的助人意愿。进一步的实验结果揭示，团队绩效薪酬政策可能通过激发员工的团队助人责任、个人和团队利益导向两条路径，进而促进员工对团队内同事的助人意愿。团队绩效薪酬政策还可能通过抑制员工的组织助人责任和组织利益导向两条路径，进而抑制员工对竞争团队同事的助人意愿。具体结果见表 7.10。

首先，本研究的结果再次验证了助人的亲社会投资特性，这与一些从社会交换视角看待助人的学者一致（Lepine et al.，2008）。也就是说施助者的助人行为并非完全不求回报，团队成员对团队内成员的帮助就是考虑了该行为是对个人和团队利益有益的，因此以往研究将助人看作一种单纯的利他主义行为可能是不准确的（杨建锋等，2022）。其次，本研究重点关注了工作场所助人决策过程中的助人责任、反思调整和实施助人三个阶段，进一步提高了助人领域研究的细腻度。实证检验了团队绩效薪酬通过促进团队助人责任，而促进员工的团队内助人意愿；通过抑制组织助人责任，而抑制员工的竞争团队的助人意愿。同时，团队绩效薪酬政策又会促进员工在助人时考虑更多的个人和团队利益，更少地考虑组织利益；因而在面对团队内和竞争团队同事需要帮助时，员工做出了不同的助人决策。最后，本研究将工作场所助人决策过程嵌入人力资源管理实践——团队绩效薪酬政策的情境中进行研究。揭示了团队绩效薪酬对竞争团队助人决策可能存在的负面影响，丰富了工作场所助人决策过程模型在实践中的应用。

表 7.10 假设检验结果汇总

假设	内容	是否验证
H1a	团队绩效薪酬能促进员工的团队内助人决策	支持
H1b	团队绩效薪酬会抑制员工的团队外助人决策	支持
H2a	团队助人责任在团队绩效薪酬与团队内助人决策中发挥着正向中介作用	支持
H2b	组织助人责任在团队绩效薪酬与团队外助人决策中发挥着负向中介作用	支持
H3a	团队利益导向在团队绩效薪酬与团队内助人决策中发挥着正向中介作用	支持
H3b	组织利益导向在团队绩效薪酬与团队外助人决策中发挥着负向中介作用	支持
H4a	组织认同通过团队助人责任加强团队绩效薪酬与团队内助人决策的正向间接影响	不支持
H4b	组织认同通过个体与团队利益导向加强团队绩效薪酬与团队内助人决策的正向间接影响	不支持
H5a	组织认同通过组织助人责任缓解团队绩效薪酬与团队外助人决策的负向间接影响	不支持
H5b	组织认同通过组织利益导向缓解团队绩效薪酬与团队外助人决策的负向间接影响	不支持

8 研究结论与展望

8.1 研究总结及结论

8.1.1 研究过程

本书按照“问题提出——文献综述——理论基础——假设推演——实证检验——对策建议”的研究思路，分八章四个子研究探讨了工作场所助人决策过程模型的构建，及人力资源管理实践对工作场所助人决策过程的影响机制。第一，文献综述部分梳理了工作场所助人行为的内涵和分类、助人行为的关键影响因素、助人决策发生的理论机制、工作场所助人行为发生的后效等，并评析了工作场所助人领域的研究不足和未来研究建议。第二，总结提出以动态心理契约理论和旁观者介入决策模型作为后续研究的理论基础。第三，整合动态心理契约理论和旁观者介入决策模型，构建了包含发现困境、解释困境、确认责任、构思策略、实施助人和反思调整等六个阶段的工作场所助人决策过程模型（研究一）。采用经验取样法配对追踪实证检验了工作场所助人决策过程模型中的核心阶段和关键创新点——工作场所助人决策的交互反思调整阶段及其机制（研究二）。第四，从人力资源管理实践的视角，探讨工作设计和薪酬管理对工作场所助人决策过程的影响机制。第五，为了实现上述研究目标，本书开展了四个子研究，提出了一个命题和 22 个假设。研究一是基于内容分析法的定性研究（验证 1 个命题），目的是构建工作场所助人决策过程模型。研究二是基于经验取样法的追踪配对研究（8 个假设），目的是实证检验工作场所助人决策的交互反思调整机制，进一步用数据实证验证工作场所助人决策过程模型与旁观者介入决策模型最大的差异点——反思调整。研究三基于问卷法的定量研究（4个假设），目的是探索任务多样性对工作场所助人决策过程（聚焦于助人过程的困境发现）的影响机制。研究四是基于实验法的定量研究（10个假设），目的是探索团队绩效薪酬对团队内和团队外成员助人决策过程的影响机制（聚焦于助人过程的助人责任和反思调整）。最后，基于数据统计分析结果，提炼出四个研究的理论创新和实践启示。

8.1.2 主要研究结论

（1）研究结论一

工作场所助人决策是一个包括发现困境、解释困境、确认责任、构思策略、实施助人、反思调整等六个阶段的社会性风险投资决策过程。

研究一应用内容分析法，基于动态心理契约和旁观者介入决策模型探究了工作场所助人决策过程，发现工作场所助人决策过程包括发现困境、解释困境、确认责任、构思策略、实施助人和反思调整等六个阶段。工作场所助人决策过程的反思调整阶段是该模型区别于旁观者介入决策模型最重要的阶段，也是本模型的创新之处。反思调整阶段很好地将工作场所助人决策的多轮次、计划性和利益权衡体现出来，这是旁观者介入决策模型所不具备的特性，也是助人决策社会性风险投资性质的体现。以上所述六个阶段并不具有线性的时间先后顺序，而是循环往复的。实践中的助人决策也可能只包含了六个阶段中的若干个阶段，本书四个研究反映了不同助人决策过程阶段。研究一反映了工作场所助人决策过程的全部阶段，研究二主要反映了工作场所助人决策中的助人策略、助人行为和反思调整阶段，研究三主要反映了工作场所助人决策中的发现困境阶段，研究四主要反映了工作场所助人决策中的助人责任和反思调整阶段。具体见表8.1。

表8.1 研究内容与工作场所助人决策过程对应表

研究内容	反映工作场所助人决策阶段
研究一	发现困境、解释困境、确认责任、构思策略、实施助人、反思调整
研究二	构思策略、实施助人、反思调整
研究三	发现困境
研究四	确认责任、反思调整

（2）研究结论二

总体来说，信任有助于形成施助受助双方的互助，而互助又会促进双方的互信。

研究二采用经验取样法对231对在校大学生工作伙伴进行了8次配对追踪调查，通过揭示工作场所施助受助双方心理契约的动态调整过程，深入探讨了工作场所助人决策的反思调整过程。基于231对在校大学生工作伙伴8次配对追踪的多水平回归分析表明如下内容。一是对同伴的能力信任促进了对同伴的自主性帮助和依赖性帮助，对同伴的善意信任调节了上述正向关系。二是当对同伴的善意信任评价较高时，对同伴的能力信任越高，越能提供更多的自主性帮助给同伴，而同伴也因此认为被试是一个高善意信任的人；相反，当对同伴的善意信任评价较低时，上述间接正向关系显著减弱。三是当对同伴的善意信任评价较高时，对同伴的能力信任越高，越能提供更多的依赖性帮助给同伴，而同伴也因此认为被试是一个高善意信任和高能力信任的人；相反，当对同伴的善意信任评价较低时，上述间接正向关系显著减弱。四是对同伴的自主性帮助与随后同伴对被试的能力信任无显著正向关系，因而对同伴的能力信任不能通过提升对同伴的自主性帮助而提升同伴对被试随后的能力信任。研究二从助人策略的角度验证了施助受助双方的反思调整过程，反映了双方助人相关的动态心理契约调整过程。总体来说，信任有助于形成施助受助双方的互助，而互助又会促进双方的互信。

（3）研究结论三

任务多样性会抑制员工发现其他同事的困境，任务重要性能增强任务多样性对困境发现的抑制作用。

研究三探讨了人力资源管理实践中的任务多样性影响工作场所助人决策过程的起始阶段——发现困境的中介和调节机制。采用两阶段问卷调查法对350位企业员工的调研发现，任务多样性能够激发员工的工作投入，而工作投入又会抑制员工对周边同事困境的发现；进一步的分析发现工作投入在任务多样性和发现困境之间发挥着显著的负向中介作用，任务重要性加强了任务多样性通过工作投入抑制发现困境的作用。研究三从发现困境的视角研究了任务多样对助人决策的影响机制，实证检验了工作场所助人决策的过程性。进一步发现作为重要的工作资源——任务多样性和任务重要性，可能由于激发员工更多的工作投入，而导致更少的困境发现。换言之，当员工沉浸于工作时，可能由于将注意力聚焦于工作上，而忽视了同事的困境，从而减少了助人行为，即员工的工作投入越高，越可能减少对其他同事的帮助。这与已有的研究结论不同，已有研究表明，工作资源能影响员工的工作动机（如工作投入），并带来良好的组织结果。关于工作投入的研究也发现，工作投入与积极的工作结果相关。例如，工作投入能够提升员工的创造力（王永丽等，2012，苏伟琳等，2018，黄昱方和马素雅，2023）和任务绩效（苏永发等，2022），并促进员工的工作－家庭增益（郑晓明等，2019）等。但本研究发现工作资源可能通过提升员工的工作投入，而减少员工的困境发现。

（4）研究结论四

团队绩效薪酬政策会通过激发或抑制员工的助人责任和利益导向，进而会增强或抑制员工对团队内或竞争团队成员的助人意愿。

研究四基于动态心理契约理论，突出工作场所助人决策过程模型中的助人责任和反思调整两个阶段，探索团队绩效薪酬政策对工作场所助人决策过程的影响机制。采用 2×2 被试间实验设计（团队绩效薪酬，高 VS 低；组织认同，高 VS 低），通过见数平台招募自愿参与实验且经历过团队绩效薪酬的企业员工 388 位，利用见数平台上的随机模块功能开展在线实验。实验结果表明，团队绩效薪酬政策能促进员工的团队内助人意愿，并抑制员工对竞争团队同事的助人意愿。进一步的实验结果揭示，团队绩效薪酬政策可能通过激发员工的团队助人责任、个人和团队利益导向两条路径，进而促进员工对团队内同事的助人意愿；团队绩效薪酬政策还可能通过抑制员工的组织助人责任和组织利益导向两条路径，进而抑制员工对竞争团队同事的助人意愿。研究四再次验证了工作场所助人决策的亲社会投资属性和过程性。具体来说，团队绩效薪酬政策促使员工对处在团队内或竞争团队的同事产生了相反的助人决策，一方面促进了对团队内员工的助人意愿，另一方面抑制了对竞争团队同事的助人意愿。

8.2 理论贡献

8.2.1 构建了工作场所助人决策过程模型

本书整合动态心理契约理论和旁观者介入决策模型，提出并验证了工作场所助人决策过程模型，弥补了工作场所助人决策过程理论研究的空白。

第一，整合动态心理契约理论中关于契约形成的四阶段模型——契约创建、契约保持、契约修复和契约重新协商四阶段（Rousseau et al.，2018），和旁观者介入决策模型中关于助人决策五阶段模型——觉察、理解、责任、判断和行动（Darley & Latané，1970），构建了工作场所助人决策六阶段过程模型——发现困境、解释困境、确认责任、构思策略、实施助人、反思调整。强调工作场所助人决策的六个阶段并不具有时间先后顺序，而是循环往复的（杨建锋 等，2022）。助人决策的六个阶段只要有一个阶段受阻，就可能抑制员工的助人行为。

第二，与以往对助人决策过程模型——旁观者介入决策模型不同，本研究的工作场所助人决策过程的反思调整阶段突出了助人决策过程的多轮次互动、助人的计划性和利益权衡，将助人决策过程理解为一种社会性的风险投资决策过程，从而避免了以往研究过于强调助人的利他性，从而兼顾了助人的利他和利己特征（Nadler，2020）。以往研究认为，助人决策是一种“利他”决策，强调施助者对受助者的奉献与付出（宋珂等，2018，周文娟等，2013）。然而，施助者往往也存在利己的动机（Siem & Stürmer，2019），以往那些从社会交换理论的视角考察助人行为发生机制的研究，其隐含假设就是助人行为是施助者和受助者双方进行社会交换的过程。施助者的助人行为并非完全不求回报，因此以往研究将助人看作一种单纯的利他主义行为可能是不准确的。

第三，以往研究往往把助人决策当作一个静态的变量，关注哪些因素会影响个体做或不做助人行为，以及助人行为会给自己和他人带来什么影响（Bolino & Grant，2016；Gray et al.，2019）。很少考虑到组织成员之间存在持续互动，他们进行的是长期、有计划的助人决策（Dovidio et al.，2006）。个体在组织中的助人决策往往不只关注此时此刻的前因和后果，而会想到当前的助人决策会对施受双方以及旁观者造成什么影响，并且有足够机会和时间根据自己的助人结果，调整自己针对他人今后的助人决策。例如，研究二通过采用经验取样法配对追踪被试与同伴之间“帮助——信任——帮助”之间的交互调整关系，揭示了被试对同伴的帮助方式会依据同伴的能力和善意特征进行动态调整（同伴对被试也是如此）。

第四，本研究构建的工作场所助人决策过程模型对助人决策过程进行了展开，这有利于后续研究进一步深入探讨各前因变量对助人决策过程的具体影响模式，从而帮助识别这些因素到底对助人决策的哪些阶段产生什么样的具体影响。例如，研究三通过考察任务多样性与助人决策过程的起始阶段——困境发现的关系，发现任务多样性会激发更多的工作投入，从而抑制了员工发现其他同事处于困境。这个发现显然与之前研究认为任务多样性作为工作资源能够带来积极的工作结果相反（Morf et al.，2017），同时揭示了工作投入可能也存在负面结果（Gillet et al.，2020），丰富了助人领域的相关研究。同时，正是由于本研究揭示了助人决策的过程机制，后续研究也可以在此基础上深入探索各个阶段分别会对哪些后果变量产生怎样的影响。总的来讲，本研究构建的工作场所助人决策过程模型能够提高关于助人决策过程的影响因素及效应研究的细腻度。

8.2.2 引入了新的理论视角

心理契约理论在组织行为和人力资源管理领域得到了很多应用，但这是首次应用于分析助人决策，因而为帮助领域引入了新的理论视角。

第一，本书将工作场所助人决策过程理解为施助者与受助者签订动态心理契约的社会性风险投资过程。动态心理契约理论认为，心理契约在形成和发展中会经历契约创建、契约保持、契约修复和契约重新协商四个阶段（Rousseau et al.，2018），即心理契约签订前的准备阶段、契约保持阶段和契约调整（契约修复和重新协商）阶段。契约签订前的准备阶段对应着工作场所助人决策过程中的困境发现、困境解释和确认责任阶段，契约保持阶段对应着工作场所助人决策过程中的构思策略和实施助人阶段，契约调整阶段对应着工作场所助人决策过程中的反思调整阶段。

第二，本书基于动态心理契约理论，揭示了施受双方互助的心理契约动态变化。基于动态心理契约理论探索组织成员之间如何根据双方的互动结果来调整相互之间的助人决策。研究二对工作团队中同伴互助的实证研究表明，动态心理契约视角能很好地解释施助者和受助者的角色其实具有互换的可能性和必然性。只有不断的互换，双方的心理契约才能履行，双方的信任才能维持，双方的互助关系才能延续。因此，动态心理契约理论能帮助我们捕捉到施助受助双方如何根据对方履行心理契约的情况来调整自己的助人决策。

第三，心理契约理论有望成为解释工作场所助人决策过程的统一理论。本书将助人领域的相关理论总结为如下四个视角：资源视角、责任视角、情感视角和演化视角。由于演化视角主要是从人类进化的角度探讨利他和助人行为，超越了工作场所助人决策过程的范畴，因而本研究不讨论演化视角与心理契约相关内容的对应关系。以下从资源视角、责任视角和情感视角探讨工作场所助人决策过程与心理契约理论的对应关系。首先，心理契约理论认为，心理契约是一个契约双方资源交换的互惠过程（Dabos & Rousseau，2004），以往从社会交换理论、资源保存理论、资源分析框架和资源损耗理论等视角探讨助人决策的研究，其核心也是资源的互惠交换。其次，心理契约也是一个契约双方责任和义务的信念系统（Rousseau，1995）。而社会责任规范可以看成一种个体帮助弱者的助人责任信念。责任扩散效应则可能反映了当契约签订人可能不止一对一，而是多对一时，个体的助人责任将下降。最后，心理契约动态调整是由员工情绪推动的。当激活了员工高强度的积极情绪，心理契约就进入重新协商阶段；当激活了员工高强度的负面情绪，心理契约就进入了修复阶段，或者导致心理契约的破裂（Rousseau et al.，2018）。这与情感事件理论和社会认同理论揭示的助人相关研究相似。

表 8.2　心理契约理论与工作场所助人相关理论内容对应表

理论视角	助人相关理论	心理契约理论相关内容
资源视角	社会交换理论、资源保存理论、资源分析框架、资源损耗理论	心理契约是一个契约双方资源交换的互惠过程（Dabos & Rousseau，2004）
责任视角	社会责任规范、责任扩散效应	心理契约也是一个契约双方责任和义务的信念系统（Rousseau，1995）

续表

理论视角	助人相关理论	心理契约理论相关内容
情感视角	情感事件理论、社会认同理论	心理契约动态调整是由员工情绪推动的。当激活了员工高强度的积极情绪，心理契约就进入重新协商阶段；当激活了员工高强度的负面情绪，心理契约就进入了修复阶段，或者导致心理契约的破裂（Rousseau et al.，2018）

8.2.3 拓展和丰富了心理契约领域的相关研究

第一，拓展了心理契约理论的使用场景。以往的心理契约研究主要是指员工感知到的员工与组织之间的相互责任与义务关系的信念系统（Rousseau et al.，2018），主要是指个人与组织之间的契约关系。尽管有一些关于心理契约的研究对象是员工与组织的管理者（Dabos & Rousseau，2004），但这些管理者仅作为组织代理人而存在（Coyle-Shapiro，2000），其实际的研究对象仍然是组织与个人之间的心理契约。事实上，心理契约也可以是组织中个人之间的相互责任与义务关系的信念系统（Rousseau et al.，2018），本书将心理契约理论运用于解释组织中个人之间的人际帮助，拓展了心理契约理论使用的场景，丰富和深化了心理契约理论。

第二，丰富了心理契约动态性的实证研究。本书在现有的心理契约研究框架中做出了重要的补充。现有的心理契约相关研究主要聚焦于心理契约的形成、破裂和修复，而对心理契约动态性的实证研究不足（Rousseau et al.，2018）。事实上，心理契约往往是一个动态的交互调整过程。已有少量关于心理契约动态性的研究主要关注了时间因素在心理契约动态调整中的作用。如，一项研究发现心理契约的履行与个人绩效之间的相互关系可以随着时间的推移而加强（Rousseau，1995）；另一项针对刚毕业的中国大学生的纵向研究证明，随着时间的推移，员工贡献在改变心理契约义务的认知方面起着重要的作用（Rousseau et al.，2018）。尽管针对心理契约动态性的研究考虑了时间因素，但对契约双方互动演化的实证研究仍然缺乏，这不利于我们了解心理契约动态变化是如何在契约双方之间进行的。本书的研究二以动态心理契约为理论基础，实证检验了工作同伴之间“信任——帮助——信任”之间的动态迭代过程，丰富了心理契约动态性的相关研究。

8.2.4 将助人决策过程模型嵌入中国企业管理情境

研究三和研究四从人力资源管理实践的视角，探讨了工作设计和团队绩效薪酬政策对工作场所助人决策的影响机制，将工作场所助人决策过程模型嵌入中国企业管理情境，至少从以下两个方面丰富了相关的理论研究。

首先，将工作场所助人决策过程模型嵌入人力资源管理情境，给理论指导实践提供了依据。之前的研究往往是将助人当成一个瞬时变量，没有从过程的视角研究助人在人力资源管理情境下的表现。本书的研究三和研究四从助人决策过程的角度，探讨了任务多样性和团队绩效薪酬两种人力资源管理情境对工作场所助人决策过程的影响机制，扩展了对工作场所助人决策过程性的研究。研究三聚焦于工作场所助人决策过程的起始阶段——困境发现，探讨了任务多样性对员工困境发现的影响机制，发现任务多样性高的工作会激发员工更多的工作投入，而工作投入则会抑制员工对周边同事的困境发现。这与已有关于工作投入会激发员工积极工作结果的发现相矛盾。该矛盾结果也许是因为先前关于工作投入和助人的研究，大部分是通过自我报告的方式测量助人行为的意愿和数量，自我报告的测量方式将被试没有发现的困境排除在外，因而得到了相反的结果。研究四聚焦于工作场所助人决策过程的两个重要阶段——助人责任和反思调整，探讨了团队绩效薪酬对团队内和竞争团队的帮助意愿，并证明团队绩效薪酬通过促进员工的团队助人责任、个人和团队利益导向，进而提升员工对团队内成员的帮助意愿，还通过抑制员工的组织助人责任和组织利益导向，进而抑制员工对竞争团队成员的帮助意愿。总之，展开研究工作场所助人决策过程，有助于更全面地了解工作场所助人行为的发生过程。

其次，丰富了现有关于中国企业情境下的助人领域的研究。在中国管理理论的研究中，领导相关研究一直是理论的研究热点。对助人领域现有研究的回顾也发现，现有关于工作场所助人的研究主要聚焦于领导风格（罗文豪和陈佳颖，2020；郑晓明和王倩倩，2016；刘蕴等，2016；陈晓等，2023）对工作场所助人行为的研究。总体来说，积极的领导风格更有助于提升员工的助人意愿和行为。尽管领导风格是员工行为的重要预测变量，人力资源管理政策也是激励员工积极工作的重要因素。因而，有必要探讨人力资源管理政策对员工助人决策的影响。研究三和研究四分别从员工内在动机和外在动机的角度，研究工作设计（激发员工内在动机）和薪酬管理（激发员工外在动机）两类重要的人力资源管理政策，对工作场所助人决策过程的影响机制。丰富了中国情境下的助人决策过程的研究。将工作场所助人决策过程嵌入人力资源管理情境，有助于更深入更细致地探寻人力资源实践对助人决策的影响机制，进而能让管理者更直观和便捷地利用本书研究成果来促进员工的助人决策。

8.3 管理启示

（1）重视助人决策过程中的马太效应，为员工得到更多帮助提供有效策略

研究二的结果表明，助人决策中存在马太效应，即在个体之间的助人决策中，同伴更倾向于帮助能力强的伙伴，这容易导致“强者愈强，弱者愈弱”的马太效应（Merton，1968）。助人中的马太效应导致本身更需要帮助的弱能力成员得到的帮助更少，不利于员工个人的职业发展，也不利于组织绩效的实现。因而，如何让弱能力员工得到适当的帮助对个人和组织都非常重要。对员工来说，可以从以下几个方面提升获得帮助的可能性。

首先，主动提出帮助请求。从研究一对工作场所帮助事件的内容分析可知，工作场所中的帮助往往是被动帮助，即需要求助者进行请求的帮助。一方面是因为主动帮助需要员工识别他人困境，这增加了员工的认知负荷，因此可能导致员工由于没有关注到周边同事的困境，而导致帮助行为的减少。研究三的研究结论也证实了高工作投入可能导致员工发现同事困境的机会减少。另一方面，即使员工关注到周边同事的困难和问题，也可能由于先前不好的帮助经历，而导致员工不愿意提供主动帮助。例如，主动帮助可能不太能够识别潜在受助者的实际需求（Human et al.，2018），而提供了别人不需要的帮助（Gray et al.，2019），而且主动帮助得到的感谢可能不如被动帮助，这导致助人者收获不到帮助他人的心理满足感，因而员工可能减少自己的主动帮助行为。

其次，主动帮助其他同事，与同事构建帮助相关心理契约。一方面，高能力同事尽管能够独立完成很多高技能的工作任务，但也可能由于时间有限，无法抽出更多的时间从事一些低技能和常规性的任务，因而也有得到帮助的需

要。另一方面，基于互惠的社会规范，一旦高能力员工接受了低能力员工的帮助，就表示双方形成了互惠交换的心理契约，他会在将来给低能力员工提供恰当的回报，甚至是提供自主性帮助以提升低能力员工独立处理问题的能力。另外，员工之间存在着互补技能的关系。所谓“三人行，必有我师”，员工在比较擅长的领域帮助了其他同事，其他同事未来也可能在其擅长的领域回报员工，这有助于构建长期的帮助相关心理契约。

（2）从工作场所助人过程的六个阶段考虑，提升企业助人的环境和氛围

工作场所助人决策包括发现困境、解释困境、确认责任、构思策略、实施助人和反思调整六个阶段，上述每一个阶段出现阻碍，都可能使助人行为无法实现，因而企业可以从促进上述助人决策六个阶段实现的角度，提升企业的助人环境和氛围。具体来说，企业可以从以下几个方面提升员工的互助。首先，企业可以将具有互补技能的成员组成一个团队或者工作小组，以增加成员间的互相帮助。从助人决策的反思调整阶段看，具有互补技能的成员容易实现相互的亲社会风险投资收益，能够进行良好的利益权衡。其次，将同一小组或团队的员工安排在一个空间办公，以增加员工发现和识别困境的机会。同一空间也容易增加员工之间的交往机会，彼此更能了解对方，进一步增加员工对周边同事困境解释的准确性，为提供符合对方要求的帮助提供条件。最后，还可以采用一些有助于营造成员互助氛围的管理措施。例如，实施师徒制，将帮助新员工作为老员工的工作责任，并将新员工的学习成果和未来绩效与老员工的薪酬联系起来，鼓励老员工提供自主性帮助，以帮助新成员尽快掌握相关技能和提升组织绩效。

（3）为制定适宜的提升员工助人行为的人力资源管理政策提供依据

研究四的实证结果表明，团队绩效薪酬有助于提升员工的团队内助人责任和团队利益导向，从而提升员工的团队内助人意愿；相反，团队绩效薪酬也会抑制员工的组织助人责任和组织利益导向，从而对团队外助人意愿具有抑制作用。因而，首先要把握好团队绩效薪酬在总薪酬中的比重，设计恰当的团队薪酬比重，使得员工对团队内同事的助人意愿旺盛，不至于对团队外同事漠不关心。其次，适当增加团队内任务与竞争团队任务的互依性，从而增加团队内成员与竞争团队成员之间的交往，提升团队内成员对竞争团队成员的助人意愿。再次，为两个或多个竞争团队创设一个比各自团队目标更高等级的统一目标，

缓解双方团队的利益冲突而导致的对竞争团队成员助人意愿的减弱。最后，可以考虑混合的薪酬激励政策，发挥团队绩效薪酬的优势，并尽量缓解团队绩效薪酬对竞争团队成员帮助意愿的抑制作用。

（4）重视组织认同在提升员工助人决策中的作用

有的研究发现组织认同对助人行为有促进作用（McDonald et al.，2018）。组织认同在提升员工助人行为中扮演着关键角色，是员工与企业之间情感联系的核心。当员工对组织有强烈的认同感时，他们更有可能做出积极的助人行为，因为他们感到自己与组织的命运紧密相连，而不仅是在工作中追求个人利益，而且组织认同能够克服执行团队绩效薪酬政策而导致的“圈子主义”和“小团体主义”的弊端，在发挥团队绩效薪酬积极作用的同时克服其消极作用。因而，企业应该加强员工的组织认同，进而提升员工助人行为。首先，通过员工培训提升组织认同。在确保企业有清晰而引人注目的使命和愿景陈述的同时，将使命和愿景融入公司文化，在员工培训中着重加强组织愿景和组织文化的熏陶和培养。通过知晓企业光辉历史，让新员工感到自豪，从而产生更多的组织认同。其次，企业要和员工透明沟通，及时分享公司的目标、计划和成就，鼓励员工参与决策制定过程，让他们感到自己的声音被听到，以提高员工的参与感，培养员工的主人翁意识。最后，给员工提升和发挥才能的舞台。如为员工提供培训和学习机会，帮助他们不断提升职业技能；举办员工活动和社交聚会，促进员工之间的互动，提升凝聚力；支持员工参与专业协会和行业活动，以扩大他们的职业网络；定期进行员工满意度调查，以了解员工的需求，根据反馈和数据不断改进组织政策、流程和文化。

8.4 研究局限与展望

（1）工作设计对助人决策影响的研究还有待丰富

已有关于工作特征的研究发现，团队任务反馈和内在满意的工作任务（柯丽菲等，2008），以及工作任务相依性（黄奇栋和钟健安，2010）有助于助人行为的提升。以任务重要性、任务同一性、技能多样性、自主性和工作反馈为特征的工作，使员工更有可能表现出助人行为（Grant，2008）。工作自主性和技能多样性，有助于提高员工工作投入水平，进而提高生产率以及员工的助人行为（Macey & Schneider，2008）。而不合规任务（叶龙和史静怡，2023）和任务常规化，在员工面临角色冲突和威胁时则会减少员工的助人行为。已有研究对工作某个或某些特征进行了相关研究，但没有整合工作的各种特征对工作场所助人过程的联合影响。已有实证研究能够深入研究个别工作特征与助人决策间简单对称的线性关系，却都无法系统阐述和厘清工作特征影响助人决策的不同因果路径。未来的研究可以采用基于复杂系统的QCA技术，解决多因并发的复杂因果关系，实现管理理论对管理实践的有效指导（杜运周等，2021）。

（2）不同团队绩效薪酬策略对助人决策的研究还有待深化

研究四揭示了团队绩效薪酬对工作场所助人决策的影响机制。但团队绩效薪酬本身又分为公平绩效薪酬和平等绩效薪酬。平等团队绩效薪酬是指每个团队根据团队绩效取得团队的总绩效薪酬，同时团队中所有员工平均分配所有团队绩效薪酬。公平绩效薪酬则是在按照团队绩效取得团队总体绩效薪酬后，根据团队成员的不同贡献分配绩效薪酬。这两种不同的团队绩效薪酬对助人决策过程的影响也许大相径庭（Nyberg et al.，2018）。平等团队绩效薪酬由于平均分配绩效薪酬，团队成员之间可能有更强的凝聚力和更多的信任（Franco-Santos & Gomez-Mejia，2015），因而可能激发更多的团队内助人决策，本书的研究四证实了这一点。公平团队绩效薪酬可能更容易导致团队内的竞争，当团队内的竞争程度甚至高于团队外竞争时，公平团队绩效薪酬可能导致员工对团队内成员的帮助减少，甚至对团队外成员帮助的增多等。竞争的加剧有可能引发员工对自己地位的担忧，继而容易引发嫉妒等，最终导致帮助的减少（Tai et al.，2023）。未来可以区分这两种不同的团队绩效薪酬对工作场所助人决策过程的影响，以便更有效地指导组织中的人力资源实践。

（3）基于心理契约视角研究情绪在助人决策中的作用有待加强

情绪在心理契约调整和修复中发挥着重要作用。高激活的积极情绪会促进双方契约进入重新协商阶段；高激活的消极情绪则可能导致双方契约进入修复阶段（Rousseau et al.，2018）。已有关于助人领域的相关研究发现，情绪是影响员工助人决策的重要因素。例如，内疚会引发个体更多的网络助人行为（吴鹏等，2017；汤明等，2019）；而愤怒和嫉妒都可能导致员工助人行为的减少（杨昭宁等，2017；Tai et al.，2023）。本书的研究二只关注了双方之间的帮助与信任交互调整关系，研究三和研究四则只是研究了团队绩效薪酬和任务多样性对工作场所助人决策过程的影响机制，并没有考虑情绪因素在助人过程中的影响。事实上，信任的建立往往带着积极情绪，而消极情绪容易导致心理契约调整，超出施助受助者预期的消极情绪甚至导致心理契约破裂（Rousseau et al.，2018）。例如，员工可能由于嫉妒而不想帮助能力强的同事（Kim & Glomb，2014），也就是说员工可能由于嫉妒而不想和高能力信任的同事构建帮助的心理契约（Tai et al.，2023）。目前的研究都是单方面关注了情绪在心理契约调整中的影响，或者是在助人决策中的作用，而未从心理契约的视角研究情绪在工作场所助人决策过程中的作用。未来可以从情绪变化的视角更深入地研究施助受助双方之间心理契约的动态变化，以及助人决策的哪些阶段更容易受到情绪的影响。

（4）工作场所助人决策过程的研究还可以进一步扩展和深化

第一，尽管本书的四个研究都不同程度地体现了工作场所助人决策过程的不同阶段，但仍然有很大的拓展空间。研究二、研究三和研究四分别反映了助人策略、困境发现、助人责任、反思调整和助人行为等五个阶段在不同工作情境下的关系，但对解释困境的研究不足。未来可以更多关注解释困境阶段的关键影响因素，以拓展对工作场所助人决策过程机制的研究。另外，本书仅仅将工作场所助人决策过程嵌入人力资源管理实践中，而没有考虑其他组织情境对工作场所助人决策过程各阶段的影响。未来可以探讨诸如领导风格、组织文化、公司战略等对工作场所助人决策过程各阶段的影响。

第二，研究二探讨了工作场所中施助者和受助者在帮助决策中的交互反思调整过程，很好地揭示了工作场所中员工双方互助的交互反思调整机制。但研究仅是将助人决策从研究施助者或者受助者扩展到研究施助受助双方互动，忽视了工作场所中的社会网络关系。未来可以从社会网络的视角，探讨助人决策过程的网络互动过程。

第三，研究三探讨了任务多样性通过增强工作投入负向影响员工的困境发现，但忽视了任务多样性也可能通过增加个体认知资源损耗，进而减少工作投入而导致员工没有精力帮助他人的影响路径。未来可以考虑该路径的可能性。

第四，尽管本书关注到中国文化强调“一日三省吾身”“圈子主义”“投桃报李”“知恩图报”等特点。结合中国文化强调自我反思，提出了助人决策过程中的

“反思调整”子过程；在“明确责任”子过程中，着重考虑“圈子主义”可能影响助人决策；“投桃报李”“知恩图报”则体现在动态心理契约过程中施受双方的角色转换机制和社会规范下的行事准则。这些探索能帮助我们更好地理解中国企业情境下的助人决策过程。但对中国文化与助人决策过程研究还处在比较浅层的阶段，未来可以更深入地探讨中国文化在工作场所助人决策过程各阶段的影响机制。

（5）研究设计和研究方法还可以进一步优化

首先，尽管研究二应用动态心理契约理论解释了施助受助双方关于帮助的动态心理契约，但是未实证检验信任和帮助之间心理契约的中介机制。未来可以考虑实证检验信任和帮助之间心理契约的具体内容（如交易型契约或情感型契约），以及施助受助双方心理契约具体内容是如何交互调整的。另外，大一新生是互相不认识的陌生人，之前没有建立过双方的心理契约，比较容易测量双方的初始信任。之前发表在管理领域的顶级期刊 *Academy of Management Journal* 上也有用大学生工作伙伴研究工作场所助人的相关主题（Vegt et al., 2006）。因而，研究二选取大一新生工作伙伴研究施助受助双方的动态心理契约变化，能够很好地揭示“信任——帮助——信任”的动态交互过程。但大一新生工作伙伴毕竟还是不能完全反映普通工作场所的复杂性，未来可以将样本替换成企业员工样本，更深入地揭示工作场所助人交互调整机制。

其次，研究四用实验法揭示了团队绩效薪酬能够通过激发员工的团队助人责任和团队利益导向，促进员工对团队内成员的更多助人意愿；同时也通过抑制员工的组织助人责任和组织利益导向，进而抑制员工对竞争团队成员的助人意愿。这很好地体现了工作场所助人决策过程中的助人责任和反思调整过程，美中不足的是没有检验出组织认同的调节效应。这个结果也许是由于研究四采用的是问卷实验法，该方法成本低廉，易于操作，但精确性有待提高。尽管本实验模仿学者彭坚实验操纵绿色变革型领导的思路（彭坚等，2020），用量表条目内容操纵组织认同，虽然操纵检验成功，仍有可能无法让被试想象组织认同高或低的实际情境，进而导致实验结果不精确。未来可以通过现场实验的方式重新设计实验，以提升实验结果的精确度。如可以在企业找到两个真正实施团队绩效薪酬的团队，测量成员真实的组织认同，按照组织认同高和低将被试分成两组，两组被试完成相同的工作任务，再在组织认同高组和组织认同低组分别实行高团队绩效薪酬和低团队绩效薪酬。

参考资料

[1] 曹威麟，陈文江 . 心理契约研究述评 [J] . 管理学报，2007（5）：682-687+694.

[2] 曹威麟，朱仁发，郭江平 . 心理契约的概念、主体及构建机制研究 [J] . 经济社会体制比较，2007（2）：132-137.

[3] 陈晓，张慧莹，谢俊 . 愿景型领导对助人行为的影响：组织心理所有权的中介作用和促进性焦点的调节作用 [J] . 心理研究，2023，16（6）：525-535.

[4] 刁惠悦，宋继文，吴伟 . 经验取样法在组织行为学和人力资源管理研究中的贡献、应用误区与展望 [J] . 中国人力资源开发，2019，36（1）：16-34.

[5] 杜运周，李佳馨，刘秋辰，等 . 复杂动态视角下的组态理论与 QCA 方法：研究进展与未来方向 [J] . 管理世界，2021，37（3）：180-197+12-13.

[6] 葛林洁，王丹，郭一蓉，等 . 实验室实验与现场实验在组织行为学中的应用 [J] . 中国人力资源开发，2021，38（2）：42-56.

[7] 龚天平，李昭亮 . 合作的人性基础 [J] . 伦理学研究，2017（2）：21-25.

[8] 胡丽丽，叶龙，郭名，等 . 领导幽默对员工组织公民行为的影响研究——一个有调节的中介效应模型 [J] . 管理评论，2022，34（8）：205-216.

[9] 黄奇栋，钟健安 . 任务相依性与组织公民行为：团队成员交换的中介作用 [J] . 人类工效学，2010，16（3）：45-48.

[10] 黄昱方，马素雅 . 微休息活动对员工创新绩效的影响——有调节的中介效应 [J] . 软科学，2023，37（8）：52-58.

[11] 柯丽菲，黄远仪，何国煜 . 团队组织公民行为与工作特征、绩效关系实证研究 [J] . 财经问题研究，2008（4）：105-110.

[12] 李振莹，郝垒垒，王大伟 . 个体嫉妒水平、受助者外表吸引力对助人行为的影响 [J] . 心理研究，2016，9（3）：60-67.

[13] 林澜，莫长炜．心理契约对组织公民行为的影响［J］．心理科学进展，2008（5）：779–788.

[14] 刘军，陈星汶，肖宁，等．当协作要求遇上“山头主义”：领地行为与任务相依性对团队绩效的影响研究［J］．华南师范大学学报（社会科学版），2016（5）：99–109+191.

[15] 刘文兴，祝养浩，柏阳，等．孤芳自赏还是乐于助人？员工自恋对亲社会行为的影响［J］．心理学报，2022，54（3）：300–312.

[16] 刘蕴，李燕萍，涂乙冬．员工为什么乐于助人？多层次的领导－部属交换对帮助行为的影响［J］．心理学报，2016，48（4）：385–397.

[17] 罗文豪，陈佳颖．谦逊领导对员工助人行为的影响机制研究［J］．当代财经，2020（5）：76–86.

[18] 彭坚，尹奎，侯楠，等．如何激发员工绿色行为？绿色变革型领导与绿色人力资源管理实践的作用［J］．心理学报，2020，52（5）：1105–1120.

[19] 瞿皎姣，赵宜萱，赵曙明．组织政治行为知觉下员工会助人吗？——基于社会分析理论的解释［J］．管理评论，2020，32（5）：217–232.

[20] 施跃东，段锦云．参与式领导对组织助人行为的影响：工作幸福感和角色清晰度的作用［J］．心理研究，2016，9（4）：67–74.

[21] 宋珂，金国华，李铭泽．组织中的助人行为：前因、后果及作用机制［J］．中国人力资源开发，2018，35（6）：6–16+108.

[22] 苏伟琳，林新奇，丁贺．核心自我评价对员工创新行为的影响机制——工作投入的中介作用［J］．软科学，2018，32（7）：52–55.

[23] 苏永发，白新文，明晓东．上下级关系及下属传统性对工作投入和绩效的影响——被调节的中介效应模型［J］．管理评论，2022，34（11）：193–205.

[24] 孙灵希，滕飞．新进科研人员工作特征与工作投入之间关系的纵向研究［J］．科技管理研究，2013，33（23）：150–154.

[25] 汤丹丹，温忠麟．共同方法偏差检验：问题与建议［J］．心理科学，2020，43（1）：215–223.

[26] 汤明，李伟强，刘福会，等．内疚与亲社会行为的关系：来自元分析的证据［J］．心理科学进展，2019，27（5）：773–788.

[27] 汤一鹏，贾荣雯，龙立荣，等．员工真诚对同事关系的双刃剑效应：共事时间的调节作用［J］．心理学报，2022，54（5）：529–548.

[28] 王静，骆南峰，石伟，等．施助的代价：助人行为的负面影响及其潜在机制［J］．中国人力资源开发，2019，36（7）：67-93.

[29] 王文增，刘晓明．工作特征与工作旺盛感的关系：自我决定的中介作用［J］．中国临床心理学杂志，2019，27（3）：613-616.

[30] 王永丽，张智宇，何颖．工作－家庭支持对员工创造力的影响探讨［J］．心理学报，2012，44（12）：1651-1662.

[31] 卫旭华，张亮花．单题项测量：质疑、回应及建议［J］．心理科学进展，2019，27（7）：1194-1204.

[32] 吴鹏，范晶，刘华山．道德情绪对网络助人行为的影响——道德推理的中介作用［J］．心理学报，2017，49（12）：1559-1569.

[33] 徐文娟，史兴松．近十年 SSCI 期刊工商管理研究中内容分析法的应用［J］．情报探索，2020（6）：123-131.

[34] 杨红明，廖建桥．公务员敬业度及其影响因素的实证研究［J］．管理学报，2011，8（6）：865-871.

[35] 杨建锋，郭晓虹，明晓东．工作场所中的助人决策过程［J］．心理科学进展，2022，30（1）：15-31.

[36] 杨建海．传统互助思想及其新时代价值［N/OL］．中国社会科学报，2022-08-04. http：//sscp.cssn.cn/xkpd/pl_20172/202208/t20220804_5469538.html.

[37] 杨莹，寇彧．亲社会互动中的幸福感：自主性的作用［J］．心理科学进展，2015，23（7）：1226-1235.

[38] 杨昭宁，顾子贝，王杜娟，等．愤怒和悲伤情绪对助人决策的影响：人际责任归因的作用［J］．心理学报，2017，49（3）：393-403.

[39] 叶龙，史静怡．不合规任务对新员工组织公民行为的影响［J］．山东社会科学，2023，331（3）：149-158.

[40] 占小军，陈颖，罗文豪，等．同事助人行为如何降低职场不文明行为：道德推脱的中介作用和道德认同的调节作用［J］．管理评论，2019，31（4）：117-127.

[41] 张春虎．基于自我决定理论的工作动机研究脉络及未来走向［J］．心理科学进展，2019，27（8）：1489-1506.

[42] 张豪，张向前．指导理论背景下帮助行为影响因素研究：基于扎根理论的探索［J］．中国人力资源开发，2020，37（8）：107-119.

[43] 张兰鸽，王磊，张应兰，等．自主定向与依赖定向的群际帮助在动机与后果上的

差异［J］. 心理科学进展，2015，23（9）：1658-1667.

［44］张兰霞，杨硕，王乐乐，等. 职场排斥对员工助人行为的影响机制研究［J］. 管理学报，2022，19（9）：1306-1315.

［45］张秋芝. 群体选择与人类利他主义行为的进化：索伯的探索［J］. 科学技术哲学研究，2019，36（6）：21-25.

［46］张莹瑞，佐斌. 社会认同理论及其发展［J］. 心理科学进展，2006，14（3）：475-480.

［47］赵祁，李锋. 团队领导与团队有效性：基于社会认同理论的多层次研究［J］. 心理科学进展，2016，24（11）：1677-1689.

［48］郑晓明，倪丹，刘鑫. 基于体验抽样法的正念对工作 - 家庭增益的影响研究［J］. 管理学报，2019，16（3）：360-368+407.

［49］郑晓明，王倩倩. 伦理型领导对员工助人行为的影响：员工幸福感与核心自我评价的作用［J］. 科学学与科学技术管理，2016，37（2）：149-160.

［50］周空，周萱，应雪晴. 从想法产生到想法执行：团队绩效薪酬对团队创新的影响机制［J］. 心理科学进展，2023，31（6）：944-957.

［51］周天爽，胡琴，崔丽娟. 共同内群体认同与群际帮助意愿：群际威胁的中介作用［J］. 心理研究，2018，11（4）：333-342.

［52］周文娟，段锦云，朱月龙. 组织中的助人行为、概念界定、影响因素与结果［J］. 心理研究，2013，6（1）：59-65.

［53］Ackerman J M，Kenrick D T. The costs of benefits：Help-refusals highlight key trade-offs of social life［J］. Personality Social Psychology Review，2008，12（2）：118-140.

［54］Al-Abrrow H，Thajil K M，Abdullah H O，et al.. The dark triad and organizational citizenship behavior in health care：The moderating role of positive emotions［J］. Global Business and Organizational Excellence，2020，39（5）：6-17.

［55］Allan B. Task significance and meaningful work：A longitudinal study［J］. Journal of Vocational Behavior，2017，102：174-182.

［56］Alvarez K，Leeuwen E V. Paying it forward：How helping others can reduce the psychological threat of receiving help［J］. Journal of Applied Social Psychology，2015，45（1）：1-9.

［57］Anderson N，Schalk R. The psychological contract in retrospect and prospect［J］.

Journal of Organizational Behavior, 1998, 19 (1): 637-647.

[58] Argyris C, Ditz G W. Understanding organizational behavior [M] .Homewood: Dorsey Press, 1960, 457-456.

[59] Ashforth B, Harrison S, Corley K. Identification in organizations: An examination of four fundamental questions [J] . Journal of Management, 2008, 34 (3): 325-374.

[60] Axelrood R, Hamilton W D. The evolution of cooperation [J] . Science, 1981, 211 (27): 1390-1396.

[61] Bachrach D G, Powell B C, Collins B J, et al.. Effects of task interdependence on the relationship between helping behavior and group performance [J] . Journal of Applied Psychology, 2006, 91 (6): 1396-1405.

[62] Bakker A B, Demerouti E. The job demands-resources model: State of the art [J] . Journal of Managerial Psychology, 2007, 22 (3): 309-328.

[63] Balliet D, Ferris D L. Ostracism and prosocial behavior: A social dilemma perspective [J]. Organizational Behavior and Human Decision Processes, 2013, 120 (2): 298-308.

[64] Bamberger P. Employee help-seeking: antecedents, consequences and new insights for future research [J] . Research in Personnel & Human Resources Management, 2009, 28: 49-98.

[65] Bamberger P A, Geller D, Doveh E. Assisting upon entry: Helping type and approach as moderators of how role conflict affects newcomer resource drain [J] . Journal of Applied Psychology, 2017, 102 (12): 1719-1732.

[66] Bamberger P A, Levi R. Team-based reward allocation structures and the helping behaviors of outcome-interdependent team members [J] . Journal of Managerial Psychology, 2009, 24 (4): 300-327.

[67] Bar-Or S, Meyer J. What is good help? Responses to solicited and unsolicited assistance [J] . International Journal of Human-Computer Interaction, 2018, 35 (2): 131-139.

[68] Bar-Tal D. Sequential development of helping behavior: A cognitive-learning approach [J] . Developmental Review, 1982, 29 (2): 101-124.

[69] Barnes C, Guarana C, Lee J, et al.. Using wearable technology (closed loop acoustic stimulation) to improve sleep quality and work outcomes [J] . Journal of Applied Psychology, 2023, 108 (8): 1391-1407.

[70] Basil D Z, Ridgway N M, Basil M D. Guilt and giving: A process model of empathy and efficacy [J]. Psychology and Marketing, 2008, 25 (1): 1-23.

[71] Baumeister R E, Bratslavsky E, Muraven M, et al.. Ego depletion is the active self a limited resource [J]. Journal of Personality and Social Psychology, 1998, 74 (5): 1252-1265.

[72] Becker J C, Ksenofontov I, Siem B, et al.. Antecedents and consequences of autonomy- and dependency-oriented help toward refugees [J]. European Journal of Social Psychology, 2019, 49 (4): 831-838.

[73] Bergeron D M. The potential paradox of organizational citizenship behavior good citizens at what cost [J]. The Academy of Management Review, 2007, 32 (4): 1078-1095.

[74] Bergeron D M, Shipp A J, Rosen B, et al.. Organizational citizenship behavior and career outcomes: The cost of being a good citizen [J]. Journal of Management, 2013, 39 (4): 958-984.

[75] Blom-Hansen J, Morton R, Serritzlew S. Experiments in public management research [J]. International Public Management Journal, 2015, 18 (2): 151-170.

[76] Boivie S, Lange D, Mcdonald M L, et al.. Me or we: The effects of CEO organizational identification on agency costs [J]. Academy of Management Journal, 2011, 54 (3): 551-576.

[77] Bolino M C, Grant A M. The bright side of being prosocial at work, and the dark side, too: A review and agenda for research on other-oriented motives, behavior, and impact in organizations [J]. The Academy of Management Annals, 2016, 10 (1): 599-670.

[78] Bolino M C, Turnley W H. The personal costs of citizenship behavior: The relationship between individual initiative and role overload, job stress, and work-family conflict [J]. Journal of Applied Psychology, 2005, 90 (4): 740-748.

[79] Bolino M C, Turnley W H, Bloodgood J M. Citizenship behavior and the creation of social capital in organization [J]. Academy of Management Review, 2002, 27 (4): 505-522.

[80] Booth J, Park K, Glomb T. Employer-supported volunteering benefits: Gift exchange among employers, employees, and volunteer organizations [J]. Human Resource Management, 2009, 48 (2): 227-249.

[81] Borman W. The concept of organizational citizenship [J]. Current Directions in

Psychological Science, 2004, 13: 238-241.

[82] Brown S L, R Michael B, House J S, et al.. Coping with spousal loss: Potential buffering effects of self-reported helping behavior [J]. Journal of Personality Social Psychol Bull, 2008, 34 (6): 849-861.

[83] Burnstein E, Crandall C, Kitayama S. Some neo-darwinian decision rules for altruism: Weighing cues for inclusive fitness as a function of the biological importance of the decision [J]. Journal of Personality and Social Psychology, 1994, 67 (5): 773-789.

[84] Calderwood C, Bennett A A, Gabriel A S, et al.. Too anxious to help? Off-job affective rumination as a linking mechanism between work anxiety and helping [J]. Journal of Occupational and Organizational Psychology, 2018, 91 (3): 681-687.

[85] Carlo G. The development and correlates of prosocial moral behaviors [M].Handbook of moral development, 2nd ed. New York, NY, US: Psychology Press, 2014: 208-234.

[86] Chernyak-Hai L, Heller D, Simantov-Nachlieli I, et al.. Give them a fishing rod, if it is not urgent: The impact of help type on support for helpers' leadership [J]. Journal of Applied Psychology, 2023, 91 (3): 681-687.

[87] Chi N-W, Tu M-H, Wu I H. Why and when proactive helping does not lead to future help: The roles of psychological need satisfaction and interpersonal competence [J]. Journal of Vocational Behavior, 2022, 140: 103824.

[88] Choi J N. Collective dynamics of citizenship behavior: What group characteristics promote group-level helping? [J]. Journal of Management Studies, 2009, 46 (8). 1396-1420.

[89] Cook W L, Kenny D A. The actor-partner interdependence model: A model of bidirectional effects in developmental studies [J]. International Journal of Behavioral Development, 2005, 29 (2): 101-109.

[90] Coyle-Shapiro A M K I. Consequence of the psychological contract for the employment relationship: A large scale [J]. Journal of Management Studies, 2000, 37 (7): 903-930.

[91] Cropanzano R, Mitchell M S. Social exchange theory: An interdisciplinary review [J]. Journal of Management, 2005, 31 (6): 874-900.

[92] Dabos G E, Rousseau D M. Mutuality and reciprocity in the psychological contracts of employees and employers [J]. Journal of Applied Psychology, 2004, 89 (1): 52–72.

[93] Darley J M, Latané B. The unresponsive bystander: Why doesn't he help? [M]. Prentice Hall, 1970.

[94] Deci E L, Ryan R M. The 'what' and 'why' of goal pursuits: Human needs and the self-determination of behavior [J]. Psychological Inquiry, 2000, 11 (4): 227–268.

[95] Deckop J R, Mangel R, Cirka C C. Getting more than you pay for: Organizational citizenship behavior and pay-for-performance plans [J]. Academy of Management Journal, 1999, 42 (4): 420–428.

[96] Den Hartog D N, De Hoogh A H B. The interactive effects of belongingness and charisma on helping and compliance [J]. Journal of Applied Psychology, 2007, 92(4): 1131–1139.

[97] DePaulo B M, Brittingham G L, Kaiser M K. Receiving competence-relevant help: Effects on reciprocity, affect, and sensitivity to the helper's non-verbally expressed needs [J]. Journal of Personality and Social Psychology, 1983, 45 (5): 1045–1060.

[98] Dovidio J F, Piliavin J A, Schroeder D A, et al. The social psychology of prosocial behavior [M]. Mahwah, NJ: Lawrence Erlbaum Associates Publishers, 2006.

[99] Du J, Choi J N. Pay for performance in emerging markets: Insights from China [J]. Journal of International Business Studies, 2010, 41 (4): 71–89.

[100] Dudley N M, Cortina J M. Knowledge and skills that facilitate the personal support dimension of citizenship [J]. Journal of Applied Psychology, 2008, 93 (6): 1249–1270.

[101] Dunn, W E, Aknin L B, et al.. Spending money on others promotes happiness [J]. Science (New York, N.Y.), 2008, 319: 1687–1688.

[102] Edwards J R, Cable D M 2009. The value of value congruence [J]. Journal of Applied Psychology, 2010, 94 (3): 654–677.

[103] Eisenberg N, Fabes R A, Spinrad T L. Prosocial development [M]. W. Damon, N. Eisenberg. Handbook of child psychology. New York: Wiley, 2006: 646–718.

[104] Eissa G, Lester S W. When good deeds hurt: The potential costs of interpersonal helping and the moderating roles of impression management and prosocial values

motives [J] . Journal of Leadership & Organizational Studies, 2018, 25 (3): 339-352.

[105] Ellemers N, C G, Haslam S. Motivating individuals and groups at work: A social identity perspective on leadership and group performance [J] . Academy of Management Review, 2004, 29 (3): 459-478.

[106] Elsbach K, Hargadon A. Enhancing creativity through "mindless" work: A framework of workday design [J] . Organization Science, 2006, 17 (4): 470-483.

[107] Farh C I C, Lanaj K, Ilies R. Resource-based contingencies of when team-member exchange helps member performance in teams [J] . Academy of Management Journal, 2017, 60 (3): 1117-1137.

[108] Farh J L, Zhong C B, Organ D W. Organizational citizenship behavior in the People's Republic of China [J] . Organization Science, 2004, 15 (2): 241-253.

[109] Farh J L, Earley P C, Lin S C. Impetus for action: A cultural analysis of justice and organizational citizenship behavior in Chinese society [J] . Administrative Science Quarterly, 1997, 42 (3): 421-444.

[110] Farrell J B, Flood P C, Curtain S M, et al.. CEO leadership, top team trust and the combination and exchange of information1 [J] . The Irish journal of management, 2005, 26 (1): 22-40.

[111] Fisher J D, Nadler A, Whitcher-Alagna S. Recipient reactions to aid [J] . Psychological Bulletin, 1982, 91 (1): 27-54.

[112] Fitzgerald C J, Thompson M C, Whitaker M B. Altruism between romantic partners: Biological offspring as a genetic bridge between altruist and recipient [J] . Evolutionary Psychology, 2010, 8 (3): 462-476.

[113] Foa E B, Foa U G. Resource theory of social exchange [M] . 1975, 8 (3): 15-32. DOI 10.1007/978-1-4614-4175-5_2.

[114] Franco-Santos M, Gomez-Mejia L. Team-based incentives: Creating a culture of collaboration, innovation, and performance [M] . 6th. McGraw-Hill, 2015.

[115] Freelon D. ReCal: Intercoder reliability calculation as a web service [J] . International Journal of Internet Science, 2010, 5 (1): 20-33.

[116] Gabriel A S, Koopman J, Rosen C C, et al.. Helping others or helping oneself: An episodic examination of the behavioral cons [J]. Personnel Psychology, 2018, 71(1):

85–107.

[117] Ganesan S. Determinants of long-term orientation in buyer-seller relationships [J]. Journal of Marketing, 1994, 58 (2): 1–19.

[118] Gergen K, Morse S, Kristeller J. The manner of giving: Cross-national continuities in reactions to aid [J]. Psychologia: An International Journal of Psychology in the Orient, 1973, 16 (7): 121–131.

[119] Gerhart B. Incentives and pay for performance in the workplace [J]. Advances in Motivation Science, 2017 (4): 91–140.

[120] Gerhart B, Rynes S, Fulmer I. Pay and performance: Individuals, groups, and executives [J]. The Academy of Management Annals, 2009, 3 (1): 251–315.

[121] Gillet N, Morin A J S, Jeoffrion C, et al.. A Person-centered perspective on the combined effects of global and specific levels of job engagement [J]. Group & Organization Management, 2020, 45 (4): 556–594.

[122] Goetz J, Keltner D, Simon-Thomas E. Compassion: An evolutionary analysis and empirical review [J]. Psychological Bulletin, 2010, 136 (3): 351–374.

[123] Gouldner A W. The norm of reciprocity: A preliminary statement [J]. American Sociological Review, 1960, 25 (2): 161–178.

[124] Grant A, Campbell E. Doing good, doing harm, being well and burning out: The interactions of perceived prosocial and antisocial impact in service work [J]. Journal of Occupational and Organizational Psychology, 2007, 80 (4): 665–691.

[125] Grant A M. The significance of task significance job performance effects, relational mechanisms, and boundary conditions [J]. Journal of Applied Psychology, 2008, 93 (1): 108–124.

[126] Gray C E, Spector P E, Lacey K N, et al.. Helping may be Harming: Unintended negative consequences of providing social support [J]. Work & Stress, 2019, 34 (4): 359–385.

[127] Greenberg, M S. A theory of indebtedness [M/OL]. In: Gergen, K.J., Greenberg, M.S., Willis, R.H. (eds) Social Exchange. Springer, Boston, MA.1980. https://doi.org/10.1007/978-1-4613-3087-5_1.

[128] Grodal S, Nelson A J, Siino R M. Help-seeking and help-giving as an organizational routine: Continual engagement in innovative work [J]. Academy of Management

Journal, 2015, 58 (1): 136–168.

[129] Guinote A, Cotzia I, Sandhu S, et al.. Social status modulates prosocial behavior and egalitarianism in preschool children and adults [J]. Proceedings of the National Academy of Sciences, 2015, 112 (3): 731–736.

[130] Hackman J R, Oldham G R. Motivation through the design of work: Test of a theory [J]. Organizational Behavior and Human Performance, 1976, 16 (2): 250–279.

[131] Haidt J. The emotional dog and its rational tail: A social intuitionist approach to moral judgment [J]. Psychological Review, 2001, 108 (4): 814–834.

[132] Hair J F, Black W C, Babin B J, et al. Multivariate data analysis [M]. 7th edition. Pearson, 2014: 619.

[133] Halbesleben J R B, Wheeler A R. To invest or not? The role of coworker support and trust in daily reciprocal gain spirals of helping behavior [J]. Journal of Management, 2015, 41 (6): 1628–1650.

[134] Hamilton W D. The genetical evolution of social behavior [J]. Journal of Theoretical Biology, 1964, 7 (1): 1–16.

[135] Harari D, Parke M, Marr J. When helping hurts helpers: Anticipatory versus reactive helping, helper's relative status, and recipient self-threat [J]. Academy of Management Journal, 2021, 65 (6): 1954–1983.

[136] He W, Li S L, Feng J, et al.. When does pay for performance motivate employee helping behavior? The contextual influence of performance subjectivity [J]. The Academy of Management Journal, 2020, 64 (1): 14–18.

[137] Hobfoll S E. Conservation of resources: A new attempt at conceptualizing stress [J]. American Psychologist, 1989, 44 (3): 513–524.

[138] Hobfoll S E, Lilly R S. Resource conservation as a strategy for community psychology [J]. Journal of Community Psychology, 1993, 21 (2): 128–148.

[139] Hockey G R. Compensatory control in the regulation of human performance under stress and high workload: A cognitive–energetical framework [J]. Biological psychology, 1997, 45 (1–3): 73–93.

[140] Hogg M A, Terry D J. Social identity processes in organizational contexts [J]. Academy of Management Review, 2000, 25 (1): 121–140.

[141] Hortensius R, Schutter D J L G, De Gelder B. Personal distress and the influence of

by standers on responding to an emergency [J] . Cognitive, Affective, and Behavioral Neuroence, 2016, 16 (4): 672–688.

[142] Human L J, Woolley J D, Mendes W B. Effects of oxytocin administration on receiving help [J] . Emotion, 2018, 18 (7): 980–988.

[143] Humphrey S E, Nahrgang J D, Morgeson F P. Integrating motivational, social, and contextual work design features: A meta–analytic summary and theoretical extension of the work design literature [J] . Journal of Applied Psychology, 2007, 92 (5): 1332–1356.

[144] Junça–Silva A, Silva S, Caetano A. Job crafting, meaningful work and performance: A moderated mediation approach of presenteeism [J] . SN Business & Economics, 2022, 2 (4): 31.

[145] Kim E, Glomb T M. Victimization of high performers: The roles of envy and work group identification [J] . Journal of Applied Psychology, 2014, 99 (4): 619–634.

[146] Kim H, Gong Y. The roles of tacit knowledge and OCB in the relationship between group–based pay and firm performance [J] . Human Resource Management Journal, 2009, 19 (2): 120–139.

[147] Kim P H, Cooper C D, Ferrin D L, et al.. Removing the shadow of suspicion: The effects of apology versus denial for repairing competence–versus integrity–based trust violations [J] . Journal of Applied Psychology, 2004, 89 (1): 104–118.

[148] Kim S, O'Neill J W, Cho H–M. When does an employee not help coworkers? The effect of leader–member exchange on employee envy and organizational citizenship behavior [J] . International Journal of Hospitality Management, 2010, 29 (3): 530–537.

[149] Kindt S, Vansteenkiste M, Loeys T, et al.. Helping motivation and well–being of chronic pain couples [J] . Pain, 2016, 157 (7): 1551–1562.

[150] Klotz A C, Bolino M C. Citizenship and counterproductive work behavior: A moral licensing view [J] . Academy of Management Review, 2013, 38 (2): 292–306.

[151] Kogut T, Slovic P, Västfjäll D. Scope insensitivity in helping decisions: Is it a matter of culture and values? [J] . Journal of Experimental Psychology: General, 2015, 144 (6): 1042–1052.

[152] Koopman J, Lanaj K, Scott B A. Integrating the bright and dark sides of OCB: A daily

investigation of the benefits and costs of helping others [J] . Academy of Management Journal，2016，59 (2)：414–435.

[153] Korndorfer M，Egloff B，Schmukle S C. A large scale test of the effect of social class on prosocial behavior [J] . PLoS One，2015，10：e0133193.

[154] Kotter J P. The psychological contract：Managing the joining–up process [J] . California Management Review，1973，15 (3)：91–99.

[155] Kovai M P，Gali Z，Jernei Z. Social desirability scales as indicators of self–enhancement and impression management [J] . Journal of Personality Assessment，2014，96 (5)：1–12.

[156] Kraus M，Callaghan B. Social class and prosocial behavior：The moderating role of public versus private contexts [J] . Social Psychological and Personality Science，2016，8 (7)：769–777.

[157] Kraus M W，Piff P K，Mendoza–Denton R，et al.. Social class，solipsism，and contextualism：How the rich are different from the poor [J] . Psychological Review，2012，119 (3)：546–572.

[158] Lanaj K，Jennings R E. Putting leaders in a bad mood：The affective costs of helping followers with personal problems [J]. Journal of Applied Psychology，2020，105 (4)：355–371.

[159] Lanaj K，Johnson R E，Wang M. When lending a hand depletes the will：The daily costs and benefits of helping [J] . Journal of Applied Psychology，2016，101 (8)：1097–1110.

[160] Landis B，Fisher C M，Menges J I. How employees react to unsolicited and solicited advice in the workplace：Implications for using advice，learning，and performance [J]. Journal of Applied Psychology，2022，107 (3)：408–424.

[161] Latané B，Darley J M. Group inhibition of bystander intervention in emergencies [J] . Journal Personality and Social Psychology，1968，10 (3)：215–221.

[162] Laulié L，Tekleab A G. A multi–level theory of psychological contract fulfillment in teams [J] . Group & Organization Management，2016，41 (5)：658–698.

[163] Lee C，Liu J，Rousseau D M，et al.. Inducements，contributions，and fulfillment in new employee psychological contracts [J] . Human Resource Management，2011，50 (2)：201–226.

[164] Lee F. The social costs of seeking help [J]. The Journal of Applied Behavioral Science, 2002, 38 (1): 17–35.

[165] Lee H W, Bradburn J, Johnson R E, et al.. The benefits of receiving gratitude for helpers: A daily investigation of proactive and reactive helping at work [J]. Journal of Applied Psychology, 2019, 104 (2): 197–213.

[166] Lee K, Allen N J. Organizational citizenship behavior and workplace deviance [J]. Journal of Applied Psychology, 2002, 87 (1): 131–142.

[167] Lee K, Duffy M K. A functional model of workplace envy and job performance: When do employees capitalize on envy by learning from envied targets? [J]. Academy of Management Journal, 2019, 62 (4): 1085–1110.

[168] Lepine J A, Dyne L V. Peer responses to low performers: An attributional model of helping in the context of groups [J]. Academy of Management Review, 2001, 26(1): 67–84.

[169] Lepine J A, Piccolo R F, Jackson C L, et al.. A meta-analysis of teamwork processes tests of a multidimensional model and relationships with team effectiveness criteria [J]. Personnel Psychology, 2008, 61 (2): 273–307.

[170] Levin D Z, Cross R. The strength of weak ties you can trust: The mediating role of trust in effective knowledge transfer [J]. Management Science, 2004, 50 (11): 1477–1490.

[171] Li H J, Wang X C, Williams M, et al.. My boss is younger, less educated, and shorter tenured: When and why status (in) congruence influences promotion system justification [J]. Journal of Applied Psychology, 2023, 108 (9): 1445–1460.

[172] Lin K J, Savani K, Ilies R. Doing good, feeling good? The roles of helping motivation and citizenship pressure [J]. Journal of Applied Psychology, 2019, 104 (8): 1020–1035.

[173] Loi T I, Kuhn K M, Sahaym A, et al.. From helping hands to harmful acts: When and how employee volunteering promotes workplace deviance [J]. Journal of Applied Psychology, 2020, 105 (9): 944–958.

[174] Lord R G, Diefendorff J M, Schmidt A M, et al.. Self–regulation at work [J]. Annual Review of Psychology, 2010, 61 (1): 543–568.

[175] Loukidou L, Loan–Clarke J, Daniels K. Boredom in the workplace: More than

monotonous tasks [J]. International Journal of Management Reviews, 2009, 11 (4): 381–405.

[176] M.Blau P. Exchange and power in social life [M] . John Wiley & Sons; New York. 1964.

[177] Macey W H, Schneider B. The meaning of employee engagement [J] . Industrial and Organizational Psychology, 2008, 1 (1): 3–30.

[178] Maki A, Vitriol J A, Dwyer P C, et al.. The helping orientations inventory: Measuring propensities to provide autonomy and dependency help [J] . European Journal of Social Psychology, 2017, 47 (6): 677–693.

[179] Marić M, Hernaus T, Tadić M, et al.. Job characteristics and organizational citizenship behavior: A multisource study on the role of work engagement [J] . Drustvena istrazivanja, 2019, 28 (1): 25–45.

[180] Mayer R C, Davis J H, Schoorman F D. An integrative model of organizational trust [J]. Academy of Management Review, 1995, 20 (3): 709–734.

[181] McDonald M L, Keeves G D, Westphal J D. One step forward, one step back: White male top manager organizational identification and helping behavior toward other executives following the appointment of a female or racial minority CEO [J] . Academy of Management Journal, 2018, 61 (2): 405–439.

[182] Melamed S, Phd I, Luz J, et al.. Objective and subjective work monotony: Effects on job satisfaction, psychological distress, and absenteeism in blue–collar workers [J] . Journal Applied Psychology, 1995, 80 (1): 29–42.

[183] Merton R K. The Matthew effect [J] . Science, 1968, 159 (3810): 56–62.

[184] Morf M, Feierabend A, Staffelbach B. Task variety and counterproductive work behavior [J] . Journal of Managerial Psychology, 2017, 32 (8): 581–592.

[185] Morgeson F, Humphrey S. The work design questionnaire (WDQ): Developing and validating a comprehensive measure for assessing job design and the nature of work [J]. Journal Applied Psychology, 2006, 91 (6): 1321–1339.

[186] Myin–Germeys I, Kuppens P. The open handbook of experience sampling methodology: A step–by–step guide to designing, conducting, and analyzing ESM studies [M] . Belgium: Independently published, 2022.

[187] N B, A Z, . K R C. Invisible support and adjustment to stress [J] . Journal of

Personality and Social Psychology, 2000, 79 (6): 953-961.

[188] Nadler Arie, Chernyak-Hai, et al.. Helping them stay where they are: Status effects on dependency/autonomy-oriented helping [J]. Journal of Personality & Social Psychology, 2014, 106 (1): 58-72.

[189] Nadler A. Determinants of help seeking behavior's effects of helper's similarity, task centrality and recipient's self esteem [J]. European Journal of Social Psychology, 1987, 17 (1): 57-67.

[190] Nadler A. Social psychology of helping relations: Solidarity and hierarchy [M]. Hoboken, NJ: Wiley-Blackwell, 2020.

[191] Nadler A, Fisher J D, Streufert S. When helping hurts Effects of donor-recipient similarity and recipient self-esteem [J]. Journal of Personality, 1976, 44 (3): 392-409.

[192] Nadler A, Halabi S. Intergroup helping as status relations: Effects of status stability, identification, and type of help on receptivity to high-status group's help [J]. Journal of Personality and Social Psychology, 2006, 91 (1): 97-110.

[193] Newark D A, Bohns V K, Flynn F J. A helping hand is hard at work: Help-seekers' underestimation of helpers' effort [J]. Organizational Behavior and Human Decision Processes, 2017, 139: 18-29.

[194] Newsom J T, Schulz R. Care-giving from the recipient's respective [J]. Health Psychology, 1998, 17 (2): 172-181.

[195] Nyberg A J, Maltarich M A, Abdulsalam D D, et al.. Collective pay for performance: A cross-disciplinary review and meta-analysis [J]. Journal of Management, 2018, 44 (6): 2433-2472.

[196] Obul A, Yang J, Hiyit M. Effect of joint learning on product innovativeness: The moderating role of goodwill trust and destructive conflict in coopetition [J]. Technology Analysis & Strategic Management, 2021, 33 (2): 229-241.

[197] Organ D W. Organizational citizenship behavior: The good soldier syndrome [M]. Lexington: Lexington Books, 1988.

[198] Organ D W. The motivational basis of organizational citizenship behavior [J]. Research in Organizational Behavior, 1990, 12 (4): 43-72.

[199] Ouyang K, Xu E, Huang X, et al.. Reaching the limits of reciprocity in favor exchange:

The effects of generous, stingy, and matched favor giving on social status [J]. Journal of Applied Psychology, 2018, 103 (6): 614-630.

[200] Ouyang X, Zhou K, Zhan Y-F, et al.. A dynamic process of different helping behavior: From the extended self-theory perspective [J]. Journal of Managerial Psychology, 2022, 37 (1): 15-28.

[201] Perlow L, Weeks J. Who's helping whom? Layers of culture and workplace behavior [J]. Journal of Organizational Behavior, 2002, 23 (4): 345-361.

[202] Piff P K, Kraus M W, CôTé S, et al. Having less, giving more: The influence of social class on prosocial behavior [J]. Journal of Personality and Social Psychology, 2010, 99 (5): 771-784.

[203] Podsakoff N P, Podsakoff P M, Mackenzie S B, et al.. Consequences of unit-level organizational citizenship behaviors: A review and recommendations for future research [J]. Journal of Organizational Behavior, 2014, 35 (1): S87-S119.

[204] Podsakoff N P, Whiting S W, Podsakoff P M, et al.. Individual- and organizational-level consequences of organizational citizenship behaviors: A meta-analysis [J]. Journal of Applied Psychology, 2009, 94 (1): 122-141.

[205] Podsakoff P, Mackenzie S, Lee J Y, et al.. Common method biases in behavioral research: A critical review of the literature and recommended remedies [J].Journal of Applied Psychology, 2003, 88 (5): 879-903.

[206] Podsakoff P M, Mackenzie S B, Paine J B, et al.. Organizational citizenship behaviors a critical review of the theoretical and empirical literature and suggestions for future research [J]. Journal of Management, 2000, 26 (3): 513-563.

[207] Preacher K J, Curran P J, Bauer D. Computational tools for probing interaction effects in multiple linear regression, multilevel modeling, and latent curve analysis [J]. Journal of Educational and Behavioral Statistics, 2006, 31 (3): 437-448.

[208] Rich B, Lepine J, Crawford E. Job engagement: Antecedents and effects on job performance [J]. Academy of Management Journal, 2010, 53 (3): 617-635.

[209] Robinson S L, Kraatz M S, Rousseau D M. Changing obligations and the psychological contract: A longitudinal study [J]. Academy of Management Journal, 1994, 37 (1): 137-152.

[210] Rousseau D M. Psychological contracts in organizations: Understanding written and

unwritten agreements [M]. Thousand Oaks, CA: Sage, 1995.

[211] Rousseau D M, Hansen S D, Tomprou M. A dynamic phase model of psychological contract processes [J]. Journal of Organizational Behavior, 2018, 39 (9): 1081-1098.

[212] Rousseau D M, Sitkin S B, Burt R S. Not so different after all: A cross-discipline view of trust [J]. Academy of Management Review, 1998, 23 (3): 393-404.

[213] Ruci L, Van Allen Z M, Zelenski J M. Pro-social personality traits, helping behavior, and ego-depletion: Is helping really easier for the dispositionally pro-social? [J]. Personality and Individual Differences, 2018, 120: 32-39.

[214] Ryan R M, Connell J P. Perceived locus of causality and internalization [J]. Journal of Personality and Social Psychology, 1989, 57 (5): 749-761.

[215] Schaufeli W B, Bakker A B. Job demands, job resources, and their relationship with burnout and engagement: A multi-sample study [J]. Journal of Organizational Behavior, 2004, 25 (3): 293-315.

[216] Schaufeli W B, Bakker A B, Salanova M. The measurement of work engagement with a short questionnaire [J]. Educational and Psychological Measurement, 2006, 66(4): 701-716.

[217] Schein E H. Helping: How to offer, give and receive help [M]. San Francisco: CA: Berrett-Koehler, 2009.

[218] Schoorman F D, Mayer C R, Davis H J. An integrative model of organizational trust: Past, present, and future [J]. The Academy of Management Review, 2007, 32 (2): 344-354.

[219] Schwartz S H. The justice of need and the activation of humanitarian norms [J]. Journal of Social Issues, 1975, 31 (3): 111-136.

[220] Settoon R P, Mossholder K W. Relationship quality and relationship context as antecedents of person- and task-focused interpersonal citizenship behavior [J]. Journal of Applied Psychology, 2002, 87 (2): 255-267.

[221] Shantz A, Alfes K, Bailey C, et al.. The role of employee engagement in the relationship between job design and task performance, citizenship and deviant behaviors [J]. International Journal of Human Resource Management, 2013, 24: 2608-2627.

[222] Siem B, Stürmer S. Attribution of egoistic versus altruistic motives to acts of helping [J]. Social Psychology, 2019, 50 (1): 53-66.

[223] Smit B, Montag-Smit T. The pay transparency dilemma: Development and validation of the pay information exchange preferences scale [J]. Journal of Applied Psychology, 2019, 104 (4): 537-558.

[224] Smith D. Cultural group selection and human cooperation: A conceptual and empirical review [J]. Evolutionary Human Sciences, 2020, 20-21.

[225] Stas L, Kenny D A, Mayer A, et al.. Giving dyadic data analysis away: A user-friendly app for actor-partner interdependence models [J]. Personal Relationships, 2018, 25 (1): 103-119.

[226] Stea D, Pedersen T, Foss N J. The relational antecedents of interpersonal helping: 'Quantity', 'quality' or both? [J]. British Journal of Management, 2017, 28 (2): 197-212.

[227] Stewart-Williams S. Altruism among kin vs. nonkin: Effects of cost of help and reciprocal exchange [J]. Evolution and Human Behavior, 2007, 28 (3): 193-198.

[228] Stewart-Williams S. Human beings as evolved nepotists: Exceptions to the rule and effects of cost of help [J]. Human Nature, 2008, 19 (4): 414-425.

[229] Tai K, Lin K, Lam C, et al.. Biting the hand that feeds: A status-based model of when and why receiving help motivates social undermining [J]. Journal of Applied Psychology, 2023, 108 (1): 27-52.

[230] Tajfel H, Turner J C. The social identity theory of intergroup behavior [J]. Psychology of Intergroup Relations, 1986, 13 (3): 7-24.

[231] Thompson J A, Fitzgerald C J. Nepotistic preferences in a computerized trolley problem [J]. Current Research in Social Psychology, 2017, 25 (7): 36-44.

[232] Thompson P S, Bolino M C. Negative beliefs about accepting coworker help: Implications for employee attitudes, job performance, and reputation [J]. Journal of Applied Psychology, 2018, 103 (8): 842-866.

[233] Tomprou M, Nikolaou I. A model of psychological contract creation upon organizational entry [J]. Career Development International, 2011, 16 (4): 342-363.

[234] Tomprou M, Rousseau D M, Hansen S D. The psychological contracts of violation victims: A post-violation model [J]. Journal of Organizational Behavior, 2015, 36

(4): 561-581.

[235] Trivers R L. The evolution of reciprocal altruism [J]. The Quarterly Review of Biology, 1971, 46 (1): 35-57.

[236] Tse H H, Lam C K, Lawrence S A, et al.. When my supervisor dislikes you more than me: The effect of dissimilarity in leader-member exchange on coworkers' interpersonal emotion and perceived help [J]. Journal of Applied Psychology, 2013, 98 (6): 974-988.

[237] Turnley W H, Bolino M C, Lester S, et al.. The impact of psychological contract fulfillment on the performance of in-role and organizational citizenship behaviors [J]. Journal of Management, 2003, 29 (2): 187-206.

[238] Uy M, Lin K, Ilies R. Is it better to give or receive? The role of help in buffering the depleting effects of surface acting [J]. The Academy of Management Journal, 2017, 60 (4): 1442-1461.

[239] Van der Vegt G S, Van de Vliert E. Effects of perceived skill dissimilarity and task interdependence on helping in work teams [J]. Journal of Management, 2005, 31(1): 73-89.

[240] Van Ruysseveldt J, Verboon P, Smulders P. Job resources and emotional exhaustion: The mediating role of learning opportunities [J]. Work & Stress, 2011, 25 (3): 205-223.

[241] Vegt G S V D, Bunderson J S, Oosterhof A. Expertness diversity and interpersonal helping in teams: Why those who need the most help end up getting the least [J]. Academy of Management Journal, 2006, 49 (5): 877-893.

[242] Venkataramani V, Dalal R S. Who helps and harms whom? Relational antecedents of interpersonal helping and harming in organizations [J]. Journal of Applied Psychology, 2007, 92 (4): 952-966.

[243] Vroom V H. Work and motivation [M]. Oxford, England: Wiley, 1964.

[244] Waal F D. Putting the altruism back into altruism : The evolution of empathy [J]. Annual Review of Psychology, 2008, 59 (1): 279-300.

[245] Wageman R, Baker G. Incentives and cooperation: The joint effects of task and reward interdependence on group performance [J]. Journal of Organizational Behavior, 1997, 18 (2): 139-158.

[246] Weiner B. Searching for order in social motivation [J] . Psychological Inquiry, 1996, 7 (3): 199–216.

[247] Weinstein N, Ryan R M. When helping helps: Autonomous motivation for prosocial behavior and its influence on well–being for the helper and recipient [J] .Journal of Personality and Social Psychology, 2010, 98 (2): 222–244.

[248] Weiss H M, Cropanzano R. Affective events theory: A theoretical discussion [J] . Research in Organizational Behavior, 1996, 18 (1): 1–74.

[249] Whillans A V, Caruso E M, Dunn E W. Both selfishness and selflessness start with the self: How wealth shapes responses to charitable appeals [J] . Journal of Experimental Social Psychology, 2017, 70: 242–250.

[250] Willer R, Flynn F J, Zak S. Structure, identity, and solidarity: A comparative field study of generalized and direct exchange [J] . Administrative Science Quarterly, 2012, 57 (1): 119–155.

[251] Wilson D S. Does altruism exist culture, genes, and the welfare of others [M] . New Haven and London: Yale University Press, 2015.

[252] Worchel S, Andreoli V A. Attribution of causality as a means of restoring behavioral freedom [J] . Journal of Personality & Social Psychology, 1974, 29 (2): 237–245.

[253] Yam K C, Klotz A C, He W, et al.. From good soldiers to psychologically entitled: Examining when and why citizenship behavior leads to deviance [J] . Academy of Management Journal, 2016, 60 (1): 373–396.

[254] Zaniboni S, Truxillo D M, Fraccaroli F. Differential effects of task variety and skill variety on burnout and turnover intentions for older and younger workers. European Journal of Work and Organizational Psychology [J] . Academy of Management Journal, 2012, 20 (3): 306–317.

[255] Zhao H, Wayne S J, Glibkowski B C, et al. The impact of psychological contract breach on work–related outcomes. Personnel psychology [J] . Academy of Management Journal, 2007, (3): 647–680.

[256] Zhong M, Gao Z, Song L. Pay it forward or keep it for myself? How narcissism shapes daily prosocial motivation and behavior after receiving help. Journal of Vocational Behavior [J] . Academy of Management Journal, 2022, (3): 306–317.

[illegible]

[illegible]

[illegible]

[illegible]

[illegible]

[illegible]

[illegible]

[illegible]

[illegible]

[illegible]

[illegible]

[illegible]

附 录

附录1 “研究一”第一波访谈提纲

1. 请简要地介绍您的个人学习和工作经历。

2. 在工作中，您遇到印象比较深的困难或者挑战有哪些？

3. 这期间您得到过帮助吗？请具体说说。

4. 通过这些帮助您个人获得了什么益处？

5. 您愿意接受别人的帮助吗？请举几个例子。

6. 别人在工作或生活中遇到了困难，您会伸出援助之手吗？请举几个例子。

7. 您遇到过帮助了别人之后，别人不领情的情况吗？请举几个例子。

8. 您觉得对方为什么会不领情？

附录2 “研究一”第二波访谈提纲

1. 您现在从事什么职业呢?

2. 请问您在这个工作岗位上每天都做些什么呢?

3. 就您的工作而言，您最喜欢什么?最不喜欢什么呢?

4. 在工作中，您遇到印象比较深的困难或挑战有哪些?

5. 在和您的同事交往的时候，您有帮助过您的同事吗?能举例说说吗?

6. 请问您有没有拒绝过给您的同事提供帮助呢?能谈谈当时的情形吗?

7. 有没有您认为应该帮助他，却由于各种原因被您忽视了的情况?能谈谈具体的过程吗?

附录3 “研究一”从访谈文本中抽取出的帮助事件[①]

事件编号	受访者编号	事件类型[②]	受访者职业	关键事件
1	1	1	酒店厨师	都是同事，在厨师这个方面互帮互助很正常的，我们关系很好，平时也经常在一起玩。就比较简单地打下手啊，或者生活里面的那些困难什么的，有一次我一个同事他家里出现了经济困难，在了解了一定的背景情况之后我们整个小团队都给他借了一些钱，帮他渡过了经济困难。一方面我觉得毕竟多年同事经历已经有了比较好的感情，其次助人为乐一直都是我所乐于去做的，最后我觉得互帮互助应该成为社会风气
2		2		有一次一个同事因为自己买彩票，亏了很多钱，想从我这里借钱去弥补空缺，我直接就拒绝了，在这种出于他自己的问题，不是天灾人祸什么的问题，在我看来都不应该过于无下限地去帮助他
3		3		精力有限，忽视一件事很正常的，有时候要记很多有关食物的东西，而且工作环境有时候比较吵闹，吵着吵着就会忘记一些事情
4	2	1	市场部专员	肯定帮助过的，不过大部分都是些小忙，毕竟我也才入职不久，工作经验不算丰富，跟同事也不算特别熟，所以也只有帮帮她们泡泡咖啡，泡泡茶，打印文件，提提建议这样的小忙。至于原因呢，同事之间这样相互帮助，也有助于同事关系更加融洽，工作起来也会更默契，也能让自己学到更多吧
5		2		有时候时间有冲突，有其他安排会拒绝和同事换班。还有，有时候同事想要我帮忙做 PPT 或者修改方案，我会因为比较耗费时间，而自己的时间又不算充裕，害怕会因为时间太赶，使质量大打折扣，会拒绝帮助

① 编者注：文本中的语言表达忠于受访者录音，未做加工润色。

② 事件类型中，“1”代表帮助事件，“2”代表拒绝帮助事件，“3”代表忽视了别人需要帮助的事件，“4”帮助他人后，他人不领情的事件。

续表

事件编号	受访者编号	事件类型[②]	受访者职业	关键事件
6	2	3	市场部专员	也会有这样的情况，有时候会因为比较忙，心情也比较烦躁，对于一些同事的问题请教，会比较不耐烦
7	3	1	酒店厨师	当然有啊，就我也工作四五年嘛！在这段时期我们也会，我们酒店也会来很多新手，他们有的时候会问一下菜品啊之类的，他弄不好然后需要我们这些老师傅带带，然后我也帮助了四位吧，帮助他们一些技术上的问题，帮助他解决然后提升他的技术，让他在厨师这这份职业道路上走得更远吧！这理由很简单，大家都是同事嘛，谁都有困难的时候，人家也是新手，刚进来有点不适应周围的环境，还有一些技术上的问题，我也帮他解决，再加上我们酒店厨师之间的那种氛围也是非常好，大家都是乐于助人呢，然后我也受这方面的影响，也是遇到这种事情我也会帮助的，嗯对就这样
8	3	2	酒店厨师	拒绝好像是有的，有一次有一个厨师，他在接到了一位客人订的菜，他发现里面有几道菜是他不会的，然后他当时来求我，来请求我帮他炒这两个菜，然后我那个时候也是有客户订单，有好几份，我抽不开身，然后当时那天那几道菜我也不大会，所以我当场就拒绝
9	3	3	酒店厨师	有，当然就跟上一个问题一样，也是因为自己忙嘛，那个时候订单非常多，也是酒店的高峰期，非常多的单子，然后我实在是抽不开身，当时也是新手福利吧，然后他当时来找我，问我这菜怎么做，他有一些生疏，当时我实在是抽不开身，然后就这样直接让他过去了，然后事后也是非常的懊悔没有帮助

续表

事件编号	受访者编号	事件类型②	受访者职业	关键事件
10	4	1	家电销售	有啊，我们有时候有同事啊，接待顾客实在是谈不下来，那么他会寻求我的帮助啊。例如，有一次顾客挑了很久买一套家电，挑了很久都没有很满意，后面我的同事找的我，于是我一起接待这个顾客，然后帮他挑到她满意的东西，最后买了，结果买了一套家电，顾客满意，我们也很满意，我的同事也很高兴
11	4	2	家电销售	也会有这样的情况发生，有时候啊，像有一次我们一个顾客，他在这里看家电看了很久，但是这个顾客我们知道他是不购买的，就是只是来看看而已，然后我有一个同事就接待了很久啊，没有搞定，叫我去帮忙，然后我说这个顾客我知道他是不会买的，所以我就没有去帮助他
12	4	3	家电销售	也会出现这样的情况，像有一次我们收到顾客的投诉，当时我的同事找到我，因为我在开会，实在是走不开，然后就没有去出面处理这件事情。后来，是我的同事找到我们另外的上班的同事，一起帮忙解决这个客户的投诉的
13	5	1	财务主管	有，同事有请我帮他锁门，我想我的理由是我那天晚上的确是最后一个走的，都是同事互相帮助也是应该的，而且拿了钥匙也方便我随时离开公司，于是就答应了他，最后也没发生什么事，我帮了同事锁了门就回家了
14	5	2	财务主管	也有拒绝过的时候。比如，有时我要去开家长会，就请了一下午的假提早下班，时间对不上。还有我那天工作做完了，没必要在公司待太晚。还有就是我同意帮助时，公司里还有其他要加班的同事，我一个闲人拿着钥匙待在公司里不太礼貌

续表

事件编号	受访者编号	事件类型②	受访者职业	关键事件
15	6	1	企业运营策划	三年前有一个老师在转岗的过程中不小心被车给撞了，被撞以后因为我们这些都是常年都见不到面的，就是说我们可能在微信上会有联系，或者是在视频上有聊过天，或者说一年见一次，或者就没有见过面，那么这个老师求助别人都没有人帮他，但是他给我打电话，我当时身上只有5000块钱，他跟我说了，我就转了3000块钱给他，帮他了。我觉得当时帮完了以后，我还在想，我说3000块钱借出去会不会回不来了，结果两个月以后就回来了，钱是回来，钱回来了以后，那么在这件事情上，我就永远地就被他记在了脑子里，只要我这边有什么事情，他只要看到或者听到风吹草动，他都会盯着时间站出来帮我。有时候我也在想说去帮助一个人，当你去帮助他的时候，你就会感觉到特别的快乐。那么被帮助的这个人，我觉得他可能也会觉得特别的幸福，帮助别人不一定要收到回报，当然收到回报是最好的，如果收不到回报的时候，你也不要觉得可惜，那么你在帮助别人的时候就是量力而行，就是在不违反你自己生活的这种情况下，尽量去帮助别人，可能解他燃眉之急，也会帮助你自己解决很多困难，让你自己的心能放下，就是这样子的。这些我觉得我这个人相对来说还是比较善良的。我也希望包括我身边的朋友，包括这些人，每一个人都过得很好，包括我自己，其实帮助别人的时候，你自己的心态会特别的平和，你会觉得那一瞬间觉得自己挺伟大的，也会自己偷偷地暗喜，就是这样子

续表

事件编号	受访者编号	事件类型②	受访者职业	关键事件
16	6	2	企业运营策划	有。你就你比如说我们中间有一个老师，我们关系还挺好的，以前都认识，当时他妈妈去世了，我就打电话给他了，他跟我说他妈妈被车给撞了，就走了。我当时就想都没有想，就给他打了5000块钱，我说我回不去，我说我只能帮你到这，然后我就给他了，给他这个以后他好久都没给我还钱，大概有三年都没给我还。后来有一次我的孩子生病了住院了，当时我的钱打不开，我就跟他讲我要我的钱，我说我不指望你，我不指望你给我什么，我只希望你把我的钱还给我，但是就是属于一种今天拖明天拖后天，最后好不容易把钱给我凑齐了还给我了。但是下一次他在问我借钱的时候，再让我帮他的时候，不管任何理由我都不会帮他，原因是他没有讲他应该有的信誉，或者说在我需要帮助的时候，人不是说我帮你10次，你要回帮我10次，我帮你10次的时候，你可以帮我一次或者两次。但是当你幸福的时候，你想不起来我；当你困难的时候，你老想起我，老是让我帮你的时候，我可能心里就不舒服了，我就不愿意去帮他，就是这样子的，别的就没有了
17		3		一般来讲就是说我身边的人，他只要来找我帮忙，我都会去帮忙，都没有什么问题，我只要答应我都会去做。如果说忽视了他的帮助请求，也就是说他在我这边就是说失去了信誉，像这种情况下就是我刚才跟你讲我帮你10次，等我需要帮助的时候你都帮不了我，我就会有一点心酸。第二还有一种确实是忘了，有的时候你忙忘了，肯定是心里都忘掉了，这样的时候也会有，但是一般同事再提醒我一下，我还会义无反顾地再去把这件事情再去给他做一遍，就赶紧给他去做了

续表

事件编号	受访者编号	事件类型[②]	受访者职业	关键事件
18	7	1	教育培训机构行政岗位	帮助同事之间肯定是有的，因为大家的工作都是相辅相成的嘛。因为你也有需要别人配合的地方，别人也需要你配合的地方，然后对于人家一些新入职的员工，他可能对当前公司的一些项目啊，或者是一些状态呀，他都不是很了解的，他碰到的一些问题，你肯定就自己需要人家来问你，你肯定要自己主动去帮人家解决嘛，告诉人家怎么做呀
19		2		拒绝的话，这个看情况。就比如说，他这个工作内容是属于他自己需要完成的，然后呢，他自己不想做，他就是说让你去帮他做，像这种情况下肯定是要拒绝的，因为你在你自己的一个工作内容中，你也有你需要去完成的工作，然后的话，你不可能就是说因为他的工作没有完成，然后让你去替他进行一个完成度，我觉得像这种情况下是可以适当地去拒绝的，而且在职场上的话，就是视情况而定的。拒绝是对于自身来说是比较好的一个体现的。就是很多没有必要的就是你跟同事之间不能说因为什么个人感情或者是什么的情况下，你就觉得嗯你不好意思去拒绝他，嗯，然后他自己的工作内容没有做完，然后来找你了嘛。你可以就是告诉他怎么做，但是你不能就是帮他做完这项他的工作
20		3		你比如说你这一天的工作都很忙，然后呢你有一个同事，他就向你问出一些问题，想让你帮他忙，可是你自己的一整天的工作下来都非常忙碌的情况下，你肯定是潜意识里面就会忘记一些东西，对吧。在这种情况下，其实你忘记了的话，如果说需要你帮助的同事，他对你再一次进行请求帮助的时候，你如果手上忙完了，你肯定是还会再对他进行帮助的。就可能只会在我自己自身条件下就是我当天的工作非常忙，就是我有很多很多事情要处理，像这种情况下，肯定是会忽略的，不是说忽略他的一些请求，就是会忘记他找我帮过忙这件事情

续表

事件编号	受访者编号	事件类型[②]	受访者职业	关键事件
21	8	1	某公司会计	如果是关系比较好的同事，我会帮助他。像财务部平常完成一个项目，大家每个人分工合作，对于平时帮助我而且关系不错的同事我会在我工作完成的情况下帮忙一起完成他的一部分工作
22		2		有。例如刚进入公司，作为一个新人很多事情不熟悉，要多向同事请教，初来乍到，不好意思直接拒绝别人让你帮忙做的事，之后被组长叫去汇报工作，却因为交代得模模糊糊，被组长教育了一番，所以以后就会尽量拒绝同事要求帮忙的额外工作。拒绝的理由：（1）非本职工作；（2）自己本身有工作；（3）不想给自己增加负担
23	9	1	工程项目开发人员	这个当然是有的，我们单位同事关系比较和谐融洽，因为需要大家一起去为一个项目奋斗，这个氛围我觉得蛮好的。也是平常工作里面的一些小事，我单位有个同事年龄比较大，一直不太会用 Excel，每次涉及汇总表格，她都让我弄，也很客气。虽然麻烦，但我却一直没有拒绝她，因为她真的是个很好的人，懂得感恩，比如有一次我不舒服，她就给当医生的女儿打电话，让我直接过去检查，还千叮万嘱，让她女儿多操心
24		2		这种情况在工作中也是常见的，我也是有过这种情况的，也曾经在这上面吃过亏。我们搞大型活动时，有重要领导出席，当时机关有规定，新闻报道需要经过相关领导批示。当时负责这个工作的同事临时有事，请我帮他负责联络记者和有关部门。但是由于我对流程不熟悉，又是第一次和记者打交道，在没有征得相关领导的同意下，把新闻稿直接发给了记者，第二天就发表了。结果是，我们的直属领导、我同事、我，三个人通通受批评，因为把关不严，措辞不当、影响不好。这个忙，帮得着实不妥。领导不高兴，同事有怨言，自己受委屈。所以之后遇到这种需要担当重大责任的忙时，表示无能为力

续表

事件编号	受访者编号	事件类型[②]	受访者职业	关键事件
25	10	1	工程测绘	我帮助过模板工程监理检查模板强度、刚度、稳定性、标高及形状尺寸，检查预埋件预留孔位置尺寸及数量，因为我刚好有时间并且我跟他的关系还可以，一些力所能及的事情当然是能帮就帮
26	10	2	工程测绘	基础工程监理让我进行放线定位、准确性复核检查，验收基础尺寸。我拒绝是因为我专业水平有限，一旦出错我担不起这个责任
27	10	3	工程测绘	我应该帮助同事加快组织图纸会审，以及施工组织设计审查。虽然对方的事情很重要，但是权衡利弊下来，我觉得应该等对方有需要再帮助他，而且他自己也可以做到，并不是一定需要我的帮助
28	11	1	医生	职场生活中帮助别人就等于帮助我们自己，因为一件事情需要许多人完成会做得更好，况且你也少不了需要别人帮助的时候，所以说同事之间互相帮助还是挺好的，还可以增进同事之间的感情，这是一件一举两得的事。我们给予同事以帮助付出了劳动的同时，也给自己带来了快乐，给同事提供方便的同时，也给自己今后提供了方便。同时也提升了自己。工作中主动帮助同事，主动为同事排忧解难，主动为同事着想，助人为乐，也是一种品德
29	11	2	医生	我拒绝过，因为我认为不能无条件地去帮助同事，如果同事在不能应付的情况下让你去帮忙，这样是可以理解的，但是如果他想把自己的工作强加在你身上，让你去完成的话，这样的嘛，就是千万不能去帮，有了第一次，一定会有第二次。以后你想甩都甩不掉，所以说也不能无条件地去帮助同事。当有的同事为了偷奸耍滑，找你帮助时；或者为了推脱责任，找你帮忙的时候；当你本职工作确实太忙，没时间的时候。也不能迁就，要学会委婉地、坚决地拒绝，不要被不怀好意的同事利用，也不能耽误自己的本职工作

续表

事件编号	受访者编号	事件类型[②]	受访者职业	关键事件
30	12	1	木材加工商	做这个木材的，就是相互帮助，就是资金的利用率要利用起来啊，比如说你今天别人有客户，是需要大笔资金，要进几次什么样的规格的木材，他手上没有现金啊，咱们有，比如说有现金，先借他用一天半天，然后他就是说这个周转完以后，一两天就还给咱们，那就是相互帮助，就这个大宗商品木材，这个本身就是相互帮助的，你有资金就借给他，你等于说你今天没有，你就把资金借给他，他过两天他资金富裕了，多余的咱们又是缺资金，咱们也是找他借，都是相互来回拆借的
31	13	2	一般员工	如果是人家需要我帮助的时候，一般我都不会拒绝，只要是我能做到的，但是我做不到的，那肯定是要拒绝的啦，对吧，因为你承诺的帮助不了别人，不可能的事情。就是在我的能力范围之内，能帮到的我一定会帮助同事。因为我觉得人都是相互的嘛，有舍才有得嘛，你给了别人的帮助，你给予别人的帮助，其实也是帮助了自己
32	14	1	销售人员	在工作的时候互相帮忙是很正常的一件事情，大事小事能帮的，都会帮一点，帮助同事的理由有很多，不仅是为了增进同事之间的感情，帮助同事也可以更好地完成自己的工作
33		2		肯定是会拒绝同事的帮助请求的，毕竟自己也有要完成的工作，不是每次都可以有时间和精力顾及同事的请求
34	15	1	销售人员	帮助肯定是帮助过的呀，就比如说我有一次我一个同事，他家里是孩子生病了嘛，然后他那天正好有一个顾客，要他让他去现场做一下对接，然后他那个孩子病得也挺重。他着急了，然后我看他也没有办法，我就我就跟他说，要不我给他做一下对接，让他赶快带孩子去医院，嗯，当时也是挺感谢的，然后我觉得也没什么吧，这些就是人与人之间就是相互帮助的一种本能吧

续表

事件编号	受访者编号	事件类型[②]	受访者职业	关键事件
35	15	2	销售人员	但有还是有，就比如说你说像销售行业比较普遍的就是会有这种抢功劳的那种状态，就是那种嘛，你一定要划清自己的界限和职责，就有些人该帮不该帮你心里都要清楚，你知道这个人的品质怎么样，该帮的人你该帮。像那种专门指挥抢功劳、在背后说你坏话的那种人最好还是远离，不帮也就不帮
36	16	1	汽车修理工	就是同事那天接了个单子，然后正好他家里有点急事，他抽不开身就打了个电话给我让我去帮忙顶一下，然后那天下午之后我正好有空，就开车过去帮那个客户修了，带好了我的工具，那最后是成功解决了这个问题。都是出于情分嘛，一起工作有一段时间了，大家都是那种同事的关系嘛，兄弟之间兄弟情义，也有同事情啊
37		2		就是家里也是出了什么事情或者和别人约好了一起去干嘛的，然后如果有人要帮忙，这个可能拒绝掉
38		3		各种原因忽视。大概也是自己有了行程安排，所以感觉帮不上他，自己没有那个时间去帮他，然后就忽视了这个问题，就是因为自身原因嘛，每个人都有每个人的事嘛，那个被忽视的同事帮助请求，就只是因为当时的事情然后让你抽不开身，确实比如有一次是我们约好了朋友聚会，然后当时那个我们店里吧，因为那天我是休假，然后那个同事他有约，然后就想让我帮忙接这个客户，但是我也没空就给他拒绝掉啊
39	17	1	销售主管	我同事他是在谈业务的时候和客户起了冲突，因为我当时和那个客户关系还比较好，我就去帮他调解了一下。我帮他调解了之后，我俩的关系变好了很多，彼此也会经常互相帮助。我当时帮他也没有什么动机，就是看他当时很尴尬，然后头脑一热就去帮助他了

续表

事件编号	受访者编号	事件类型②	受访者职业	关键事件
40	17	2	销售主管	是有的，当时领导叫我们做一个营销策划案，他剽窃了别人的策划案，叫我帮他保密。我当时一想肯定不行啊，我就拒绝他了。经过这件事之后我发现他这个人不能深交，于是和他的关系也淡了，我没帮助他，他自然也不怎么搭理我了
41		3		我当时也很想帮助他，但是由于我这边有事情需要处理，一时间抽不开身，他也理解我，也没怪我没帮助他
42	18	1	销售主管	交往的过程中，本身大家是一个团队，肯定会出现互帮互助的一个情况，比如说当我接洽回来一个项目的时候，同事他不知道怎么去做，作为这个项目负责人的话，肯定是要教他这个项目怎么做的思路方案以及解决办法，要告诉他怎么做。如果说这样的同事他愿意来听我讲，第一够努力，第二他够听话，第三他愿意学习，那这样的同事是值得去帮忙的
43		3		比如说同事他平常也不是很爱学习，我可能没有帮到他很多，是因为第一他不太愿意动脑筋举一反三来做这件事情，第二，在我很忙的情况下，可能就是没有很耐心地去帮他解答这些问题，其他的话都不存在一些别的因素
44	19	2	服装设计和营销	之前18年的时候，一个朋友问我借钱，他当时也没有和我说用于什么途径，问我2万块钱，其实我手里只有2万多一点。作为一个工作室的，我其实是不应该问他是用于什么途径的，所以当时有点不乐意，也不能这样说，因为当时我手头也很紧嘛，如果我手里有个十几万的，我肯定义不容辞，但是只剩下这么点了，我自己也不够用。如果他很需要这笔钱我也会借，他并没有和我说明原因，当时就没借。后面我们也没提这事，过了一段时间也就默认没发生了。后面他和我说是去投资股票，我觉得自己做得挺对的，没有让他误入歧途

续表

事件编号	受访者编号	事件类型②	受访者职业	关键事件
45	20	1	自媒体公司经纪人	就是当时同事有个客户一直谈不下来，他都快崩溃了。后面问我有没有什么办法，我刚好有个很好的朋友认识那个客户，还有合作关系。经我的朋友的帮助，最终就谈下来了。自己也有这样的崩溃时刻，也有力不从心的时候，别人也曾这样帮助过我，或许是感同身受吧。本来就是一个公司的，关系还不错，互相帮忙也是应该的
46		2		当时公司内部有一个评比，这个评比有关升职加薪，甚至后续的工作和资源分配。当时是要提交一份材料的，不太方便具体说是什么，反正就是要交一份很重要的材料上去给当时的主管。有个同事在快提交的时候说，她觉得没弄好，能不能把我的给她看一下。我当时经过了一番心理斗争，就拒绝了她。毕竟有关以后的工作，在这个评比里我们还是竞争关系，公平竞争，不想因为这个影响自己的工作
47	21	1	销售人员	肯定帮助过，因为是一个公司的，比如公司上新品的时候，各个门店都会换产品的形象，有些人手下管辖的门店较多的而我较少的时候，可以帮助同事一起换，这样也会快一点，帮助同事也是很重要的
48		2		也有拒绝的情况，比如自己工作量较多，以至于自己也忙不过来，或者同事需要自己帮助的这件事自己也没有把握做好的时候，就会直接拒绝他，没有把这件事情办好的信心也不会去接受
49	22	1	市场总监	在人事交往中同事之间的相互帮助是很重要的一环，每个人都受益其中。比如帮助经验较少的同事一起进行市场调研分析，查缺补漏。帮助理由：（1）同事一起共事互助很重要；（2）我在这方面比较有经验；（3）营造良好氛围

续表

事件编号	受访者编号	事件类型②	受访者职业	关键事件
50	22	2	市场总监	拒绝过，同事让我帮忙顶岗加班，由于我当天已经有约，加上一天下来工作量有点大已经很疲惫了，所以婉拒了
51		3		有，有很多时候并不是每时每刻都能理解并且照顾到别人的感受，对于忽视他人的求助这种情况也是有的；同事手头事情太多，让我帮他做一份策划，但是我由于工作太忙，有点疲惫，就没有应下来
52	23	1	餐饮公司的平面设计师	同事间的互帮互助，基本上每天都会发生，大部分是一些力所能及的事情吧。坐在我后座的一个同事，他有一回就是说，我们公司需要做一个广告投放。像广告的就是画面视觉设计，这是我的本职工作嘛，对不对？然后向后续的一些广告投放，就是一些联系这种广告公司呀，进行这种媒体投放，这方面是由我后座的一个同事来负责。但是他之前对于这一块的工作经验嘛，就是渠道啊没有什么积累的，所以说在这一方面，我也会去帮他来了解一下市面上这种广告投放的报价呀，这种渠道方式啊，以及一些新媒体的这种形式，一些这种情报吧帮他收集一下
53		2		就是我们公司针对这种 VIP 客户，每个月会有一个这种礼品配送的这么一个福利，就是每个月会送一点这种小礼品。我们需要有人去配送。当时呢，我们是考虑到能不能提高这种配送员配送的效率，就是希望能不能有一种能够提供一个配送自动规划路线的这么一个功能。可以说这个功能是需要程序方面来解决，就是说程序员呀写一个这种程序之类的。这个时候同事问我能不能做，那这个就是有点强人所难了，对不对？因为我说白了我是美术岗位，他却要求我来做这种程序岗位，这是完全不对的。就说这种比较离谱的需求，当然是要拒绝的

续表

事件编号	受访者编号	事件类型②	受访者职业	关键事件
54	23	2	餐饮公司的平面设计师	在我很忙的情况下，我手头的工作已经需要通过加班来完成的情况下。当时是有个同事问能不能教他做PPT？这个我也是拒绝了。因为我的本职工作已经很多，再加上PPT说实话不一定需要找我来做，而且我是用这种平面专业软件去做，PPT我是很少接触的。等于说我虽然有电脑软件方面的操作技术，但是如果我要来教他的话，也需要我重新来对PPT做一个这种快速的系统的学习。就是我觉得就帮助他来制作PPT而言，应该有更好的同事教他，有另外更好的同事可以选择，并不需要我来教他，所以说这个我也拒绝了
55	24	1	网络新媒体策划	这当然帮助过啊。具体的我不太记得了。但帮助他们是因为，首先，因为我们是同事关系。其次，我觉得帮助他们也是在锻炼自己，提升自己。然后，我们可以互相成长
56		3		嗯，有的。具体不太记得了。主要还是因为自己没有意识到，一时间忘了，嘿嘿
57	25	1	网络新媒体编导	帮助我的同事啊，因为我从毕业到现在吧，一般都是团队里面最年轻的一个，所以好像我帮不了他们什么，一般都是她们帮我的。就是有的时候他们来不及做的工作我会帮忙做一下的，然后主动找点活干。就是千万别躺着，不要被那些躺平文化给糊弄了。就是如果你躺平了不要觉得下一个工作会更好。就是大家没有被现实毒打过就不要说这种话。尽量多帮同事，如果遇到不好的同事你只要远离他就可以了。尽量跟同事处理好关系，然后能做的尽量都做一下。人际关系很重要的

续表

事件编号	受访者编号	事件类型[②]	受访者职业	关键事件
58	25	2	网络新媒体编导	会的，一定要学会拒绝，我一定是不提倡什么事情都答应，一定要想一下这件事情对你做了有没有利。就比如说，你帮这个同事忙，你看她的人品，她下一次会不会帮你。就是你一定要考虑一下你做这个事情值不值得。我并不建议盲目答应别人。对，一定是要有来有回的。而且我拒绝的事情其实也经常发生。但是，人家一般不会说我，你这次拒绝我怎么怎么样。因为会说清楚我为什么拒绝她，因为我自己有活儿。有些人帮了她是不会记你好。就比如之前有我别的同事安排我其他活，但我觉得我这一周的工作快饱和了，我并不想那么忙，我就跟她说，“我的上级已经给我分配这个任务了，你可能不知道，但我觉得要点时间。如果可以的话，我下周再给你。时间应该来不及了，你不如自己做。”就这样。就给一个非常合情合理的理由，但是她又拒绝不了的那种。如果她非要你做的话，咱就好好好，然后就不干。那本来就是她的活，为什么要我干
59	26	1	教导主任	一位刚刚来到学校的年轻老师，比较腼腆，难以融入集体，于是我帮助这位同事融入教师集体。我将那位老师叫到办公室和他讲了各个老师的性格特点，鼓励他多与其他同事交流。结果那位年轻老师开始尝试与其他老师展示自己并且多加交流，于是和各位同事关系越来越好。帮助那位同事的原因，首先是因为这位老师开始不熟悉我们教师这个大集体的这些人，所以没有融入，而我作为年级主任以及他的同事有义务有责任去帮助他。其次，我在那位老师身上我看到了曾经的自己的影子，曾经的自己也是因为害羞，一开始难以融入集体，所以想要帮助那位老师，并且帮助这位老师尽快融入集体有利于他更好地开展工作，提高年级的教学质量

续表

事件编号	受访者编号	事件类型②	受访者职业	关键事件
60	26	2	教导主任	有拒绝过同事的帮忙请求。一位班主任班级内一名同学因为玩手机被老师发现，年级开会决定对那名学生给予处分，而那位班主任想让我用年级主任的权利帮助他包庇那名学生，我并没有帮助那名班主任，而是按规矩对那位学生进行了处分并且对那位班主任进行思想教育。最后那位老师认识到了自己的错误，学生也受到了应有的惩罚。拒绝帮助那位老师的原因，首先是这位老师想要包庇自己的学生，这是原则性的错误，应该让学生接受惩罚才能使其受到教育。如果帮助了那位老师则是助纣为虐，这样将会助长这种行为的增加。而且这违背了教育的公平性，那位学生做了违背校规的事情就应该接受惩罚
61	26	3	教导主任	有这种情况，有一位老师担心自己教学质量差而向我请教，但是我忽略了那位老师的请求。我认为教学方法应该自己琢磨，每位老师都应该有自己独特的教学方法。结果那位老师在一段时间内对提高教学水平较为迷茫。原因是当时那位老师只是简单地向我请教教学方法的问题，而我认为这种东西应该在平时上课的过程中多思考，多与自己的学生交流沟通，而每一个老师都有自己独特的风格，所以当时我认为那位老师不应该因为这种问题向我求助，所以我忽略了她的求助
62	27	1	会计	一般有以下情形，我会帮助一些身边的同事。首先比如说一些新来的同事，他们在不熟悉一些业务的时候，那么作为老同事的话及时给到他一些业务上的帮助，然后讲解给他听，让他尽快熟悉公司的业务；那么第二个情况的话就是家家都会有三急，比如说同事在家里有急事的时候，请假之后，那他手头上的一些工作，力所能及都会进行相互帮助；第三个的话，就比如说我们平时很常见的工作，出门办事的时候顺带帮同事带一些资料，拿取一些发票、银行回单之类的比较平常的一些相互帮助的一些事情。然后呢，我觉得在工作中相互帮助其实有助于我们跟同事间关系的增进，在互相帮助的同时，也使得彼此有了更加深入的了解。长此以往，其实对公司工作的氛围会有一定的好处

续表

事件编号	受访者编号	事件类型[②]	受访者职业	关键事件
63	27	2	会计	在工作中的话，我也有拒绝过别人的请求，主要是有以下几个方面：首先是对于一些同事，他在我们提供了多次帮助的情况下，他依旧会犯一些基础错误的时候，因为他没有对自己做一个自我批评和反思，一直在犯很低级的错误，当他再次请求我的帮助的时候，那这个时候我就会拒绝，他应该进行自我反思；第二种情形的话就是说工作中会有一类这样的同事，就是说比较懒，就为了让自己少做一些工作，然后请求别人帮他去做这个事情，那这个其实就是一个逃避型的心态，在这两种情况下我会做一个拒绝。最后呢我想说，在工作中我认为每个人都该有自己的一个责任心，作为新出来的工作者也好，还是在岗位上很久的工作者也好，我们都应该遵循一个原则，叫作“帮忙不代替”。每个人都有自己负责的相关的领域，我们每一个人都要先负责好自己的手头上的工作，再去力所能及的帮助他人。这是我的想法
64	28	1	市政府外事接待中心翻译文员	像我们这种情况，工作上，大家互相帮助不了。因为像我们单位，韩语翻译只有我一个，其他就是英语的、俄语的，这种想帮忙也无能为力。只能帮点杂事儿，像日常生活中可能帮忙查一些资料，从一些官方的新的发表会互相分享；还有帮忙打印、找个资料、打个电话之类的。同事嘛，大家都在同一个岗位上，我帮助他，他也会帮助我，我也不是全能的，我也会有需要别人帮助的时候，我觉得这个帮助是互相的，当然我帮助别人也不是为了日后别人能够帮助我，我们施以善意别人也会施以善意给我们，包括日常还是要维护关系的，当然有余力的时候，互相帮助，有来有往嘛，帮不了的时候还是会拒绝的

续表

事件编号	受访者编号	事件类型[②]	受访者职业	关键事件
65	29	1	线上销售人员	帮助的话肯定都是有的。就是比如说卖产品的话，我们不是要了解那个产品的信息吗，有时候同事可能忘记一些关键的信息，然后我可能就会提醒啥的。有时也会给同事提供一些销售建议什么的，讲一些说话的技巧什么的
66	30	1	设备维护技术工程师	我有个同事就在上周，家里突然有事让我帮他代个班，我也没多想同意了。后来才知道他家的老人坐车的时候出了事住院了，像我们这种年纪的员工啊大多都上有老下有小，大家或多或少都有工作外的麻烦事，平时里大家都会互相体谅，像什么代个班之类的小事，如果不是有事情我一般都不会拒绝。大家都不容易，我也会有需要麻烦别人的时候，这也是一种人际交往的方式，一般时候别人都会找我请我吃顿饭之类的。那个家里老人住院的同事，我后面又帮他代了几个班，他还说等他家里人好点了没那么忙了，要请我吃顿大餐，哈哈。等你工作了就知道，人就是需要别人帮一把才能过去那个坎，你今天帮了别人，来日你有困难别人也不会冷落你
67		3		这种情况应该是没有的。因为在我力所能及的情况下我都是会帮别人一把的，如果超出了我的能力范围我可能也爱莫能助，这一点也是，如果说拒绝别人的话，超出了自己力所能及的范围，一定要学会理智地拒绝，不要盲目帮助别人
68	31	1	周大福金店销售	比如有很多新来的员工啊，我们要给予他心态上面、工作上面的知识与心理上的辅导，那都是我们作为老员工应该做的。比如有的时候在专业知识这一块他不懂，我们要给他巩固学习。比如在接待顾客的过程当中肯定有很多技巧他掌握不了，我也会给他进行学习，这都是我们应该做的，协助他的工作那都是应该要做的

续表

事件编号	受访者编号	事件类型[②]	受访者职业	关键事件
69	31	2	周大福金店销售	要分人的吧！有些人懂得感恩，我可能多给他几次帮助。如果碰到那种不是很感恩的同事，或者帮他一次两次，那第三次的话可能我就会拒绝他了。感恩首先就是我个人认为哈，不一定要那个就是说他用行动上来表示感谢我，至少他心理上要知道我是在帮他，他有那种求教的精神，我觉得这种人才值得我去帮助他，我个人是这样认为的。那种不懂得上进也不懂得感恩的人，可能我对他的帮助可能就有限了
70	31	3	周大福金店销售	这种情况下也有。有的时候我在谈大单的时候，可能我的精神比较集中啊，我的思路在想我下一步怎么去跟进我的顾客，这种情况下他不能打断我的思路，这时向我求教问题的话，可能偶尔会忽视他。反正我觉得我的担子比他那个他求教我的问题要更大，所以我可能有的时候会看情况吧，要孰轻孰重，我可能有的时候会拒绝
71	32	1	建材瓷砖销售	比如客户来了的时候，我们也是一种缘分。有些时候客户他来了，我们也是要接待，有时候可能我跟他接触，他可能对我的话语有一些抵触，有些抵触感的话，那么我们另一个同事会帮我来接待，继续接待他。让这个订单能顺利谈下去，让顾客相信我们这个牌子和服务这一块
72	32	2	建材瓷砖销售	就比如在工作上有一些问题的话我自己认为他能够解决的问题，如果他来问我的话，我就不会去帮助他。因为我每次都去帮助他的话他就不会去想，自己就不会去深入了解这个东西，我想帮他的目的也是让他有一个独立的思维

续表

事件编号	受访者编号	事件类型[②]	受访者职业	关键事件
73	33	1	程序员	其实作为一名程序员在工作的时候，其实可能比较偏于枯燥。那同事之间可能只是在面对完成一个项目的时候，合作能力肯定是必不可少的，在面对一个程序出了大问题，或者遇到解决不了的，都需要互相沟通互相帮忙。除了这个话呢，比如说小事情的话，就比如说自己完成了自己的事情，嗯，那就可以帮同事倒杯水，或者他有解决不了的麻烦，肯定说不管是项目上的或者说其他方面都是要帮助他解决的。嗯嗯，我觉得也是合作能带来更大的利益
74		2		那肯定有，在职场上吧，就不论是领导还是或者说我们朝夕相处的同事，有时候都会麻烦你做一些分外的工作，可能这个时候可能自己会不好意思拒绝，但是实在没有办法，那也肯定会拒绝的。因为如果揽下来的话，不仅会增加我的工作负担，然后可能也会让别人有一种惯性，就是有事情都会找我，这样的话，对于自己来说都是比较辛苦的一件事情，所以我肯定也会有拒绝的情况。工作的时候自己完成自己的也是比较必要的，然后再有些情况下帮助别人可能不一定能让他更好地成长
75		3		有同事会叫我帮他处理一些事情的时候，那可能因为我正在忙着自己的事情，可能忽略了他提出的问题，那最后同事之间关系也有可能发生小的摩擦，拒绝他的时候可能就是拒绝得也不够好之类的。现在我们像尤其是我们面对一个项目，那肯定都是，不是一个人能够完成的事，环环相扣的，基本上我帮助的话那也是量力而行，那实在就是忽视的话，那肯定就是要抱歉的。别人向我们提出帮助请求的时候，其实都是对我们一种能力的赞赏吧，如果忽视他的话，可能对他心情有影响，对同事之间关系不好，所以一般态度就是要比较温和一点吧。或者说我觉得我不是帮你解决这个难题的最佳人选，其实你找到谁都可以解决的

续表

事件编号	受访者编号	事件类型②	受访者职业	关键事件
76	34	1	销售	那是肯定的。尤其是在刚工作的时候，除了那些公司前辈会交代你一些任务，不过呢我都是欣然接受的，毕竟刚进入工作嘛，多些锻炼的机会挺好的。我会主动去帮助同事啊，当时有一个跟我前后进公司的同事，我们俩没有竞争的关系啊，我们就是分到一个组了。当时我手头的工作已经完成了，他的还没有，当时是试做一个广告策划，他的大致内容都做好了就差汇总了，但是呢他是说家中有事，是有些着急回去，当时已经比较晚了，具体几点记不太清了，大概是八九点吧，我就主动说帮他汇总，把最后的PPT做了。这之后他也经常帮助我，虽然我们现在已经不在一个公司了，偶尔也是有联系的。帮助他的原因呢就是大家都是刚进入工作，遇到困难肯定是能帮就帮，而且我也不会损失什么。我上学的时候就是比较热心肠那种，挺愿意帮助别人的，而且帮助了他没准可以收获一个朋友，这对于我今后的工作也是一件好事情啊，而且当时我确实没事情了，他又正好有事情需要我的帮助，又不是什么无理的要求，我肯定是愿意帮助他的
77		2		有过。但不是工作上的，是生活上的。虽然是职场，但是跟生活也是密不可分的。我相信很多人肯定都遇到过相同的问题，就是有些同事会让你帮忙带午餐呀，带咖啡呀，打印资料之类的，一两次没关系，但多了确实会造成一些困扰吧，麻烦浪费时间，有的时候还要倒贴钱进去。给领导买的话就没办法了，但是同事之间，不是计较一些小钱，但刚工作那会确实每一分的工资对我来说都是要非常珍惜用的，但还好只遇到了一个这样的，他第三次让我帮他带咖啡我就拒绝他了，前两次都没给钱，不要怕得罪人，以后你进入工作了肯定也会遇到这种情况，随手帮的忙可以，但老占你便宜的一定要及时拒绝，有的人就是看你好说话，你帮他这些琐事，有第一次就会有第二次，所以一定要及时拒绝

续表

事件编号	受访者编号	事件类型②	受访者职业	关键事件
78	35	1	销售总监	肯定是帮助过的，每个人都会有困难的时候，能够搭把手自然要帮忙。具体过程有些复杂，很难去描述。帮助他人有些时候出于好心，也有可能是领导安排，或者是工作需要之类的，私底下的关系也是一个重要原因
79		2		有过。譬如说有些同事想在绩效目标、客户分配上面帮他点忙，我会拒绝这类帮助请求。首先是对接客户的难度和重要性不同，这对于销售的能力要求会有很大的区别，如果缺乏一定的能力会对公司造成不必要的损失；其次，销售需要对于公司产品有相当的认识，有些时候甚至要当面展示产品的性能、功效等等，如果没有一定的跨专业知识很难完全展现公司产品的竞争力；还有就是待人接物的态度，虽然销售在某种程度上需要委曲求全以达成目标，但是必要的刚性态度也是难免的，这也是我们分配任务的一条原则
80	36	1	护理	我们是同学，我们在一起住了三年，我们可能就比较默契。她比我大，就她96年的，我00年的是吧，她就把我当一个妹妹照顾，我把她当姐姐照顾，就已经感觉像亲人一样的，就没有说，已经不是朋友那种关系了。有时候不用你说出来，她就已经知道你在想什么。我有几次学习成绩比较弱，她一般都是在我们班上一二名，你知道吗？我就在中间，然后她就会拉我一把，就会每天上晚自习，或者下午休息时间，她就会帮我补习。我不懂的，给我讲课，真的蛮好。而且每次上完课她都会问我听懂了没有，如果没听懂的话，她再讲一遍给我听。对我学习有帮助的，我觉得我能考到这个证完全是她一半的。我觉得她算是做得对我好，而且她说的东西在理，不是那种什么，怎么管着你就是一定要听她的，她不会有这种。她都是问我有没有听懂，没有，你愿意听她就教，不愿意听她也不会强求

续表

事件编号	受访者编号	事件类型②	受访者职业	关键事件
81	36	5	护理	我一个人搬家，其实我不是一个喜欢麻烦的人，这种搬过来，我一个人可以，我什么东西搬好了，让他过来帮我提，我又不好拒绝，但他人都来了是吧？然后我还是大东西还是我提的，但是我就不想别人帮我，因为我觉得自己能做的事情尽量自己做，不要麻烦别人。因为我不想欠他一个人情。你以后肯定会想着还回去，对吧？虽然事情很小的事情，我觉得他不是理所应当帮你做事情的时候，他帮你做，肯定以后什么事都要想着他。但如果是玩得要好的朋友帮忙就不会拒绝
82	37	4	军队文职人员，退休返聘	你比如说我举个例子，我们在提干，我是先提干的，后来提干的孩子里面，其中有一个小姑娘，我个人觉得她能力是有，但是这个人人际关系老搞不好，老是有一点摩擦的，跟谁都有点咯咯叽叽的。我就觉得很同情她，我觉得她能力挺好的，大家都不给她说好话，我就想主动给她说好话。说说好话以后，因为我那个时候是有一定的小职务了，一般在评价的时候，一般像我们还是有一点话语权的。由于我们在这个里头，我们小团体以我为代表，因为我是代表人嘛！多去维护她的利益，讲她的好处，致使她那一次上了。我这一票很关键，我投哪的话，这个有决定性作用。所以我就既给她讲了，也投了，也怎样了。但是下来以后就这件事，我听同事一起议论就说，她说我多嘴，你看有这样的事，对吧？说我多嘴，说我只举手就行了，用不着说别的，好像就把她的缺点放大。你看还有这样的

续表

事件编号	受访者编号	事件类型②	受访者职业	关键事件
83	37	5	军队文职人员，退休返聘	从入伍就遇到困难。小孩是吧，怎么能融入部队的这大熔炉！我是最小的一个15岁，最困难的一件事，我在当口头禅说的就是入伍把我分配到了一个放电影这么一个行业，放电影当时是流动电影机，我们要下部队，跟着师傅，我的老师跟着战士一起下部队，我们下部队是三人一组，就是我15岁是一个也是一分子，也在这一组当中，就算一个人。要干吗？接线，架机器，然后跑片子，然后来放映，这是整个的过程，按理说是不难是吧。架机器这个活让我第一次做，我就哭鼻子了，为什么？机头60多斤重，机头底下是三脚架，要从底下转上来，我那时候一米四九的个，你想想这个机器要架出来，架完了以后得有一米八左右的，没有一米八,一米六，大概是，都得超过我自己的身高，我要搬上来以后就很沉很累。三个人各有各的工作，我这个工作搞不定，这个电影没办法放映，下一个厂人家还来跑片要拿走了，分分钟都不能停。急得我怎么办呢？哭鼻子架不上去，这是最大的一个困难。这个时候我觉得帮助我的人就是我们这三个人的团队，另外一个小伙子看出我这个问题来了，赶紧跑过来说你去跑片我来给你架这个机器
84		4		其实这咱就是前一段时间我找的有一个大夫，他就属于你说的这种。但是当评论这个人我认为应该是好心，但是我觉得换一个角度说，这个人就是有病。你比如怎么讲，他是医生，他也会看一点，通过看相什么，他真能跟谁都不认识。然后他坐在那边突然间吃饭，在那坐着看一眼，就觉得这人有心脏病，完了他也不经人同意，你别害怕，我告诉你一下，你可能心脏不好，你说这是不是有病？你觉得有病没病吗？你作为你是接受帮助的，如果换个病说他对我这样说，我肯定眼睛一斜

续表

事件编号	受访者编号	事件类型[②]	受访者职业	关键事件
85	37	4	军队文职人员，退休返聘	比如我们给你画了一个很好的路线让你去学习，让你培训。有的事可能人家并不以为这是好事，他自己可能还想别的事，对吧？这种事情会有，就是他会想你管我这事干吗，我不愿意接受你的，我自己是那样，是吧？这个是有的。（这里的你是指员工）所以往往是需要一个度来掌握，帮人和被帮这个东西是有度的。你刚刚讲了半天这个例子，就是说帮人也不能无限制地帮，你也不能说人家不愿意你还帮人有病，是不是也得在人家愿意的情况之下，所以这个度是需要帮人的人自己去掌握。但有时候不知道，往往是这样，经常会犯这样的问题。我们做事也有好多时候是哪知道人家是不需要的，是吧
86	38	5	会计	我们的那些经理还是给我鼓励，没有说我在做错了什么的，他还是会相信鼓励我。因为第一次来的，有时候他们开个会要我写会议记录什么的，都说的广东话。有时候台湾那边都不会说普通话。刚刚开始在那边打字也是不太会，总打错别字，搞一个会议记录，搞了好多错别字，然后语句又不通顺，然后老大很有耐心，没关系，慢慢地就会越来越熟练了。他就给我慢慢地、很细心地帮我修改，包括错别字，包括会议的内容，因为有时候我们听不清，他们沟通都是广东话，如果我听不懂的可以举手问，这个也都还蛮特别
87	39	5	餐饮企业管理人员	真诚，真的。就当你有问题，你找到他，希望他能帮你解决你们俩是怎么沟通的。一般情况下，如果有碰到一些事情的时候，他会特别就是很乐意帮助你解决一些问题，然后也会说效率，我觉得也挺快的，比如说我问完问题之后，他会很快地帮助我把这个事情完成，不会说我现在告诉他了，比如说我今天问他的问题，他会拖很多天之后才告诉我解决方法。他不会很快地告诉你怎么去解决这个问题，而且他不会说马上把答案告诉你，他会一步一步地把你引进这个话题当中去，然后让我一起参与，然后就这样问题解决得也挺快的

续表

事件编号	受访者编号	事件类型②	受访者职业	关键事件
88	40	5	餐饮企业管理人员	他是柏翠的人事总监，他同理心很强。比如说我们俩情况不一样，他对于我们俩的处理方式会不一样的，最大的一个点是在哪？因为我们俩经历同样的成长环境，我们俩所处的职位，我们的工作经历，我们的包括抗压能力各方面的一个综合匹配之后，他会用不一样的方式来给我们进行这样子的一个问题的疏导。像我很可能觉得我的抗压能力强一点，他就敢于直接就戳破，我就是说你不要戴着一个面具在我面前假扮自己，好像我已经很努力了，感觉可能在她（10号访谈者）面前不会。因为每个人可能经历的事情不一样，我比他要多做了几年，然后各方面情况下，他会就站在他的一个角度，先人家是一个什么样的情况，我用什么样的方式去跟他沟通交流会比较好
89		1		先听他们的需求，然后在他们的需求之上叠加我自己的一些想法，跟他们沟通。因为你不能完全按照他们的意思，如果是对下属的话，你还是给他们一点界限，一点目标，她才好去执行跟落地。是这样子，那我会听完他们讲的，加入我自己的一些想法。你看这样是不是会更好一点，而不是说你就要按照这样去做。你看这样会不会更好一点？就是语气口气变成引导式的，而不是说领导似的就引导你，我这样可不可以？你觉得说可以，好，我们先试一下，现在也更容易的就是让他们觉得做错了没关系。以前是你必须这样去做，不能做错，我们不能出错，现在是没关系，错了没有关系，错了我们也知道错，下次我们再碰到类似的事情，我们就知道一定要避免再出现这样同样的错误了，这样下属也更容易接受，他也会觉得我有机会，有犯错的一个成本，但是既然上级这么相信我，我就尽可能地避免犯错，就这样子对他们来说也更好

续表

事件编号	受访者编号	事件类型②	受访者职业	关键事件
90	41	5	企业总经理	真正让我比较有这种质的变化，应该是到现在企业的时候，就现在的一把手，他这种帮助应该说他的要求不一样，做什么东西做什么事情你都要做到极致。举个最简单例子，他搞个卫生，当时我在办公室也管过这个后勤，他就像你说搞卫生，你要做好这件事情，你说擦得很干净了，他说没擦干净，我说擦得很干净，他说不行，他自己蹲在地上，他自己拿了个铲子擦，你看这个屋子没搞干净，然后他给你亲自做示范，从这样的一件事情里面我发现其实有很多东西，你真的要提高自己，首先是你要在这种思想上面意识上面要有一个提高，才会有更好的提升。现在老板就是我们现在的老大，从你就说再简单的事情再平凡的事情。但是你要在这种简单和平凡的事里面，要体现你的闪光点，也把这个事情做好，这都是要用心，对我意识上的提升比较大
91	42	5	UI 设计	我就把这个事跟我经常问他问题的技术员，带我的相当于导师，然后我就把这事跟他说一下。然后他就把这个事情跟我说，比如我们工作上有哪些步骤，你要提前准备了解什么，也需要了解这个内容，还有一些公司的产品需要怎么去部署等等。他都跟我把流程都讲了一遍，然后后面的话，基本上我做这个东西的时候，基本上是按照这种流程去做，虽然有时候也会失败，但在做了几个小小的项目之后，你就知道怎么去做。当自己实现不了的时候，你就问别人怎么更好地去处理它
92	42	1	UI 设计	帮助比较多，因为虽然说是一个公司，但是我们公司的性质全部是做设计的，然后其实我们作为主管更像是一个老师一样的。他们好多都是大学刚毕业的，然后设计上有点经验，然后其他就都是没经验的，都是我们慢慢教他培养他上来。就这样就整个流程，如果一个新人进来的话，我们会给他讲一下整个的流程，然后在他实际操作的过程中，我们也会一步一步去盯紧，包括如果涉及质量的问题，然后我们也会去帮他去引导，或者自己去更改这样

续表

事件编号	受访者编号	事件类型[②]	受访者职业	关键事件
93	42	4	UI 设计	可能看到别人也会遇到过别人不认可，就觉得你说的是不是他想要的，对吧？你是觉得你帮他，完了他可能觉得你的这个帮不是他想要的，不是我一个设计风格，然后我觉得客户要的是这样，但是你理解错了，你给他做反了，然后我跟你说一下就怎么样，但是他的理解可能客户就是要做这种。也有不接受，理解不同
94	43	4	广告职员	原来有一个同事就是会有这样，他特别自来熟的那种，然后可能特别会来事的那种。然后也不知道怎么说，但是感觉确实这样的行为就有一点反感的，就是什么事都要。我们原来在工作中都是分工比较明确的，大家都是各自做各自的事情，就他对于我自己做的这一块可能他是想帮你，但是就总会说一些他自己的意见，会影响自己的一些工作判断什么的。我觉得这时也有点不怎么喜欢，大家在先做好自己工作的同时，你接受别人的意见，这是可以的，但是就不要过多地把自己的意见强加给别人
95	44	4	系统测试	以前也是有个同事，他是做测试的，因为我不停地去提示他，我去教他怎么树立一些比较中期或者长期的目标什么的。但是我后来发现别人好像有点反感，然后我就只能放弃了，就没有跟他过多地交流。当然自己也出于自己的一个老员工的心态，然后而且也属于他们的那种上司，可能要对他们提一些要求之类的，就会这样去提要求，然后要求工作中怎么样要求自己的态度怎么样，自己的目标怎么样？不停地反复地去说，就有些人会有意见，然后后来就放弃了

续表

事件编号	受访者编号	事件类型[②]	受访者职业	关键事件
96	45	1	人事经理	到园区门口就是大门口，好多上班的人下班，也有加班的，就带到那个园区门口，他看见你在那里等车或者在旁边，因为有时候是脸熟，进进出出都在园区里面。在那里的那么大晚上的，基本上都是工作晚了，然后停车的人看见他都会问一声，要不要带他到地铁站
97	46	1	医学检验	一些刚来的新员工不太熟练。我肯定要想办法要把他们教会了，不然不可能每次都有事情就叫我去，我这样不可能过来。这个主要是通过类似于一个讲课的形式，给他们去讲这个东西，该怎么做怎么去操作之类。这些一般的话有个两三次，一般解决不了的叫我过去单独指导，除非他们问得来的，问来了就会去讲。这些讲课，主要目的是让这些日常工作更好地展开，不会说因为新入职搞得手忙脚乱，主要还是为了这个工作（不是医院要求的讲课，是自己自动自发地讲课）
98	47	1	行政经理	其实我在帮人家过程当中，就发生过一个事情，就是我老公的亲嫂子，那个时候她是好多年没工作，因为生小孩生了一胎后她就没工作，然后对电脑这块不怎么熟。当时我是在会所上班，和平管部的主管关系比较好。他那边刚好招一个助理，我就介绍我嫂子去。当时我就跟他说实话，我说她好多年没有工作，电脑这块可能不是很熟，但是做事情逻辑性很强。他说没关系，他说既然你说了，他说我们就带一下就可以，结果嫂子脾气很急很不好，进去没多久就跟主管吵架，吵得很凶，主管就说，你看你给我介绍一个什么样的人，当时回去以后，老公就说，他说，我发现你太喜欢多管闲事了，你不要去管这么多

续表

事件编号	受访者编号	事件类型[②]	受访者职业	关键事件
99	48	1	生产总监	一些理念不太一致，然后还有做事的风格有差异，主要是在这一块，所以有的我会去跟他提，但是我觉得提多了他慢慢地反而抵触，他觉得你在挑刺一样的这种，慢慢地就不会去再过多地跟他交流，除了本职工作一类的去沟通交往，这个肯定会有人是这样，你好意地善意地提醒人家，或者是希望他能做得更好，但是人家不接受。你提了一次两次，对吧？就慢慢地你就可能不会再去主动地去跟他说这些事情
100	49	1	创业者	比如说这次，就之前店里一个店员他自己开了一家店，我去帮他看一下，我就说去你那玩一玩，也不会说我去帮你看一下店里有什么，对吧？需要调整的位置，就是说是去玩的，而不是为了帮他去工作的，就让他心里没那么大的负担。但他们夫妻两个对我就特别客气什么，都一直说没事，都是小事
101	50	4	一般职员	在备孕这件事情上，有一次有一个人他就很积极地告诉我婆婆哪里有中药，中医比较内行，可以带你儿媳妇去抓点中药吃，但我心里是非常不愿意的，也是不开心的，因为我觉得他侵犯了我的隐私，他觉得我身体有毛病他才会叫我去吃这些中药，然后我也会责备我的婆婆把我的事情到处跟人家宣扬，因为别人觉得你有这个需求，所以他就告诉你，对这件事情我很不乐意
102	51	1	电信部门总监	我们部门有一个小伙子刚进来的时候，他以前是从事销售，但是我这个部门是跟技术有点关联的，要做从事网络安全的一些技术操作，然后他是没有这方面基础，我是带着他。首先我会告诉他，你要看什么书籍，然后做知识面的一个储备，然后就是说给他看书籍，我也会定时地去考考他。同时我会安排他一些这样的一个厂商的一个交流培训，慢慢地把知识面给他扩充。同时就是说我们在做技术操作的时候，因为我们有后端的人，我会叫他去跟着后端一起去从事学习操作。慢慢地，就是说他已经开始从一个纯的这种销售人才转变成这种销售前顾问式的，还有一个就是逼着他去讨论

续表

事件编号	受访者编号	事件类型②	受访者职业	关键事件
103	51	1	电信部门总监	举一个很简单的例子，我们因为是从事网络安全，大家可能对黑客的一些手段工具会非常感兴趣，但是就是说都希望去就是说一上手你给我一个什么工具，我去推一下别人，满足这种好奇心理。但是我会让他自己先看看《网络安全法》，他可能就觉得《网络安全法》，就是管理上的，但是我没什么用，就不愿意去看。但我就会问他为什么不愿意去看，然后从工作上从法律上去，我告诉他，你必须看了之后，我才会告诉你，你可以去用什么样的工具，然后首先让他明白这种他的这种好奇心，不要去触犯法律，因为现在已经是网络安全立法了，现在是已经上升到刑法的这种层面了，所以一定会让他去了解这方面的东西。现在一般还是要强制看这个东西，应该是强制的考试
104		4		我们部门有一个同事，这个人在销售上面是有天赋的人，能说会道，然后可以把一个事情很技术上的事情，很形象地用一种通俗易懂的形式表现出来。但是他都是一些表面的东西，因为他不懂技术，说的都是对不懂的人，就是说说的大家都觉得，但是对于有一些人在往深里面问他的时候，他就有时候会有点乱说。我曾经就让他去加强这样技术方面的学习。但是可能一个性格上有可能，也从来没有技术，再去学这个的难度会比较大。然后可能就是他觉得我瞧不起他，有点瞧不起他，老是说他不懂技术怎么样的，然后会有一些这样的小怨言罢，但是每个人都是有自己的缺点，这个东西是要靠不断的沟通，你像他这种才能的话，后来我就不让他去做售前支撑了，我只是让他做纯粹的销售，从事商务上的，或者是说这种宣传上的东西

续表

事件编号	受访者编号	事件类型[②]	受访者职业	关键事件
105	52	1	电信部门副总	原来我们在城北的客户经理，他每次去客户那里的时候，他总是回来的时候就问我怎么办？刚开始的时候几次我都会告诉他，我说你这么办，你应该用这个政策，或者你应该去问他有什么东西。后来我觉得我告诉了他，可能下次他还是问我，也是别人提醒我，他说如果你要培养一个人，你不能这样去回答他。后来我就改变方法，我就直接问他，你告诉我你想要什么政策，或者你想怎么办，然后就逼着他自己想，比如说我想怎么样，我想什么时候去看他，我想把他的什么使用情况调出来，我想跟他包装一个什么东西，我想去拜访一下那些东西，我说可以，我说你就按照你的方法去做，用类似于这种方式，去给他工作上的一种帮助
106		1		前面敲门的女孩子，实际上在我的内心中，我其实是想让她更快地成长，就是想往中层上面去靠，那我可能就会去观察她周围的，她自己日常的一些做法，或者是一些业务，她是不是能够快速成长，然后会有意识地会把她往这上面去带，会有一种这样的想法。这又回到你前一个问题，如果我给了她这种机会，她就所谓的不领情，她觉得我可能是对她造成了一个比较大的困难，或者是我可能工作上指派多了给她，或者是说压力大了以后，她如果提出了异议，那么这样的话我可能就不会再强求。有可能我甚至我再进一步，我可能找到她深谈一到两次，但是我不会再强加于她

附录4 “研究二”配对追踪调查问卷样卷（1）（T0）

亲爱的同学们：

你们好！

为了解在校大学生人际交往情况，我们开展了一项追踪调查。调查将每7天发布1次，共持续约8次，本次是第1次调查。调查将以配对的形式展开，参加调研的同学邀请一位你的工作伙伴或学习伙伴组成小组，共同参与本次调研。为鼓励大家持续参与调查，研究小组将从参与了全部调研的小组中抽奖。共计一等奖1对，奖金1000元；二等奖2对，奖金600元；三等奖3对，奖金200元。调查的结果仅用于科学研究和政策建议，烦请您认真如实填写，整份问卷大致需要5分钟作答，问卷采用无记名方式填写，衷心感谢您的参与，如果您有任何需要咨询的问题，可以联系 ×××。

第一部分 被试匹配

指导语：亲爱的新生同学，不知不觉你们在学校也呆了近两个月了，请回忆你与同学在社团、学生会或其他场合，其作为你的学习伙伴或工作伙伴时的交往情况，并选择一位与他/她组成一个小组共同参与本次研究（正式调研共进行7次，每7天进行1次调研），以下称他/她为小A，请填写小A的信息。

1. 小A的班级：__________

2. 小A的学号：__________（请认真填写，以作为抽奖的依据）

第二部分 问卷主要内容

指导语：请根据您的实际情况，评定您在多大程度上同意以下每一条描述，“非常不同意”请选1，“较不同意”请选2，“不太同意”请选3，“不确定”请选4，“有点同意”请选5，“比较同意”请选6，“非常同意”请选7。并在相应数字上划“√”。

条目内容	同意程度						
3. 我有一些非常糟糕的习惯	1	2	3	4	5	6	7
4. 我从来不看性感的书或杂志	1	2	3	4	5	6	7
5. 我会向单位或学校请病假，尽管我并没有真的生病	1	2	3	4	5	6	7
6. 如果有必要，我有时会说谎	1	2	3	4	5	6	7
7. 我做过一些我不会告诉别人的事情	1	2	3	4	5	6	7
8. 我有时试图报复，而不是原谅和忘记	1	2	3	4	5	6	7
9. 我必须承认复仇可以是甜蜜的	1	2	3	4	5	6	7
10. 有时我也会利用某些人	1	2	3	4	5	6	7
11. 看到讨厌的人受到奚落，我很开心	1	2	3	4	5	6	7
12. 有几次我想砸东西	1	2	3	4	5	6	7

第三部分　您的个人信息

请填写您的基本信息

13. 性别：○男　　　　○女

14. 年龄：__________

15. 班级：__________

16. 学号：__________

问卷回答完毕，谢谢各位配合！

附录5 “研究二”配对追踪调查问卷样卷（2）（T1–T7）

亲爱的同学们：

你们好！

为了解在校大学生人际交往情况，我们开展了一项追踪调查。调查将每7天发布1次，共持续约8次，本次是第2次调查。调查将以配对的形式展开，参加调研的同学请邀请一位你的工作伙伴或学习伙伴组成小组，共同参与本次调研。为鼓励大家持续参与调查，研究小组将从参与了全部调研的小组中抽奖。共计一等奖1对，奖金1000元；二等奖2对，奖金600元；三等奖3对，奖金200元。调查的结果仅用于科学研究和政策建议，烦请您认真如实填写，整份问卷大致需要5分钟作答，问卷采用无记名方式填写，衷心感谢您的参与，如果您有任何需要咨询的问题，可以联系 ×××。

第一部分 被试匹配

指导语：亲爱的新生同学，请回忆你与同学在社团、学生会或其他场合，其作为你的学习伙伴或工作伙伴时的交往情况，并选择一位同学和他 / 她组成一个小组共同参与本次调研（之前已经组成了小组且填写过问卷的同学，按之前组成的小组继续填写问卷），以下称他 / 她为小A，请填写小A的信息。

1. 小A的班级：__________
2. 小A的学号：__________（请认真填写，以作为抽奖的依据）

第二部分 问卷主要内容

指导语：请根据您对小A的了解，评价小A在多大程度上符合以下每一条描述，“非常不符合”请选1，“较不符合”请选2，“不确定”请选3，“比较符合”请选4，“非常符合”请选5。

条目内容	符合程度				
3. 我觉得小 A 很有能力	1	2	3	4	5
4. 小 A 掌握了很多专业方面的知识	1	2	3	4	5
5. 我对小 A 的技能很有信心	1	2	3	4	5
6. 小 A 总是考虑我的利益	1	2	3	4	5
7. 小 A 努力确保我的利益不受到损害	1	2	3	4	5
8. 小 A 为了我的利益而做出牺牲	1	2	3	4	5

指导语：请根据您和小 A 最近一周的交往情况，回忆您对他的帮助情况，并评定您在多大程度上同意以下每一条描述，“非常不同意”请选 1，“不同意”请选 2，“不清楚”请选 3，“比较同意”请选 4，“完全同意”请选 5。

条目内容	同意程度				
9. 我现在帮助小 A，以使他能够在将来更好地自己解决自己的问题	1	2	3	4	5
10. 我帮助小 A，以使他学会自己去解决自己的问题	1	2	3	4	5
11. 我帮助小 A 就是让他能够更好地去自己解决自己的问题	1	2	3	4	5
12. 我帮助小 A 以便他能够更好地自己解决自己的问题	1	2	3	4	5
13. 我帮助小 A，是因为我喜欢解决他的问题	1	2	3	4	5
14. 我帮助小 A 以确保他的即时需求得到满足	1	2	3	4	5
15. 为小 A 解决问题有助于满足他当前的需求	1	2	3	4	5
16. 我喜欢去帮助小 A，即使他的问题可能再次出现					

17. 本题检测是否认真作答，请选择“非常同意”（　　）

A. 非常不同意　B. 非常同意　C. 有些同意　D. 有些不同意

第三部分　您的个人信息

18. 班级：__________

19. 性别：○男　　○女

20. 学号：__________（请认真填写，以作为抽奖的依据）

所有题目回答完毕，谢谢配合！

附录 6 “研究三”工作特征调查问卷（1）（T1）

亲爱的女士 / 先生：

您好！感谢您在百忙之中抽空填写本问卷。本次调查共分 2 期，本次调查为第 1 期。以下是填写问卷的注意事项。

（1）填写本问卷大约需要 5~8 分钟。

（2）问卷包含一系列的题目，请根据自己的实际情况，选择最适合您的陈述。本问卷仅作为学术研究之用。调查采取匿名方式，您的答案将是保密的。感谢您帮助完成此调查问卷。您的支持与合作将使我们获得来自企业环境中的宝贵意见，对本研究而言是相当大的贡献。

第一部分 筛选题

1. 请选择你的职业类型

○国有企业　○事业单位　○公务员

○民营企业　○外资企业　○其他

第二部分 问卷主要内容

指导语：请根据您现在从事工作的特征，评定您在多大程度上同意以下每一条描述，并在相应“O”上点击选择。1 为“非常不同意”，2 为“较不同意”，3 为“不太同意”，4 为“不确定”，5 为“有点同意”，6 为“比较同意”，7 为“非常同意”。

内容描述	同意程度						
2. 这份工作涉及大量的任务种类	1	2	3	4	5	6	7
3. 这份工作涉及做许多不同的事情	1	2	3	4	5	6	7
4. 这份工作需要执行范围广泛的任务	1	2	3	4	5	6	7
5. 这份工作涉及执行各种任务	1	2	3	4	5	6	7
6. 我的工作成果很可能对其他人的生活产生重大影响	1	2	3	4	5	6	7
7. 从更广泛的意义上讲，这项工作本身非常重要	1	2	3	4	5	6	7

续表

内容描述	同意程度						
8. 这项工作对组织外的人有很大的影响	1	2	3	4	5	6	7
9. 我的本职工作会对组织外的人员产生重大影响	1	2	3	4	5	6	7

第三部分　个人信息

10. 您的年收入

○ 5 万元及以下　○ 6 万 ~10 万元　○ 11 万 ~15 万元

○ 16 万 ~20 万元　○ 21 万 ~30 万元　○ 31 万 ~40 万元

○ 41 万 ~50 万元　○ 51 万元以上

11. 请选择您的性别

○男　○女

12. 请选择您的年龄段

○ 0~20 岁　○ 21~30 岁　○ 31~40 岁

○ 41~50 岁　○ 51~60 岁　○ 60 岁以上

13. 工作年限

○ 5 年及以下　○ 6~10 年　○ 11~15 年

○ 16~20 年　○ 21~30 年　○ 31 年及以上

14. 请选择您的最高学历

○小学及以下　○初中　○普高 / 中专 / 技校 / 职高

○专科　○本科　○硕士及以上

15. 您的职位

○员工　○基层管理者

○中层管理者　○高层管理者

16. 您所在部门

○生产部门　○销售部门　○行政部门

○研发部门　○其他部门

所有题目回答完毕，谢谢配合！

附录 7 “研究三”工作特征调查问卷（2）（T2）

亲爱的女士 / 先生：

您好！感谢您在百忙之中抽空填写本问卷。本次调查共分 2 期，本次调查为第 2 期，以下是填写问卷时需要注意的事项。

（1）填写本问卷大约需要 5~8 分钟。

（2）问卷包含一系列的题目，请根据自己的实际情况，选择最适合您的陈述。本问卷仅作为学术研究之用。调查采取匿名方式，您的答案将是保密的。感谢您帮助完成此调查问卷，您的支持与合作将使我们获得来自企业环境中的宝贵意见，对本研究而言是相当大的贡献。

第一部分 问卷主要内容

指导语：以下是有关工作感受的陈述。请仔细阅读，并确定您最近是否在工作中有过这样的感觉。如果您从未有过这样的感受，请在“1”下面划“√”；如果曾有过这样的感受，请您在最能够描述您感受频繁程度的位置上划“√”选择。1 为“从来没有”，2 为“几乎没有过”，3 为“极少”，4 为“有时”，5 为“经常”，6 为“十分频繁”，7 为“总是”。

工作感受陈述	从来没有	几乎没有	极少	有时	经常	十分频繁	总是
1. 在最近的工作中，我感到自己迸发出能量	1	2	3	4	5	6	7
2. 在最近的工作中，我感到自己强大并且充满活力	1	2	3	4	5	6	7
3. 最近，我对工作富有热情	1	2	3	4	5	6	7
4. 工作激发了我的灵感	1	2	3	4	5	6	7
5. 最近早上一起床，我就想要去工作	1	2	3	4	5	6	7
6. 我沉浸于我的工作当中	1	2	3	4	5	6	7
7. 当我紧张地工作时，我会感到快乐	1	2	3	4	5	6	7

续表

工作感受陈述	从来没有	几乎没有	极少	有时	经常	十分频繁	总是
8. 我在工作时会达到忘我的境界	1	2	3	4	5	6	7
9. 我感觉到自己离不开工作	1	2	3	4	5	6	7

指导语：以下是有关您周边工作现象的陈述。请仔细阅读，并确定您是否在最近工作中注意到以下现象。如果您从未注意到这种现象，请在“1”下面划“√”；如果注意到这种现象，请您在最能够描述您感受频繁程度的位置上划“√”。1 为“从来没有”，2 为“几乎没有过”，3 为“极少”，4 为“有时”，5 为“经常”，6 为“十分频繁”，7 为“总是”。

工作现象陈述	从来没有	几乎没有过	极少	有时	经常	十分频繁	总是
10. 最近，我注意到有同事赶不上工作进度	1	2	3	4	5	6	7
11. 最近，我注意到有同事在工作上有困难	1	2	3	4	5	6	7
12. 最近，我注意到有同事完不成自己的工作职责	1	2	3	4	5	6	7
13. 最近，我注意到有同事工作任务繁重	1	2	3	4	5	6	7

14. 本题检测是否认真作答，请选择“本部门同事”

〇其他部门同事　　〇本部门同事

〇其他小组成员　　〇本小组成员

所有题目回答完毕，谢谢配合！

附录8 “研究四”企业团队绩效薪酬与员工工作行为实验1

亲爱的女士 / 先生：

您好！感谢您在百忙之中抽空填写本问卷，以下是填写问卷时需要注意的事项：

（1）填写本问卷大约需要 5~8 分钟。

（2）问卷包含一系列的题目，请根据自己的实际情况，选择最适合您的陈述。本问卷仅作为学术研究之用。调查采取匿名方式，您的答案将是保密的。感谢您帮助完成此调查问卷。您的支持与合作将使我们获得来自企业环境中的宝贵意见，对本研究而言是相当大的贡献。

第一部分　筛选题

1. 您单位的性质

○企业　　○事业单位

○行政单位（公务员）　　○其他

2. 绩效薪酬主要包括个人绩效薪酬和团队绩效薪酬，根据以下对绩效薪酬的描述，请判断您的收入包括以下哪种绩效薪酬形式

○个人绩效薪酬：企业根据个人绩效发放薪酬，与所在部门和团队无关。

○平等团队绩效薪酬：企业根据团队绩效给予团队整体薪酬后，团队内部不考虑个体贡献大小而平均分配该部分薪酬。

○公平团队绩效薪酬：企业根据团队绩效给予团队整体薪酬后，按照个体对团队绩效贡献大小分配该部分薪酬。

○其他

第二部分　实验主要内容

指导语：请仔细阅读下列材料，并根据自己的想法回答后面的问题。

请想象你是某科技公司研发部的员工，公司确定了2024年产品研发部门的奖金总额约为200万元。公司有两个竞争性的产品研发团队，即A团队和B团队，每个团队有10名设计人员，而你是A团队的骨干成员。由于之前受到公司的大力栽培，你对公司有很深的感情。你很在意别人对你公司的看法，当你发现有人批评你公司时，你觉得这是对你个人的侮辱；当有人赞美你公司时，你感觉就像对你个人的赞美，你把你公司的成功当成自己的成功。

公司研发部门实施团队绩效薪酬策略，员工的薪酬由基础薪酬和团队绩效薪酬构成。目前，你的基础薪酬在5万元左右。团队绩效薪酬则根据每个团队研发的新产品市场接受度确定。公司计划在2024年推出一款新产品，哪个团队开发出了市场接受的产品，哪个团队就可以获得200万元的奖金，所属团队成员就可以获得20万元团队绩效薪酬奖金。也就是说，如果A团队能够开发出市场接受的产品，作为A团队成员的你就可以获得20万元团队绩效薪酬奖金。目前，两个团队的新产品研发工作都进入了关键阶段，在研发各自产品时，产品研发人员都遭遇了技术瓶颈，急需行业技术大牛布鲁斯先生进行技术指导。

由于你和布鲁斯先生是至交好友，两个团队的产品研发人员都向你提出请求，请你帮忙联系布鲁斯先生来进行技术指导，以寻求技术突破。根据以上信息，请你回答以下问题。

3. 你属于下列哪个团队

○ A团队　　○ B团队

4. 如果A团队成功研发出了新产品，2024年你能拿到多少团队绩效薪酬奖金

○ 20万元　　○ 10万元

○ 0元　　○ 0.5万元

5. 如果A团队成功研发出了新产品，你的团队绩效薪酬奖金占总薪酬的比重

○ 80%　　○ 2.44%

6. 如果A团队成功研发出了新产品，你认为你的团队绩效薪酬奖金占总薪酬的比重为（　　），1分为“比重极低”，2分为“比重很低”，3分为“比

重中等”，4 分为“比重很高”，5 分为“比重极高”。

○ 1　○ 2　○ 3

○ 4　○ 5

7. 你帮助 A 团队（你自己所在的团队）研发人员的可能性有多大？1 分为“拒绝”，2 分为“有些不愿意”，3 分为“有些愿意”，4 分为“愿意”，5 分为“非常愿意”。

○ 1　○ 2　○ 3

○ 4　○ 5

指导语：请根据情境材料，按照可能程度对你帮助 A 团队（你自己所在的团队）研发人员的原因进行评分，1 分为“完全不可能”，2 分为“有些不可能”，3 分为“说不清楚”，4 分为“有些可能”，5 分为“非常可能”。

原因陈述	可能程度				
8. 作为 A 团队的一员有责任帮助 A 团队研发人员	1	2	3	4	5
9. 作为公司一员有责任帮助 A 团队研发人员	1	2	3	4	5
10. 作为同事有责任帮助 A 团队其他同事	1	2	3	4	5
11. 帮助 A 团队研发人员实现技术突破能为所在团队获得更多奖金	1	2	3	4	5
12. 帮助 A 团队研发人员实现技术突破能为所在团队获得更大发展	1	2	3	4	5

指导语：请根据情境材料，按照可能程度对你帮助 A 团队（你自己所在的团队）研发人员的原因进行评分，1 分为“完全不可能”，2 分为“有些不可能”，3 分为“说不清楚”，4 分为“有些可能”，5 分为“非常可能”。

原因陈述	可能程度				
13. 帮助 A 团队研发人员实现技术突破能为自己获得更多奖金	1	2	3	4	5
14. 帮助 A 团队研发人员实现技术突破能为自己获得更大发展	1	2	3	4	5
15. 帮助 A 团队研发人员实现技术突破有利于公司发展	1	2	3	4	5
16. 帮助 A 团队研发人员能为公司带来更大利润	1	2	3	4	5
17. 帮助 A 团队研发人员有助于公司提升竞争力	1	2	3	4	5

指导语：请根据情境材料，评价你和公司的关系。1 分为“完全不符合”，2 分为“有些不符合”，3 分为“说不清楚”，4 分为“有些符合”，5 分为“非常符合”。

关系陈述	符合程度				
18. 我对公司有很深的感情	1	2	3	4	5
19. 当有人批评公司时，我觉得这是对我个人的侮辱	1	2	3	4	5
20. 我很在意别人对我们公司的看法	1	2	3	4	5
21. 当有人赞美我们公司时，我感觉就像对我个人的赞美	1	2	3	4	5
22. 我们公司的成功就是我的成功	1	2	3	4	5

23. 你帮助 B 团队（竞争团队）研发人员的可能性有多大？1 分为“拒绝”，2 分为“有些不愿意”，3 分为“有些愿意”，4 分为“愿意”，5 分为“非常愿意”。

○ 1　　○ 2　　○ 3

○ 4　　○ 5

指导语：根据情境材料，请按照可能程度对你帮助 B 团队（竞争团队）研发人员的原因进行评分，1 分为完全不可能，2 分为有些不可能，3 分为说不清楚，4 分有些可能，5 分为非常可能。

原因陈述	可能程度				
24. 作为 A 团队的一员有责任帮助 B 团队研发人员	1	2	3	4	5
25. 作为公司一员有责任帮助 B 团队研发人员	1	2	3	4	5
26. 作为同事有责任帮助 B 团队研发人员	1	2	3	4	5
27. 帮助 B 团队研发人员能为自己所在 A 团队获得更多奖金	1	2	3	4	5
28. 帮助 B 团队研发人员能为自己所在 A 团队获得更大发展	1	2	3	4	5

指导语：根据情境材料，请按照可能程度对你帮助 B 团队（竞争团队）研发人员的原因进行评分，1 分为“完全不可能”，2 分为“有些不可能”，3 分为“说不清楚”，4 分为“有些可能”，5 分为“非常可能”。

原因陈述	可能程度				
29. 帮助 B 团队研发人员能为自己获得更多奖金	1	2	3	4	5
30. 帮助 B 团队研发人员能为自己获得更大发展	1	2	3	4	5
31. 帮助 B 团队研发人员有利于公司发展	1	2	3	4	5
32. 帮助 B 团队研发人员能为公司带来更大利润	1	2	3	4	5
33. 帮助 B 团队研发人员有利于公司提升竞争力	1	2	3	4	5

第三部分　个人信息

34. 您所在部门

○生产部门　○销售部门

○研发部门　○其他部门

35. 请选择您的性别

○男　○女

36. 请选择您的年龄段

○ 0~20 岁　○ 21~30 岁　○ 31~40 岁

○ 41~50 岁　○ 51~60 岁　○ 60 岁以上

37. 您的职位

○员工　○基层管理者

○中层管理者　○高层管理者

38. 您的收入

○ 5 万元及以下

○ 5 万元以上至 10 万元

○ 10 万元以上至 20 万元

○ 20 万元以上至 30 万元

○ 30 万元以上至 40 万元

○ 40 万元以上至 50 万元

○ 50 万元以上

39. 请选择您的最高学历

○初中及以下

○普高 / 中专 / 技校 / 职高

○专科

○本科

○硕士及以上

附录9 “研究四”企业团队绩效薪酬与员工工作行为实验2

亲爱的女士/先生：

您好！感谢您在百忙之中抽空填写本问卷，以下是填写问卷时需要注意的事项。

（1）填写本问卷大约需要5~8分钟。

（2）问卷包含一系列的题目，请根据自己的实际情况，选择最适合您的陈述。本问卷仅作为学术研究之用。调查采取匿名方式，您的答案将是保密的。感谢您帮助完成此调查问卷。您的支持与合作将使我们获得来自企业环境中的宝贵意见，对本研究而言是相当大的贡献。

第一部分 筛选题

1. 您单位的性质

○企业　○事业单位

○行政单位（公务员）　○其他

2. 绩效薪酬主要包括个人绩效薪酬和团队绩效薪酬，根据以下对绩效薪酬的描述，请判断您的收入包括以下哪种绩效薪酬形式

○个人绩效薪酬：企业根据个人绩效发放薪酬，与所在部门和团队无关。

○平等团队绩效薪酬：企业根据团队绩效给予团队整体薪酬后，团队内部不考虑个体贡献大小而平均分配该部分薪酬。

○公平团队绩效薪酬：企业根据团队绩效给予团队整体薪酬后，按照个体对团队绩效贡献大小分配该部分薪酬。

○其他

第二部分　实验主要内容

指导语：请仔细阅读下列材料，并根据自己的想法回答后面的问题。

请想象你是某科技公司研发部的员工，公司确定了2024年产品研发部门的奖金总额约为200万元。公司有两个竞争性的产品研发团队，即A团队和B团队，每个团队有10名设计人员，而你是A团队的骨干成员。由于之前受到公司的不公正对待，因而你对公司没什么感情。你并不在意别人对公司的看法，不管别人批评还是赞美公司，对你都没有什么影响，你并不认为公司的成功和你自身的成功有什么关联。

公司研发部门实施团队绩效薪酬策略，员工的薪酬由基础薪酬加团队绩效薪酬构成。目前，你的基础薪酬在5万元左右。团队绩效薪酬则根据每个团队研发新产品的市场接受度确定。公司计划在2024年推出一款新产品，哪个团队开发出了市场接受的产品，哪个团队就可以获得200万元的奖金，所属团队成员就可以获得20万元团队绩效薪酬奖金。即如果A团队能够开发出市场接受的产品，作为A团队成员的你就可以获得20万元团队绩效薪酬奖金。目前，两个团队的新产品研发工作都进入了关键阶段，在研发各自产品时，产品研发人员都遭遇了技术瓶颈，急需行业技术大牛布鲁斯先生进行技术指导。

由于你和布鲁斯先生是至交好友，两个团队的产品研发人员都向你提出请求，请你帮忙联系布鲁斯先生来进行技术指导，以寻求技术突破。根据以上信息，请你回答以下问题。

3. 你属于下列哪个团队

○ A团队　　○ B团队

4. 如果A团队成功研发出了新产品，2024年你能拿到多少团队绩效薪酬奖金

○ 20万元　　○ 10万元

○ 0元　　○ 0.5万元

5. 如果A团队成功研发出了新产品，你的团队绩效薪酬奖金占总薪酬的比重

○ 80%　　○ 2.44%

6. 如果A团队成功研发出了新产品，你认为你的团队绩效薪酬奖金占总薪酬的比重为（　　），1分为“比重极低”，2分为“比重很低”，3分为“比重中等”，4分为“比重很高”，5分为“比重极高”。

○ 1　　○ 2　　○ 3

○ 4　　○ 5

7. 你帮助A团队（你自己所在的团队）研发人员的可能性有多大？1分为“拒绝”，2分为“有些不愿意”，3分为“有些愿意”，4分为“愿意”，5分为“非常愿意”。

○ 1　　○ 2　　○ 3

○ 4　　○ 5

指导语：请根据情境材料，按照可能程度对你帮助A团队（你自己所在的团队）研发人员的原因进行评分，1分为“完全不可能”，2分为“有些不可能”，3分为“说不清楚”，4分“有些可能”，5分为“非常可能”。

原因陈述	可能程度				
8. 作为A团队的一员有责任帮助A团队研发人员	1	2	3	4	5
9. 作为公司一员有责任帮助A团队研发人员	1	2	3	4	5
10. 作为同事有责任帮助A团队其他同事	1	2	3	4	5
11. 帮助A团队研发人员实现技术突破能为所在团队获得更多奖金	1	2	3	4	5
12. 帮助A团队研发人员实现技术突破能为所在团队获得更大发展	1	2	3	4	5

指导语：请根据情境材料，按照可能程度对你帮助A团队（你自己所在的团队）研发人员的原因进行评分，1分为“完全不可能”，2分为“有些不可能”，3分为“说不清楚”，4分为“有些可能”，5分为“非常可能”。

原因陈述	可能程度				
13. 帮助A团队研发人员实现技术突破能为自己获得更多奖金	1	2	3	4	5
14. 帮助A团队研发人员实现技术突破能为自己获得更大发展	1	2	3	4	5
15. 帮助A团队研发人员实现技术突破有利于公司发展	1	2	3	4	5
16. 帮助A团队研发人员能为公司带来更大利润	1	2	3	4	5
17. 帮助A团队研发人员有助于公司提升竞争力	1	2	3	4	5

指导语：请根据情境材料，评价你和公司的关系。1分为“完全不符合”，2分为“有些不符合”，3分为“说不清楚”，4分为“有些符合”，5分为“非常符合”。

关系陈述	符合程度				
18. 我对公司有很深的感情	1	2	3	4	5
19. 当有人批评公司时，我觉得这是对我个人的侮辱	1	2	3	4	5
20. 我很在意别人对我们公司的看法	1	2	3	4	5
21. 当有人赞美我们公司时，我感觉就像对我个人的赞美	1	2	3	4	5
22. 我们公司的成功就是我的成功	1	2	3	4	5

23. 你帮助B团队（竞争团队）研发人员的可能性有多大？1分为“拒绝”，2分为“有些不愿意”，3分为“有些愿意”，4分为“愿意”，5分为“非常愿意”。

○ 1　　○ 2　　○ 3

○ 4　　○ 5

指导语：根据情境材料，请按照可能程度对你帮助B团队（竞争团队）研发人员的原因进行评分，1分为“完全不可能”，2分为“有些不可能”，3分为“说不清楚”，4分为“有些可能”，5分为“非常可能”。

原因陈述	可能程度				
24. 作为A团队的一员有责任帮助B团队研发人员	1	2	3	4	5
25. 作为公司一员有责任帮助B团队研发人员	1	2	3	4	5
26. 作为同事有责任帮助B团队研发人员	1	2	3	4	5
27. 帮助B团队研发人员能为自己所在A团队获得更多奖金	1	2	3	4	5
28. 帮助B团队研发人员能为自己所在A团队获得更大发展	1	2	3	4	5

指导语：根据情境材料，请按照可能程度对你帮助B团队（竞争团队）研发人员的可能原因进行评分，1分为“完全不可能”，2分为“有些不可能”，3分为“说不清楚”，4分为“有些可能”，5分为“非常可能”。

原因陈述	可能程度				
29. 帮助B团队研发人员能为自己获得更多奖金	1	2	3	4	5
30. 帮助B团队研发人员能为自己获得更大发展	1	2	3	4	5
31. 帮助B团队研发人员有利于公司发展	1	2	3	4	5
32. 帮助B团队研发人员能为公司带来更大利润	1	2	3	4	5
33. 帮助B团队研发人员有利于公司提升竞争力	1	2	3	4	5

第三部分　个人信息

34. 您所在部门

○生产部门　○销售部门

○研发部门　○其他部门

35. 请选择您的性别

○男　○女

36. 请选择您的年龄段

○ 0~20 岁　○ 21~30 岁　○ 31~40 岁

○ 41~50 岁　○ 51~60 岁　○ 60 岁以上

37. 您的职位

○员工　○基层管理者

○中层管理者　○高层管理者

38. 您的收入

○ 5 万元及以下

○ 5 万元以上至 10 万元

○ 10 万元以上至 20 万元

○ 20 万元以上至 30 万元

○ 30 万元以上至 40 万元

○ 40 万元以上至 50 万元

○ 50 万元以上

39. 请选择您的最高学历

○初中及以下

○普高 / 中专 / 技校 / 职高

○专科

○本科

○硕士及以上

附录10 “研究四”企业团队绩效薪酬与员工工作行为实验3

亲爱的女士/先生：

您好！感谢您在百忙之中抽空填写本问卷，以下是填写问卷时需要注意的事项。

（1）填写本问卷大约需要5~8分钟。

（2）问卷包含一系列的题目，请根据自己的实际情况，选择最适合您的陈述。本问卷仅作为学术研究之用。调查采取匿名方式，您的答案将是保密的。感谢您帮助完成此调查问卷。您的支持与合作将使我们获得来自企业环境中的宝贵意见，对本研究而言是相当大的贡献。

第一部分 筛选题

1. 您的单位性质

○企业　　○事业单位

○行政单位（公务员）　　○其他

2. 绩效薪酬主要包括个人绩效薪酬和团队绩效薪酬，根据以下对绩效薪酬的描述，请判断您的收入包括以下哪种绩效薪酬形式

○个人绩效薪酬：企业根据个人绩效发放薪酬，与所在部门和团队无关。

○平等团队绩效薪酬：企业根据团队绩效给予团队整体薪酬后，团队内部不考虑个体贡献大小而平均分配该部分薪酬。

○公平团队绩效薪酬：企业根据团队绩效给予团队整体薪酬后，按照个体对团队绩效贡献大小分配该部分薪酬。

○其他

第二部分 实验主要内容

指导语：请仔细阅读下列材料，并根据自己的想法回答后面的问题。

请想象你是某科技公司研发部的员工，公司确定了2024年产品研发部门的奖金总额约为5万元。公司有两个竞争性的产品研发团队，即A团队和B团队，每个团队有10名设计人员，而你是A团队的骨干成员。由于之前受到公司的大力栽培，你对公司有很深的感情。你很在意别人对你公司的看法，当你发现有人批评你公司时，你觉得这是对你个人的侮辱；当有人赞美你公司时，你感觉就像对你个人的赞美，你把你公司的成功当成你自己的成功。

公司研发部门实施团队绩效薪酬策略，员工的薪酬由基础薪酬和团队绩效薪酬构成。目前，你的基础薪酬在20万元左右。团队绩效薪酬则根据每个团队研发新产品的市场接受度确定。公司计划在2024年推出一款新产品，哪个团队开发出了市场接受的产品，哪个团队就可以获得5万元的团队薪酬奖金，所属团队成员就可以获得0.5万元团队绩效薪酬奖金。也就是说，如果A团队能够开发出市场接受的产品，作为A团队成员的你就可以获得0.5万元团队绩效薪酬奖金。目前，两个团队的新产品研发工作都进入了关键阶段，在研发各自产品时，产品研发人员都遭遇了技术瓶颈，急需行业技术大牛布鲁斯先生进行技术指导。

由于你和布鲁斯先生是至交好友，两个团队的产品研发人员都向你提出请求，请你帮忙联系布鲁斯先生来进行技术指导，以寻求技术突破。根据以上信息，请你回答以下问题。

3. 你属于下列哪个团队

○ A团队　　○ B团队

4. 如果A团队成功研发出了新产品，2024年你能拿到多少团队绩效薪酬奖金

○ 20万元　　○ 10万元

○ 0元　　○ 0.5万元

5. 如果A团队成功研发出了新产品，你的团队绩效薪酬奖金占总薪酬的比重

○ 80%　　○ 2.44%

6. 如果A团队成功研发出了新产品，你认为你的团队绩效薪酬奖金占总薪酬的比重为（　　），1分为“比重极低”，2分为“比重很低”，3分为“比重中等”，4分为“比重很高”，5分为“比重极高”。

○1　○2　○3

○4　○5

7. 你帮助A团队（你自己所在的团队）研发人员的可能性有多大？1分为“拒绝”，2分为“有些不愿意”，3分为“有些愿意”，4分为“愿意”，5分为“非常愿意”。

○1　○2　○3

○4　○5

指导语：请根据情境材料，按照可能程度对你帮助A团队（你自己所在的团队）研发人员的原因进行评分，1分为“完全不可能”，2分为“有些不可能”，3分为“说不清楚”，4分为“有些可能”，5分为“非常可能”。

原因陈述	可能程度				
8. 作为A团队的一员有责任帮助A团队研发人员	1	2	3	4	5
9. 作为公司一员有责任帮助A团队研发人员	1	2	3	4	
10. 作为同事有责任帮助A团队其他同事	1	2	3	4	5
11. 帮助A团队研发人员实现技术突破能为所在团队获得更多奖金	1	2	3	4	5
12. 帮助A团队研发人员实现技术突破能为所在团队获得更大发展	1	2	3	4	5

指导语：请根据情境材料，按照可能程度对你帮助A团队（你自己所在的团队）研发人员的原因进行评分，1分为“完全不可能”，2分为“有些不可能”，3分为“说不清楚”，4分为“有些可能”，5分为“非常可能”。

原因陈述	可能程度				
13. 帮助A团队研发人员实现技术突破能为自己获得更多奖金	1	2	3	4	5
14. 帮助A团队研发人员实现技术突破能为自己获得更大发展	1	2	3	4	5
15. 帮助A团队研发人员实现技术突破有利于公司发展	1	2	3	4	5
16. 帮助A团队研发人员能为公司带来更大利润	1	2	3	4	5
17. 帮助A团队研发人员有助于公司提升竞争力	1	2	3	4	5

指导语：请根据情境材料，评价你和公司的关系。1 分为“完全不符合”，2 分为“有些不符合”，3 分为“说不清楚”，4 分为“有些符合”，5 分为“非常符合”。

关系陈述	符合程度				
18. 我对公司有很深的感情	1	2	3	4	5
19. 当有人批评公司时，我觉得这是对我个人的侮辱	1	2	3	4	5
20. 我很在意别人对我们公司的看法	1	2	3	4	5
21. 当有人赞美我们公司时，我感觉就像对我个人的赞美	1	2	3	4	5
22. 我们公司的成功就是我的成功	1	2	3	4	5

23. 你帮助 B 团队（竞争团队）研发人员的可能性有多大？1 分为“拒绝”，2 分为“有些不愿意”，3 分为“有些愿意”，4 分为“愿意”，5 分为“非常愿意”。

○ 1　○ 2　○ 3

○ 4　○ 5

指导语：根据情境材料，请按照可能程度对你帮助 B 团队（竞争团队）研发人员的原因进行评分，1 分为“完全不可能”，2 分为“有些不可能”，3 分为“说不清楚”，4 分为“有些可能”，5 分为“非常可能”。

原因陈述	可能程度				
24. 作为 A 团队的一员有责任帮助 B 团队研发人员	1	2	3	4	5
25. 作为公司一员有责任帮助 B 团队研发人员	1	2	3	4	5
26. 作为同事有责任帮助 B 团队研发人员	1	2	3	4	5
27. 帮助 B 团队研发人员能为自己所在 A 团队获得更多奖金	1	2	3	4	5
28. 帮助 B 团队研发人员能为自己所在 A 团队获得更大发展	1	2	3	4	5

指导语：根据情境材料，请按照可能程度对你帮助 B 团队（竞争团队）研发人员的原因进行评分，1 分为“完全不可能”，2 分为“有些不可能”，3 分为“说不清楚”，4 分为“有些可能”，5 分为“非常可能”。

	1	2	3	4	5
29. 帮助 B 团队研发人员能为自己获得更多奖金	1	2	3	4	5
30. 帮助 B 团队研发人员能为自己获得更大发展	1	2	3	4	5
31. 帮助 B 团队研发人员有利于公司发展	1	2	3	4	5
32. 帮助 B 团队研发人员能为公司带来更大利润	1	2	3	4	5
33. 帮助 B 团队研发人员有利于公司提升竞争力	1	2	3	4	5

第三部分　个人信息

34. 您所在部门

○生产部门　○销售部门

○研发部门　○其他部门

35. 请选择您的性别

○男　○女

36. 请选择您的年龄段

○ 0~20 岁　○ 21~30 岁　○ 31~40 岁

○ 41~50 岁　○ 51~60 岁　○ 60 岁以上

37. 您的职位

○员工　○基层管理者

○中层管理者　○高层管理者

38. 您的收入

○ 5 万元及以下

○ 5 万元以上至 10 万元

○ 10 万元以上至 20 万元

○ 20 万元以上至 30 万元

○ 30 万元以上至 40 万元

○ 40 万元以上至 50 万元

○ 50 万元以上

39. 请选择您的最高学历

○初中及以下

○普高 / 中专 / 技校 / 职高

○专科

○本科

○硕士及以上

附录 11 “研究四”企业团队绩效薪酬与员工工作行为实验 4

亲爱的女士 / 先生：

您好！感谢您在百忙之中抽空填写本问卷，以下是填写问卷时需要注意的事项。

（1）填写本问卷大约需要 5~8 分钟。

（2）问卷包含一系列的题目，请根据自己的实际情况，选择最适合您的陈述。本问卷仅作为学术研究之用。调查采取匿名方式，您的答案将是保密的。感谢您帮助完成此调查问卷。您的支持与合作将使我们获得来自企业环境中的宝贵意见，对本研究而言是相当大的贡献。

第一部分 筛选题

1. 您的单位性质

○企业　　○事业单位

○行政单位（公务员）　　○其他

2. 绩效薪酬主要包括个人绩效薪酬和团队绩效薪酬，根据以下对绩效薪酬的描述，请判断您的收入包括以下哪种绩效薪酬形式

○个人绩效薪酬：企业根据个人绩效发放薪酬，与所在部门和团队无关。

○平等团队绩效薪酬：企业根据团队绩效给予团队整体薪酬后，团队内部不考虑个体贡献大小而平均分配该部分薪酬。

○公平团队绩效薪酬：企业根据团队绩效给予团队整体薪酬后，按照个体对团队绩效贡献大小分配该部分薪酬。

○其他

第二部分 实验主要内容

指导语：请仔细阅读下列材料，并根据自己的想法回答后面的问题。

请想象你是某科技公司研发部的员工，公司确定了2024年产品研发部门的奖金总额约为5万元。公司有两个竞争性的产品研发团队，即A团队和B团队，每个团队有10名设计人员，而你是A团队的骨干成员。由于之前受到公司的不公正对待，因而你对公司没什么感情。你并不在意别人对公司的看法，不管别人批评还是赞美公司，对你都没有什么影响，你并不认为公司的成功和你自身的成功有什么关联。

公司研发部门实施团队绩效薪酬策略，员工的薪酬由基础薪酬和团队绩效薪酬构成。目前，你的基础薪酬在20万元左右。团队绩效薪酬则根据每个团队研发新产品的市场接受度确定。公司计划在2024年推出一款新产品，哪个团队开发出了市场接受的产品，哪个团队就可以获得5万元的团队薪酬奖金，所属团队成员就可以获得0.5万元团队绩效薪酬奖金。也就是说，如果A团队能够开发出市场接受的产品，作为A团队成员的你就可以获得0.5万元团队绩效薪酬奖金。目前两个团队的新产品研发工作都进入了关键阶段，在研发各自产品时，产品研发人员都遭遇了技术瓶颈，急需行业技术大牛布鲁斯先生进行技术指导。

由于你和布鲁斯先生是至交好友，两个团队的产品研发人员都向你提出请求，请你帮忙联系布鲁斯先生来进行技术指导，以寻求技术突破。根据以上信息，请你回答以下问题。

3. 你属于下列哪个团队

○ A团队　　○ B团队

4. 如果A团队成功研发出了新产品，2024年你能拿到多少团队绩效薪酬奖金

○ 20万元　　○ 10万元

○ 0元　　○ 0.5万元

5. 如果A团队成功研发出了新产品，你的团队绩效薪酬奖金占总薪酬的比重

○ 80%　　○ 2.44%

6. 如果A团队成功研发出了新产品，你认为你的团队绩效薪酬奖金占总薪酬的比重为（　　），1分为“比重极低”，2分为“比重很低”，3分为“比

重中等”，4 分为“比重很高”，5 分为“比重极高”。

○ 1　　○ 2　　○ 3

○ 4　　○ 5

7. 你帮助 A 团队（你自己所在的团队）研发人员的可能性有多大？1 分为“拒绝”，2 分为“有些不愿意”，3 分为“有些愿意”，4 分为“愿意”，5 分为“非常愿意”。

○ 1　　○ 2　　○ 3

○ 4　　○ 5

指导语：请根据情境材料，按照可能程度对你帮助 A 团队（你自己所在的团队）研发人员的原因进行评分，1 分为“完全不可能”，2 分为“有些不可能”，3 分为“说不清楚”，4 分为“有些可能”，5 分为“非常可能”。

原因陈述	可能程度				
8. 作为 A 团队的一员有责任帮助 A 团队研发人员	1	2	3	4	5
9. 作为公司一员有责任帮助 A 团队研发人员	1	2	3	4	5
10. 作为同事有责任帮助 A 团队其他同事	1	2	3	4	5
11. 帮助 A 团队研发人员实现技术突破能为所在团队获得更多奖金	1	2	3	4	5
12. 帮助 A 团队研发人员实现技术突破能为所在团队获得更大发展	1	2	3	4	5

指导语：请根据情境材料，按照可能程度对你帮助 A 团队（你自己所在的团队）研发人员的原因进行评分，1 分为“完全不可能”，2 分为“有些不可能”，3 分为“说不清楚”，4 分为“有些可能”，5 分为“非常可能”。

原因陈述	可能程度				
13. 帮助 A 团队研发人员实现技术突破能为自己获得更多奖金	1	2	3	4	5
14. 帮助 A 团队研发人员实现技术突破能为自己获得更大发展	1	2	3	4	5
15. 帮助 A 团队研发人员实现技术突破有利于公司发展	1	2	3	4	5
16. 帮助 A 团队研发人员能为公司带来更大利润	1	2	3	4	5
17. 帮助 A 团队研发人员有助于公司提升竞争力	1	2	3	4	5

指导语：请根据情境材料，评价你和公司的关系。1分为“完全不符合”，2分为“有些不符合”，3分为“说不清楚”，4分为“有些符合”，5分为“非常符合”。

关系陈述	符合程度				
18. 我对公司有很深的感情	1	2	3	4	5
19. 当有人批评公司时，我觉得这是对我个人的侮辱	1	2	3	4	5
20. 我很在意别人对我们公司的看法	1	2	3	4	5
21. 当有人赞美我们公司时，我感觉就像对我个人的赞美	1	2	3	4	5
22. 我们公司的成功就是我的成功	1	2	3	4	5

23. 你帮助B团队（竞争团队）研发人员的可能性有多大？1分为“拒绝”，2分为“有些不愿意”，3分为“有些愿意”，4分为“愿意”，5分为“非常愿意”。

○ 1　　○ 2　　○ 3

○ 4　　○ 5

指导语：根据情境材料，请按照可能程度对你帮助B团队（竞争团队）研发人员的原因进行评分，1分为“完全不可能”，2分为“有些不可能”，3分为“说不清楚”，4分为“有些可能”，5分为“非常可能”。

原因陈述	可能程度				
24. 作为A团队的一员有责任帮助B团队研发人员	1	2	3	4	5
25. 作为公司一员有责任帮助B团队研发人员	1	2	3	4	5
26. 作为同事有责任帮助B团队研发人员	1	2	3	4	5
27. 帮助B团队研发人员能为自己所在A团队获得更多奖金	1	2	3	4	5
28. 帮助B团队研发人员能为自己所在A团队获得更大发展	1	2	3	4	5

指导语：根据情境材料，请按照可能程度对你帮助B团队（竞争团队）研发人员的原因进行评分，1分为“完全不可能”，2分为“有些不可能”，3分为“说不清楚”，4分为“有些可能”，5分为“非常可能”。

原因陈述	可能程度				
29. 帮助B团队研发人员能为自己获得更多奖金	1	2	3	4	5
30. 帮助B团队研发人员能为自己获得更大发展	1	2	3	4	5
31. 帮助B团队研发人员有利于公司发展	1	2	3	4	5
32. 帮助B团队研发人员能为公司带来更大利润	1	2	3	4	5
33. 帮助B团队研发人员有利于公司提升竞争力	1	2	3	4	5

第三部分　个人信息

34. 您所在部门

○生产部门　　○销售部门

○研发部门　　○其他部门

35. 请选择您的性别

○男　　○女

36. 请选择您的年龄段

○ 0~20 岁　　○ 21~30 岁　　○ 31~40 岁

○ 41~50 岁　　○ 51~60 岁　　○ 60 岁以上

37. 您的职位

○员工　　○基层管理者

○中层管理者　　○高层管理者

38. 您的收入

○ 5 万元及以下

○ 5 万元以上至 10 万元

○ 10 万元以上至 20 万元

○ 20 万元以上至 30 万元

○ 30 万元以上至 40 万元

○ 40 万元以上至 50 万元

○ 50 万元以上

39. 请选择您的最高学历

○初中及以下

○普高 / 中专 / 技校 / 职高

○专科

○本科

○硕士及以上

致 谢

难忘的五年读博生活，是我人生中里程碑式的经历。在此期间，我得到了许多人的帮助和支持，他们是我战胜困难完成学业的不竭动力。

我要感谢我的导师杨建锋教授，是他给予了我在四十多岁“高龄”读博的机会，他不因为我年龄大而对我放松要求，在他的细心指导和严格要求下，我在学术上取得了长足的进步，学术视野大大拓宽，学术品位大大提高，并顺利获得博士学业。此外，也要感谢工商管理学院的明晓东老师、高日光老师、曹元坤老师、熊立老师、占小军老师、郑清老师等给予我的帮助。

感谢我的同门师弟彭雪和我的同学余莉，在我心情低落时陪着我、安慰我，让我顺利地度过了博士生涯的压力时刻。感谢我的同门许涛、许诗洁、孙彩云、谢鹏、蓝昊、唐慧、曾莉、刘苏瑾、卢福海、谢淑琦等，谢谢他们给我带来的快乐和帮助。感谢我的同班同学柳波、秦峰、卢海涛、孙黎宏等，陪我一起度过了那段难忘的岁月。此外，我能够顺利完成博士论文的写作，还得益于我的同事张琼老师，她不厌其烦地和我进行学术讨论和交流，以及刘海明老师，其在我毕业论文写作过程帮助了我。

我也要感谢江西财经大学工商管理学院营造的浓厚学术氛围，江西财经大学丰富的学术资源拓宽了我的学术视野。我还要感谢我的工作单位南昌工程学院给我提供了良好的物质条件，让我经济上无压力，从而顺利完成学业。最后，我想特别感谢我的家人——父母、丈夫和女儿，是家人给了我无穷的力量，助我战胜读博期间的各种困难。